AI 赋能软件开发技术丛书

U0692174

AIGC

高效编程

C#

程序设计 慕课版 | 第3版

明日科技◎策划

吕云山 艾静 成志伟◎主编

人民邮电出版社

北 京

图书在版编目（CIP）数据

C#程序设计：慕课版：AIGC高效编程 / 吕云山，
艾静，成志伟主编. -- 3版. -- 北京：人民邮电出版社，
2025. -- （AI赋能软件开发技术丛书）. -- ISBN 978-7
-115-66738-0

Ⅰ. TP312.8

中国国家版本馆CIP数据核字第2025JZ0324号

内 容 提 要

本书系统全面地介绍有关C#程序开发的各类知识。全书共13章，内容包括.NET与C#基础、C#编程基础、面向对象编程基础、面向对象编程进阶、Windows应用程序开发、GDI+编程、文件操作、数据库应用、LINQ技术、网络编程、多线程编程、综合案例—腾龙进销存管理系统、课程设计—桌面提醒工具。全书每章内容都与实例紧密结合，有助于读者理解知识、应用知识，学以致用。

近年来，AIGC技术高速发展，成为各行各业高质量发展和生产效率提升的重要推动力。本书将AIGC技术融入理论学习、实例编写、复杂系统开发等环节，帮助读者提升编程效率。

本书既可以作为高等院校"C#程序设计"课程的教材，又可以作为从事C#程序设计工作的编程人员的参考用书。

◆ 策　　划　明日科技

　　主　　编　吕云山　艾　静　成志伟

　　责任编辑　田紫微

　　责任印制　胡　南

◆ 人民邮电出版社出版发行　　北京市丰台区成寿寺路11号

　　邮编　100164　　电子邮件　315@ptpress.com.cn

　　网址　https://www.ptpress.com.cn

　　北京隆昌伟业印刷有限公司印刷

◆ 开本：787×1092　1/16

　　印张：20　　　　　　　　2025年7月第3版

　　字数：487千字　　　　　2025年7月北京第1次印刷

定价：79.80元

读者服务热线：(010)81055256　印装质量热线：(010)81055316
反盗版热线：(010)81055315

在人工智能技术高速发展的今天，人工智能生成内容（Artificial Intelligence Generated Content，AIGC）技术在内容生成、软件开发等领域的作用已经非常突出，正在逐渐成为一种重要的生产工具，推动内容产业进行深度变革。

党的二十大报告强调，"高质量发展是全面建设社会主义现代化国家的首要任务"。发展新质生产力是推动高质量发展的内在要求和重要着力点，AIGC技术已经成为新质生产力的重要组成部分，在 AIGC 工具的加持下，软件开发行业的生产效率和生产模式将产生质的变化。本书结合 AIGC 辅助编程工具，旨在帮助读者培养软件开发从业人员应当具备的职业技能，提高核心竞争力，满足软件开发行业新技术人才需求。

C#是微软（Microsoft）公司推出的具有核心地位的、完全面向对象的一种编程语言，它是当今主流的面向对象编程语言之一，也是高校计算机院系和 IT 培训学校常开设的一门程序设计语言课程，这对于培养学生的计算机应用能力具有非常重要的意义。

本书是明日科技与院校一线教师合力打造的 C#程序设计基础教材，旨在通过基础理论讲解和系统编程实践让读者快速且牢固地掌握 C#程序开发技术。本书的主要特色如下。

1．基础理论结合丰富实践

（1）本书通过通俗易懂的语言和丰富实例演示，系统介绍 C#各类知识，并且在第 1～11 章的最后提供了习题，方便读者及时检测学习效果。

（2）本书采用"案例教学"编写形式，对知识的讲解始终围绕综合案例——腾龙进销存管理系统展开，使案例与知识有机结合、相辅相成。这既有利于学生学习知识，又有利于教师指导学生实践。

2．融入 AIGC 技术

本书在理论学习、实例编写、复杂系统开发等环节融入 AIGC 技术，具体做法如下。

（1）本书在第 1 章介绍 AIGC 工具的基本应用情况和主流的 AIGC 工具，并在部分章节讲解如何使用 AIGC 工具自主学习进阶性理论。

（2）本书详细呈现使用 AIGC 工具编写实例的过程和结果，在巩固读者理论知识的同时，启发读者主动使用 AIGC 工具辅助编程。

（3）本书第 12 章呈现使用 AIGC 工具开发综合案例的全过程，充分展示 AIGC 工具的使用思路、交互过程和结果处理，进而提高读者综合性、批判性使用 AIGC 工具的能力。

3．支持线上线下混合式学习

（1）本书是慕课版教材，依托人邮学院（www.rymooc.com）为读者提供完整慕课，课程结构严谨，读者可以根据自身的知识掌握程度，自主安排学习进度。读者购买本书后，刮开粘贴在书封底上的刮刮卡，获得激活码，使用手机号码完成网站注册，即可搜索本书配套慕课并学习。

（2）本书针对重要知识点放置了二维码，读者扫描书中二维码也可在手机上观看相应内容的视频讲解。

4．配套丰富教辅资源

本书配套 PPT、教学大纲、教案、源代码、拓展案例、自测习题及答案等丰富教学资源，用书教师可登录人邮教育社区（www.ryjiaoyu.com）免费获取。

本书的课堂教学建议安排 35～40 学时，上机指导教学建议安排 10～12 学时。各章主要内容和学时建议分配如下表，教师可以根据实际教学情况进行调整。

章	章名	课堂学时	上机指导
第 1 章	.NET 与 C#基础	1	1
第 2 章	C#编程基础	3	1
第 3 章	面向对象编程基础	2	1
第 4 章	面向对象编程进阶	5	1
第 5 章	Windows 应用程序开发	4	1
第 6 章	GDI+编程	3	1
第 7 章	文件操作	2	1
第 8 章	数据库应用	3	1
第 9 章	LINQ 技术	2	1
第 10 章	网络编程	3	1
第 11 章	多线程编程	3	1
第 12 章	综合案例——腾龙进销存管理系统	4	
第 13 章	课程设计——桌面提醒工具	3	

由于编者水平有限，书中难免存在疏漏和不足之处，敬请广大读者批评指正，使本书得以改进和完善。

编　者
2025 年 1 月

目录

第1章 .NET与C#基础 ·············· 1

1.1 C#简介 ····························· 1
1.1.1 C#的发展历程 ············· 1
1.1.2 C#的特点 ···················· 2
1.2 .NET开发平台 ·················· 2
1.2.1 .NET概述 ···················· 2
1.2.2 VS 2022的安装 ············· 3
1.2.3 第一个C#程序 ············· 5
1.2.4 C#程序的基本结构 ······· 6
1.3 VS 2022简介 ···················· 8
1.3.1 标题栏 ························· 8
1.3.2 菜单栏 ························· 9
1.3.3 工具栏 ························ 13
1.3.4 工具箱 ························ 14
1.3.5 窗口 ··························· 14
1.4 在Visual Studio中引入AI
    工具 ····························· 16
1.4.1 AI编程助手Baidu Comate 16
1.4.2 AI编程助手Fitten Code ····· 16
1.4.3 AI编程助手CodeMoss ··· 17
1.5 小结 ······························ 17
1.6 上机指导 ························ 17
1.7 习题 ······························ 18

第2章 C#编程基础 ··············· 19

2.1 基本数据类型 ················· 19
2.1.1 值类型 ························ 20
2.1.2 引用类型 ···················· 21
2.1.3 值类型与引用类型的区别 ··· 22
2.2 常量和变量 ···················· 23
2.2.1 常量的声明和使用 ······· 23

2.2.2 变量的声明和使用 ······· 24
2.3 表达式与运算符 ·············· 25
2.3.1 算术运算符 ················· 25
2.3.2 自增运算符与自减运算符 ··· 25
2.3.3 赋值运算符 ················· 26
2.3.4 关系运算符 ················· 27
2.3.5 逻辑运算符 ················· 28
2.3.6 位运算符 ···················· 29
2.3.7 移位运算符 ················· 30
2.3.8 条件运算符 ················· 31
2.3.9 运算符的优先级与结合性 ··· 31
2.3.10 表达式中的类型转换 ··· 32
2.4 选择语句 ························ 34
2.4.1 if语句 ························· 34
2.4.2 switch语句 ·················· 38
2.5 循环语句 ························ 39
2.5.1 while循环语句 ············· 39
2.5.2 do...while循环语句 ······· 40
2.5.3 for循环语句 ················ 41
2.6 跳转语句 ························ 41
2.6.1 break语句 ··················· 42
2.6.2 continue语句 ··············· 42
2.7 数组 ······························ 43
2.7.1 一维数组 ···················· 43
2.7.2 多维数组 ···················· 44
2.7.3 常用数组操作 ·············· 44
2.7.4 使用foreach语句遍历数组 ··· 46
2.8 AI辅助编程——设计及优化
    算法 ····························· 47
2.8.1 优化冒泡排序算法 ······· 47
2.8.2 计算最大值、最小值和
      平均值 ······················ 48

2.9　小结 ················· 50

2.10　上机指导 ··········· 50

2.11　习题 ··············· 51

第3章　面向对象编程基础 ········· 52

3.1　面向对象概念 ········· 52

 3.1.1　对象、类、实例化 ··· 52

 3.1.2　面向对象程序设计语言的
   三大特性 ··········· 54

3.2　类 ················· 55

 3.2.1　类的概念 ·········· 56

 3.2.2　类的声明 ·········· 56

 3.2.3　类的成员 ·········· 56

 3.2.4　构造函数和析构函数 ·· 59

 3.2.5　对象的创建及使用 ···· 60

 3.2.6　this关键字 ········· 63

 3.2.7　类与对象的关系 ····· 64

3.3　方法 ··············· 64

 3.3.1　方法的声明 ········ 64

 3.3.2　方法的参数 ········ 65

 3.3.3　静态方法与实例方法 ·· 67

 3.3.4　方法的重载 ········ 68

3.4　AI辅助编程——基础编程 ·· 69

 3.4.1　优化使用重载方法实现的
   计算和的实例 ······· 69

 3.4.2　实现学生基本信息管理 · 70

3.5　小结 ··············· 72

3.6　上机指导 ··········· 72

3.7　习题 ··············· 74

第4章　面向对象编程进阶 ········· 75

4.1　类的继承与多态 ······· 75

 4.1.1　继承 ············· 75

 4.1.2　多态 ············· 78

4.2　结构与接口 ··········· 81

 4.2.1　结构 ············· 81

 4.2.2　接口 ············· 82

4.3　集合与索引器 ········· 86

 4.3.1　集合 ············· 86

 4.3.2　索引器 ··········· 89

4.4　异常处理 ··········· 91

 4.4.1　异常处理类 ········ 91

 4.4.2　异常处理语句 ······ 91

4.5　委托和匿名方法 ······· 93

 4.5.1　委托 ············· 94

 4.5.2　匿名方法 ·········· 95

4.6　事件 ··············· 95

 4.6.1　委托的发布和订阅 ···· 96

 4.6.2　事件的发布和订阅 ···· 97

 4.6.3　EventHandler类 ····· 98

 4.6.4　Windows事件概述 ··· 99

4.7　泛型 ··············· 100

 4.7.1　类型参数T ········· 100

 4.7.2　泛型接口 ·········· 100

 4.7.3　泛型方法 ·········· 101

4.8　AI辅助编程——简易学校
  管理系统 ············· 102

4.9　小结 ··············· 104

4.10　上机指导 ··········· 104

4.11　习题 ··············· 106

第5章　Windows应用程序开发 ······ 108

5.1　开发Windows应用程序的步骤 ····· 108

5.2　Windows窗体介绍 ····· 111

 5.2.1　添加窗体 ·········· 111

 5.2.2　设置启动窗体 ······ 111

 5.2.3　设置窗体属性 ······ 112

 5.2.4　窗体常用方法 ······ 114

 5.2.5　窗体常用事件 ······ 114

5.3　常用的Windows控件 ··· 115

 5.3.1　Control基类 ······· 115

 5.3.2　Label控件 ········· 117

 5.3.3　Button控件 ········ 117

 5.3.4　TextBox控件 ······· 118

 5.3.5　CheckBox控件 ····· 119

 5.3.6　RadioButton控件 ··· 120

 5.3.7　RichTextBox控件 ··· 120

 5.3.8　ComboBox控件 ···· 122

 5.3.9　ListBox控件 ······· 123

 5.3.10　GroupBox控件 ····· 124

5.3.11　ListView 控件 ···············125

5.3.12　TreeView 控件 ···············127

5.3.13　ImageList 控件 ···············129

5.3.14　Timer 控件 ·················130

5.4　菜单、工具栏与状态栏 ··········131

5.4.1　MenuStrip 控件 ···········131

5.4.2　ToolStrip 控件 ···········132

5.4.3　StatusStrip 控件 ·········133

5.5　对话框 ······················135

5.5.1　消息框 ················135

5.5.2　窗体 ·················136

5.5.3　OpenFileDialog 控件 ·······137

5.5.4　SaveFileDialog 控件 ·······138

5.5.5　FolderBrowserDialog 控件 ···139

5.5.6　ColorDialog 控件 ········139

5.5.7　FontDialog 控件 ·········140

5.6　多文档界面（MDI 窗体）·······141

5.6.1　MDI 窗体的概念 ········141

5.6.2　设置 MDI 窗体 ·········141

5.6.3　排列 MDI 子窗体 ·······142

5.7　AI 辅助答疑 ················143

5.8　小结 ·······················144

5.9　上机指导 ····················144

5.10　习题 ······················147

第 6 章　GDI+编程 ···············148

6.1　GDI+绘图基础 ···············148

6.1.1　坐标系 ···············148

6.1.2　像素 ················149

6.1.3　Graphics 类 ···········149

6.2　绘图 ·······················151

6.2.1　画笔 ················151

6.2.2　画刷 ················152

6.2.3　绘制直线 ·············152

6.2.4　绘制矩形 ·············153

6.2.5　绘制椭圆 ·············154

6.2.6　绘制圆弧 ·············155

6.2.7　绘制扇形 ·············156

6.2.8　绘制多边形 ···········157

6.3　颜色 ·······················159

6.4　文本输出 ····················160

6.4.1　字体 ················160

6.4.2　输出文本 ·············160

6.5　图像处理 ····················161

6.5.1　绘制图像 ·············161

6.5.2　刷新图像 ·············162

6.6　AI 辅助编程——GDI+编程 ······162

6.6.1　绘制柱形图分析商品

销售额 ·············162

6.6.2　使用 AI 解决用 GDI+绘制的

图像消失的问题 ·······163

6.7　小结 ·······················164

6.8　上机指导 ····················164

6.9　习题 ·······················166

第 7 章　文件操作 ···············167

7.1　文件概述 ····················167

7.2　System.IO 命名空间 ···········168

7.3　文件类与目录类 ···············169

7.3.1　File 类和 FileInfo 类 ·····169

7.3.2　Directory 类和

DirectoryInfo 类 ·······171

7.3.3　Path 类 ·············174

7.3.4　DriveInfo 类 ·········175

7.4　数据流基础 ··················176

7.4.1　流操作类介绍 ·········176

7.4.2　文件流 ···············177

7.4.3　文本文件的读写 ·······179

7.4.4　二进制文件的读写 ·····181

7.5　AI 辅助编程——文件操作 ·······183

7.5.1　编写文件夹操作的通用

方法 ···············183

7.5.2　将文件转换为二进制数据···185

7.6　小结 ·······················185

7.7　上机指导 ····················186

7.8　习题 ·······················187

第 8 章　数据库应用 ·············188

8.1　ADO.NET 概述 ··············188

8.1.1　ADO.NET 对象模型 ······188

8.1.2 数据访问命名空间 ⋯⋯⋯⋯ 189

8.2 Connection 数据连接对象 ⋯⋯⋯ 189

  8.2.1 熟悉 Connection 对象 ⋯⋯⋯ 189

  8.2.2 数据库连接字符串 ⋯⋯⋯⋯ 190

  8.2.3 应用 SqlConnection 对象
连接数据库 ⋯⋯⋯⋯⋯⋯⋯ 190

8.3 Command 命令执行对象 ⋯⋯⋯ 191

  8.3.1 熟悉 Command 对象 ⋯⋯⋯ 191

  8.3.2 应用 Command 对象操作
数据 ⋯⋯⋯⋯⋯⋯⋯⋯⋯⋯ 192

  8.3.3 应用 Command 对象调用
存储过程 ⋯⋯⋯⋯⋯⋯⋯⋯ 193

8.4 DataReader 数据读取对象 ⋯⋯⋯ 194

  8.4.1 DataReader 对象概述 ⋯⋯⋯ 194

  8.4.2 使用 DataReader 对象读取
数据 ⋯⋯⋯⋯⋯⋯⋯⋯⋯⋯ 195

8.5 DataSet 对象和 DataAdapter
对象 ⋯⋯⋯⋯⋯⋯⋯⋯⋯⋯⋯⋯ 196

  8.5.1 DataSet 对象 ⋯⋯⋯⋯⋯⋯ 196

  8.5.2 DataAdapter 对象 ⋯⋯⋯⋯ 199

  8.5.3 填充 DataSet 数据集 ⋯⋯⋯ 200

  8.5.4 DataSet 对象与 DataReader
对象的区别 ⋯⋯⋯⋯⋯⋯⋯ 201

8.6 数据操作控件 ⋯⋯⋯⋯⋯⋯⋯⋯ 201

  8.6.1 DataGridView 控件 ⋯⋯⋯⋯ 201

  8.6.2 BindingSource 组件 ⋯⋯⋯⋯ 203

8.7 AI 辅助编程——数据库应用 ⋯⋯ 205

  8.7.1 将图片以二进制格式保存
到数据库 ⋯⋯⋯⋯⋯⋯⋯⋯ 205

  8.7.2 在 DataGridView 中直接
编辑数据 ⋯⋯⋯⋯⋯⋯⋯⋯ 208

8.8 小结 ⋯⋯⋯⋯⋯⋯⋯⋯⋯⋯⋯⋯ 209

8.9 上机指导 ⋯⋯⋯⋯⋯⋯⋯⋯⋯⋯ 209

8.10 习题 ⋯⋯⋯⋯⋯⋯⋯⋯⋯⋯⋯ 211

第 9 章 LINQ 技术 ⋯⋯⋯⋯⋯⋯ 212

9.1 LINQ 基础 ⋯⋯⋯⋯⋯⋯⋯⋯⋯ 212

  9.1.1 LINQ 概述 ⋯⋯⋯⋯⋯⋯⋯ 212

  9.1.2 LINQ 查询 ⋯⋯⋯⋯⋯⋯⋯ 213

  9.1.3 使用 var 关键字创建隐式类型
局部变量 ⋯⋯⋯⋯⋯⋯⋯⋯ 214

  9.1.4 Lambda 表达式的使用 ⋯⋯⋯ 215

9.2 LINQ 查询表达式 ⋯⋯⋯⋯⋯⋯ 216

  9.2.1 获取数据源 ⋯⋯⋯⋯⋯⋯⋯ 216

  9.2.2 筛选 ⋯⋯⋯⋯⋯⋯⋯⋯⋯⋯ 216

  9.2.3 排序 ⋯⋯⋯⋯⋯⋯⋯⋯⋯⋯ 217

  9.2.4 分组 ⋯⋯⋯⋯⋯⋯⋯⋯⋯⋯ 217

  9.2.5 联接 ⋯⋯⋯⋯⋯⋯⋯⋯⋯⋯ 217

  9.2.6 选择（投影） ⋯⋯⋯⋯⋯⋯ 218

9.3 LINQ 操作 SQL Server 数据库 ⋯ 218

  9.3.1 使用 LINQ 查询 SQL Server
数据库 ⋯⋯⋯⋯⋯⋯⋯⋯⋯ 218

  9.3.2 使用 LINQ 更新 SQL Server
数据库 ⋯⋯⋯⋯⋯⋯⋯⋯⋯ 222

9.4 AI 辅助答疑 ⋯⋯⋯⋯⋯⋯⋯⋯⋯ 224

9.5 小结 ⋯⋯⋯⋯⋯⋯⋯⋯⋯⋯⋯⋯ 225

9.6 上机指导 ⋯⋯⋯⋯⋯⋯⋯⋯⋯⋯ 225

9.7 习题 ⋯⋯⋯⋯⋯⋯⋯⋯⋯⋯⋯⋯ 227

第 10 章 网络编程 ⋯⋯⋯⋯⋯⋯⋯ 228

10.1 计算机网络基础 ⋯⋯⋯⋯⋯⋯⋯ 228

  10.1.1 局域网与因特网介绍 ⋯⋯⋯ 228

  10.1.2 网络协议介绍 ⋯⋯⋯⋯⋯⋯ 229

  10.1.3 端口及套接字介绍 ⋯⋯⋯⋯ 230

10.2 网络编程基础 ⋯⋯⋯⋯⋯⋯⋯⋯ 231

  10.2.1 System.Net 命名空间及
相关类的使用 ⋯⋯⋯⋯⋯⋯ 231

  10.2.2 System.Net.Sockets 命名
空间及相关类的使用 ⋯⋯⋯ 237

10.3 AI 辅助编程——局域网文件
传输 ⋯⋯⋯⋯⋯⋯⋯⋯⋯⋯⋯⋯ 242

10.4 小结 ⋯⋯⋯⋯⋯⋯⋯⋯⋯⋯⋯⋯ 245

10.5 上机指导 ⋯⋯⋯⋯⋯⋯⋯⋯⋯⋯ 245

10.6 习题 ⋯⋯⋯⋯⋯⋯⋯⋯⋯⋯⋯⋯ 247

第 11 章 多线程编程 ⋯⋯⋯⋯⋯⋯ 248

11.1 线程概述 ⋯⋯⋯⋯⋯⋯⋯⋯⋯⋯ 248

  11.1.1 多线程工作方式 ⋯⋯⋯⋯⋯ 248

  11.1.2 何时使用多线程 ⋯⋯⋯⋯⋯ 249

11.2 线程的基本操作 ·············250
　　11.2.1 线程的创建与启动 ···250
　　11.2.2 线程的挂起与恢复 ···251
　　11.2.3 线程休眠 ···············252
　　11.2.4 终止线程 ···············252
　　11.2.5 线程的优先级 ·········254
11.3 线程同步 ······················255
　　11.3.1 lock 关键字 ············256
　　11.3.2 线程监视器——Monitor ····257
11.4 线程池和计时器 ············258
　　11.4.1 线程池 ···············258
　　11.4.2 计时器 ···············259
11.5 互斥对象——Mutex ·······259
11.6 AI 辅助编程——多线程编程 ···260
　　11.6.1 实现多线程计数器 ···260
　　11.6.2 同步对共享资源进行
　　　　　 访问 ················262
11.7 小结 ···························264
11.8 上机指导 ·····················264
11.9 习题 ···························265

第12章 综合案例——腾龙进销存
　　　　管理系统 ···············266
12.1 需求分析 ·····················266
12.2 总体设计 ·····················267
　　12.2.1 系统目标 ···············267
　　12.2.2 构建开发环境 ·········267
　　12.2.3 系统功能结构 ·········267
　　12.2.4 业务流程图 ···········268
12.3 数据库设计 ·················269
　　12.3.1 数据表概要说明 ·····269
　　12.3.2 数据库 E-R 图 ·······269
　　12.3.3 数据表结构 ···········271
12.4 公共类设计 ·················273
　　12.4.1 DataBase 公共类 ·····273

　　12.4.2 BaseInfo 公共类 ·······276
12.5 系统主要模块开发 ·········279
　　12.5.1 系统主窗体设计 ·····279
　　12.5.2 库存商品管理模块设计 ···281
　　12.5.3 进货管理模块设计 ···285
12.6 运行项目 ·····················290
12.7 AI 辅助编程——分析并优化
　　　项目 ·························291
　　12.7.1 提供项目开发思路 ···291
　　12.7.2 为项目添加统计报表
　　　　　 模块 ················293
　　12.7.3 升级进销存管理系统
　　　　　 框架 ················296
12.8 小结 ···························297

第13章 课程设计——桌面提醒
　　　　工具 ···················298
13.1 课程设计目的 ···············298
13.2 功能描述 ·····················298
13.3 总体设计 ·····················299
　　13.3.1 构建开发环境 ·········299
　　13.3.2 程序预览 ···············299
13.4 数据库设计 ·················300
13.5 公共类设计 ·················300
　　13.5.1 封装数据值和显示
　　　　　 值的类 ············301
　　13.5.2 绑定和显示数据的类 ···301
13.6 实现过程 ·····················302
　　13.6.1 提醒设置 ···············302
　　13.6.2 计划录入 ···············304
　　13.6.3 计划查询 ···············307
13.7 课程设计总结 ···············309
　　13.7.1 技术总结 ···············310
　　13.7.2 经验总结 ···············310

第1章 .NET 与 C#基础

本章要点

- C#的发展历程及特点
- .NET 概述
- Visual Studio 2022 的安装
- 如何创建一个 C#程序
- C#程序的基本结构
- 熟悉 Visual Studio 2022
- 在 Visual Studio 中引入 AI 工具

.NET 是微软公司面向互联网推出的一个开发平台。为了更好地推广.NET 开发平台，微软公司开发了一整套工具组件，并将这些组件集成到 Visual Studio 开发环境中。C#是.NET 开发平台的一部分，它是一种编程语言，使用它可以在 Visual Studio 开发环境中编写能在.NET 开发平台上运行的各种应用程序。本章将对 C#编程语言和.NET 开发平台，以及 VS 2022 的使用方法进行详细讲解。

1.1 C#简介

C#简介

C#是微软公司为配合.NET 开发平台推出的一种现代编程语言，主要用于开发运行在.NET 平台上的应用程序。

1.1.1 C#的发展历程

C#读作"C Sharp"。1998 年，Anders Hejlsberg（安德斯·海尔斯伯格，Delphi 和 Turbo Pascal 的设计者）以及他的微软开发团队开始设计 C#的第一个版本。2000 年 9 月，欧洲计算机制造商联合会（Ecma International，ECMA）成立了一个任务组，着力为 C#定义一个建设标准。据称，该任务组的设计目标是制定"一种简单、现代、通用、面向对象的编程语言"，于是发布了 ECMA-334 标准，C#是一种令人满意的简洁语言。它有类似 Java 的语法，但显然又借鉴了 C 语言和 C++的风格。任务组设计 C#是为了增强软件的健壮性，为此提供了"数组越界"检查和"强类型"检查，并且禁止使用未初始化的变量。2002 年，C#随着 Visual Studio 开发环境一起正式发布，一经推出，就受到众多程序员的青睐。

1.1.2 C#的特点

C#是从 C 语言和 C++派生的一种面向对象和类型安全的编程语言，并且能够与.NET Framework 完美结合。C#具有以下突出的特点。

（1）语法简洁。C#不允许直接操作内存，去掉了指针操作。

（2）彻底面向对象设计。C#具有面向对象语言应有的一切特性，包括封装、继承和多态等。

（3）与 Web 紧密结合。C#支持绝大多数 Web 标准，例如超文本标记语言（HyperText Mark Language，HTML）、可扩展标记语言（eXtensible Markup Language，XML）、简单对象访问协议（Simple Object Access Protocol，SOAP）等。

（4）强大的安全性机制。C#可以消除软件开发中常见的错误（如语法错误），.NET 开发平台提供的垃圾回收器能够帮助开发者有效地管理内存资源。

（5）兼容性。C#遵循.NET 开发平台的公共语言规范（Common Language Specification，CLS），从而能够保证与使用其他开发语言开发的组件兼容。

（6）完善的错误和异常处理机制。C#提供了完善的错误和异常处理机制，使程序在交付应用时能够更加健壮。

1.2 .NET 开发平台

.NET 概述

1.2.1 .NET 概述

.NET 是一个免费的、跨平台的开源开发平台，用于生成不同类型的应用。通过.NET 可以使用多种语言、编辑器和库来构建 Web、移动、桌面、游戏和物联网（Internet of Things，IoT）等程序。无论是使用 C#、F#还是 Visual Basic（VB），代码都能在任何兼容的操作系统上运行。可以使用.NET 生成多种类型的应用。有些是跨平台的，有些则针对特定的操作系统和设备。

.NET 最初指的是.NET Framework。.NET Framework 是.NET 的原始实现方式，它支持在 Windows 系统上运行网站、服务、桌面应用等。而在.NET Framework 发展到 4.8 版本之后，微软公司将后续更新的版本统一命名为.NET。现在.NET 最新的版本是 8.0，它实际上集成了之前的.NET Framework 和.NET Core，统一了它们的规范。

本书中所讲的应用主要基于.NET Framework，它主要有两个组件：公共语言运行时（Common Language Runtime，CLR）和类库。下面分别对.NET Framework 的两个组件进行介绍。

① 公共语言运行时：公共语言运行时负责管理和执行由.NET 编译器编译产生的中间语言代码（.NET 程序执行原理如图 1-1 所示）。公共语言运行时解决了很多传统编译语言的致命问题，如垃圾内存回收、安全性检查等。

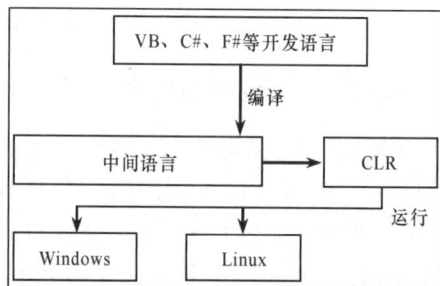

图 1-1 .NET 程序执行原理

> 说明：使用.NET 框架提供的编译器可以直接将源程序编译为.exe 或.dll 文件，但此时编译出来的代码并不是中央处理器（Central Processing Unit，CPU）能直接执行的机器代码，而

是一种中间语言（Intermediate Language，IL）代码，类似于 Java 中的字节码文件。

② 类库：类库里有很多编译好的类，可以直接拿来使用。例如，进行多线程操作时，可以直接使用类库中的 Thread 类；进行文件操作时，可以直接使用类库中的 IO 类等。类库实际上相当于一个仓库，这个仓库里面装满了各种工具，可以供开发人员直接使用。

1.2.2 VS 2022 的安装

Visual Studio 是微软公司为了配合.NET 平台推出的开发环境，Visual Studio 2022（可缩写为 VS 2022）是开发 C#程序最新的工具，本小节以 VS 2022 社区版为例讲解具体的安装步骤。

VS 2022 的安装

> 说明：VS 2022 社区版是免费的，请到微软官方网站下载。

安装 VS 2022 社区版的步骤如下。

（1）VS 2022 社区版的安装文件是可执行文件，其名称为"VisualStudioSetup.exe"，双击该文件开始安装。

（2）跳转到图 1-2 所示的 VS 2022 安装界面，在该界面中单击"继续"按钮。

（3）加载完成后，自动跳转到安装选项界面。选择".NET 桌面开发"和"ASP.NET 和

图 1-2　VS 2022 安装界面

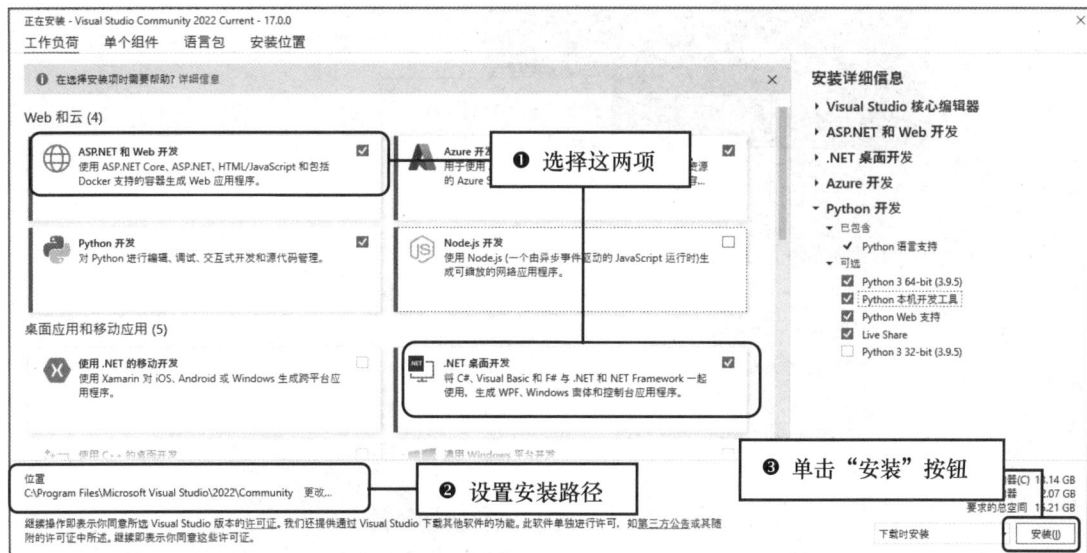

Web 开发"复选框，读者可以根据自己的开发需要选择其他的工作负荷。选择完要安装的工作负荷后，在界面下部"位置"处设置安装路径，这里建议不要安装在系统盘上，可以选择其他磁盘进行安装。设置完成后，单击"安装"按钮，如图 1-3 所示。

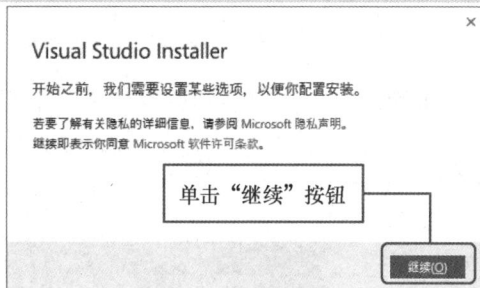

图 1-3　VS 2022 安装选项界面

> 说明：在安装 VS 2022 开发环境时，一定要确保计算机处于联网状态，否则无法正常安装。

（4）跳转到图 1-4 所示的界面，该界面显示下载与安装进度。

（5）安装完成后，在系统的开始菜单中，选择"Visual Studio 2022 Current"选项启动VS 2022 程序，如图 1-5 所示。

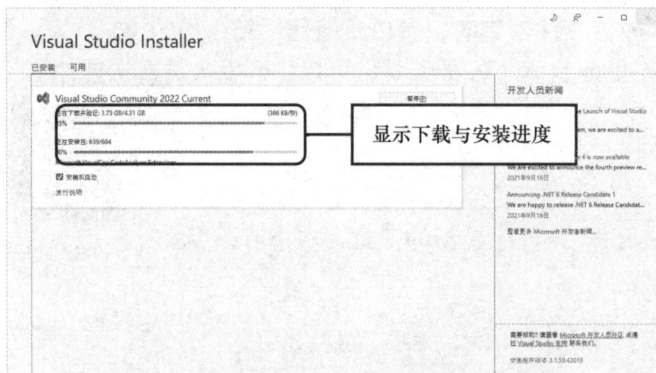

图 1-4　VS 2022 下载与安装进度

图 1-5　启动 VS 2022 程序

如果是第一次启动 VS 2022，会出现图 1-6 所示的提示框，可以直接单击"暂时跳过此项。"超链接，进入 VS 2022 开始使用界面。但这里建议使用微软账户登录，以防止许可证过期。

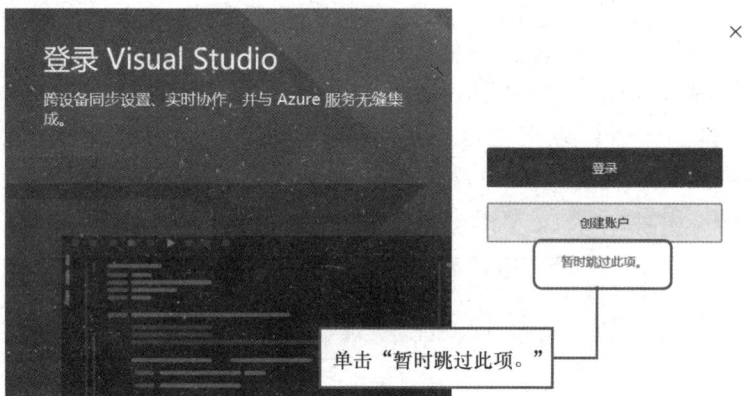

图 1-6　首次启动 VS 2022

VS 2022 开始使用界面如图 1-7 所示。

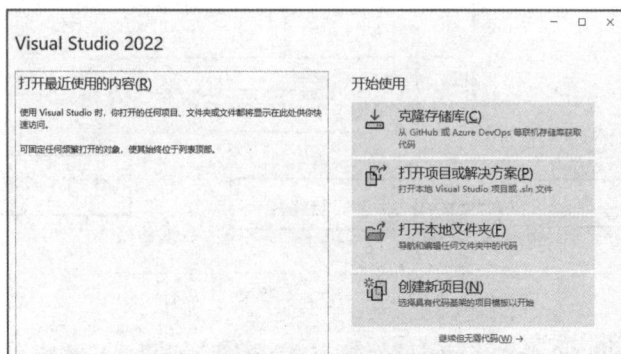

图 1-7　VS 2022 开始使用界面

1.2.3　第一个 C#程序

让我们从经典的"HelloWorld"程序开始 C#之旅，在控制台中输出
"Hello World"。

【例 1-1】　在 VS 2022 中创建"HelloWorld"程序并运行，具体步骤如
下。（实例位置：资源包\源码\第 1 章\1-1）

（1）在开始菜单中打开 VS 2022，进入 VS 2022 的开始使用界面，选择"创建新项目"
选项，如图 1-8 所示。

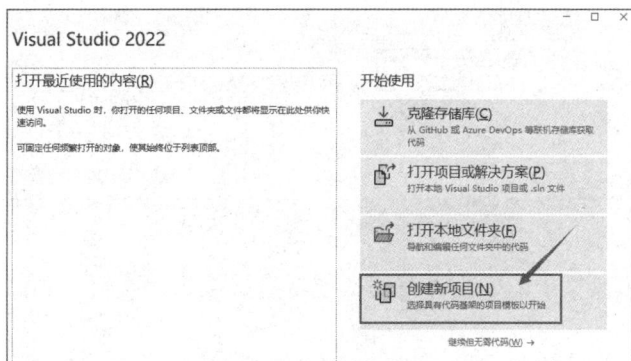

图 1-8　选择"创建新项目"选项

（2）进入"创建新项目"界面，在右侧选择"控制台应用（.NET Framework）"选项，
单击"下一步"按钮，如图 1-9 所示。

图 1-9　"创建新项目"界面

（3）进入"配置新项目"界面，在该界面中输入项目名称，并设置保存路径和使用的.NET
框架版本，然后单击"创建"按钮，如图 1-10 所示，即可创建一个控制台应用程序。

（4）控制台应用程序创建完成后，会自动打开 Program.cs 文件，在该文件的 Main 方
法中输入如下代码：

```csharp
static void Main(string[] args)
{
    Console.WriteLine("Hello World");
    Console.ReadLine();
}
```

图 1-10　"配置新项目"界面

单击 VS 2022 工具栏中的 ▶ 启动按钮，或者直接按【F5】键，调试并运行该程序，效果如图 1-11 所示。

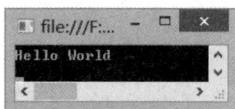

图 1-11　输出"Hello World"

1.2.4　C#程序的基本结构

上面讲解了如何创建一个 C#程序。C#程序总体可以分为命名空间、类、关键字、标识符、Main 方法、C#语句和注释等。本小节将分别对 C#程序的各个组成部分进行讲解。

1．命名空间

在 Visual Studio 开发环境中创建项目时，会自动生成一个名称与项目名称相同的命名空间。例如，在创建"HelloWorld"项目时，会自动生成一个名称为"HelloWorld"的命名空间，代码如下：

C#程序的
基本结构

```
namespace HelloWorld
```

命名空间在 C#中起到组织程序的作用。在 C#中定义命名空间时，需要使用 namespace 关键字，其语法如下：

```
namespace 命名空间名
```

命名空间既用作程序的"内部"组织系统，也用作向"外部"公开的组织系统（一种向其他程序公开自己拥有的程序元素的方法）。如果要调用某个命名空间中的类或者方法，则需要先使用 using 指令引入命名空间，这样就可以直接使用该命名空间中的成员（包括类及类中的属性、方法等）。

using 指令的基本形式为：

```
using 命名空间名;
```

2．类

C#程序的主要功能代码都是在类中实现的。类是一种数据结构，它可以封装数据成员、方法成员和其他类。因此，类是 C#的核心和基本构成模块。C#支持自定义类，使用 C#进行编程就是编写自己的类来描述实际需要解决的问题。

使用类之前都必须进行声明，声明后的类可以当作一种新的类来使用。在 C#中使用 class 关键字来声明类，声明语法如下：

```
class [类名]
{
    [类中的代码]
}
```

3．关键字

关键字是 C#中被赋予了特定意义的单词，开发程序时，不可以把这些关键字作为命名空间、类、方法或者属性等的名称来使用。实例"HelloWorld"程序中的 static 和 void 等都是关键字。C#中常用的关键字如表 1-1 所示。

表 1-1　C#常用关键字

int	public	this	finally	bool	abstract
continue	float	long	short	throw	return
break	for	foreach	static	new	interface
if	goto	default	byte	do	case
void	try	switch	else	catch	private
double	protected	while	char	class	using

4．标识符

标识符可以简单地看作名字，主要用来标识类名、变量名、方法名、属性名、数组名等。C#规定标识符由任意顺序的字母、下画线（_）和数字组成，并且第一个字符不能是数字。另外，标识符不能是 C#中的关键字。

下面是合法标识符：

```
_ID
name
user_age
```

下面是非法标识符：

```
4word          //以数字开头
string         //C#中的关键字
```

说明：C#是一种大小写敏感的语言，例如"Name"和"name"表示的意义是不一样的。

5．Main 方法

每个 C#程序中都必须包含一个 Main 方法，它是类中的主方法，也叫入口方法，可以说是激活整个程序的开关。Main 方法从"{"符号开始至"}"符号结束。static 和 void 分别是 Main 方法的静态修饰符和返回值修饰符，C#程序中的 Main 方法必须声明为 static，并且区分大小写。

Main 方法一般都是创建项目时自动生成的，不用开发人员手动编写或者修改。如果需要修改，则需要注意以下 3 个方面。

① Main 方法在类中声明，它必须是静态（static）的，而且不应该是公有（public）的。

② Main 的返回值类型有两种：void 或 int。

③ Main 方法可以包含命令行参数 string[] args，也可以不包含。

6．C#语句

语句是构造所有 C#程序的基本单位，以分号终止。使用 C#语句可以进行声明变量、声明常量、调用方法、创建对象等操作。

例如，在"HelloWorld"程序中，输出"Hello World"字符串和定位控制台窗体的代码就是 C#的语句：

```
Console.WriteLine("Hello World");        //输出"Hello World"
Console.ReadLine();                      //定位控制台窗体
```

⚠ **注意**：C#代码中所有的字母、数字、括号和标点符号均为英文输入法状态下的半角符号，而不能是中文输入法或者英文输入法状态下的全角符号。

7．注释

注释是在编译程序时不执行的代码或文字，其主要功能是对某行或某段代码进行说明，方便程序员对代码进行理解与维护；或者在调试程序时，将某行或某段代码设置为无效代码。常用的注释主要有行注释和块注释两种，下面分别进行简单介绍。

① 行注释

行注释都以"//"开头，后面是注释的内容。例如，在"HelloWorld"程序中使用行注释，解释每一行代码的作用，代码如下：

```
static void Main(string[] args)          //主方法
{
    Console.WriteLine("Hello World");    //输出"Hello World"
    Console.ReadLine();                  //定位控制台窗体
}
```

② 块注释

如果注释的内容为单行，一般使用行注释。对于连续多行的注释，一般使用块注释。块注释通常以"/*"开始，以"*/"结束，注释的内容放在它们之间。

例如，在"HelloWorld"程序中使用块注释把输出"Hello World"字符串和定位控制台窗体的 C#语句注释为无效代码，代码如下：

```
static void Main(string[] args)          //主方法
{
    /*     块注释开始
    Console.WriteLine("Hello World");    //输出"Hello World"
    Console.ReadLine();
    */
}
```

1.3 VS 2022 简介

1.3.1 标题栏

VS 2022 简介

标题栏是 VS 2022 窗口顶部的水平条，它显示的是应用程序的名称。例如，用户创建一个"HelloWorld"项目，标题栏将显示如下信息：

```
Hello World-Microsoft Visual Studio(管理员)
```

其中"HelloWorld"表示解决方案的名称。随着程序状态的变化，标题栏中的信息也会发生改变。例如，当程序处于运行状态时，标题栏中显示如下信息：

```
HelloWorld(正在运行)-Microsoft Visual Studio(管理员)
```

1.3.2 菜单栏

菜单栏是 VS 2022 的重要组成部分，开发者要完成的主要功能都可以通过菜单、与菜单项对应的工具栏按钮和快捷键实现。在创建不同类型的应用程序时，菜单栏中的菜单是不一样的，比如，创建控制台应用程序时的菜单栏如图 1-12 所示。

文件(F)　编辑(E)　视图(V)　项目(P)　生成(B)　调试(D)　团队(M)　工具(T)　测试(S)　分析(N)　窗口(W)　帮助(H)

图 1-12　创建控制台应用程序时的菜单栏

创建 Windows 窗体应用程序时的菜单栏如图 1-13 所示。

文件(F)　编辑(E)　视图(V)　项目(P)　生成(B)　调试(D)　团队(M)　格式(O)　工具(T)　测试(S)　分析(N)　窗口(W)　帮助(H)

图 1-13　创建 Windows 窗体应用程序时的菜单栏

下面以创建 Windows 窗体应用程序"HelloWorld"时的菜单栏为例，介绍 VS 2022 中常用的菜单。

1 ."文件"菜单

"文件"菜单用于对文件进行操作，比如新建、打开、保存、退出等。"文件"菜单如图 1-14 所示。

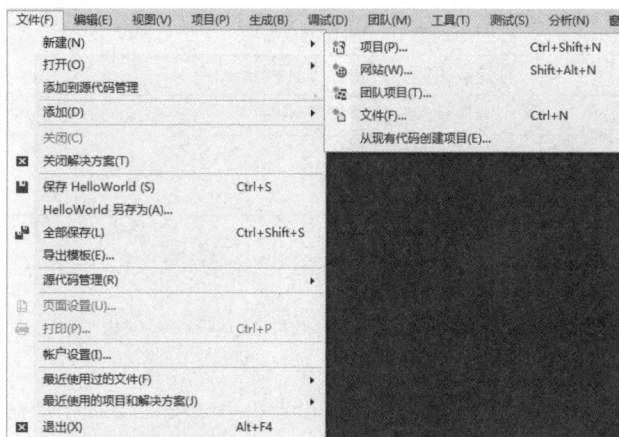

图 1-14　"文件"菜单

"文件"菜单的主要菜单项及其功能如表 1-2 所示。

表 1-2　"文件"菜单的主要菜单项及其功能

菜单项	功能
新建	包括新建项目、网站、文件等
打开	包括打开项目/解决方案、网站、文件等
添加	包括添加新建项目、新建网站、现有项目、现有网站等

菜单项	功能
关闭解决方案	关闭当前的解决方案
保存 HelloWorld	保存当前的项目
HelloWorld 另存为	将当前的项目另存为其他名称或存到其他路径下
全部保存	保存当前的所有项目
导出模板	将项目导出为制作其他项目的基础模板
最近使用过的文件	显示最近打开过的文件名，打开相应的文件
最近使用的项目和解决方案	显示最近打开过的解决方案或项目名，打开相应的解决方案或项目
退出	退出 VS 2022 开发环境

2．"视图"菜单

"视图"菜单主要用于显示或者隐藏各个功能窗口或界面。如果不小心关闭了某个窗口，可以通过"视图"菜单中的菜单项打开。"视图"菜单如图 1-15 所示。

"视图"菜单的主要菜单项及其功能如表 1-3 所示。

表 1-3 "视图"菜单的主要菜单项及其功能

菜单项	功能
解决方案资源管理器	打开解决方案资源管理器窗口
服务器资源管理器	打开服务器资源管理器窗口
类视图	打开类视图窗口
起始页	打开起始页
工具箱	打开工具箱窗口
其他窗口	打开命令窗口、Web 浏览器窗口、历史记录窗口等
工具栏	打开或关闭各种快捷工具栏
全屏显示	全屏显示 VS 2022 开发环境
属性窗口	打开属性窗口
属性页	打开项目的属性页

3．"项目"菜单

"项目"菜单主要用来向程序中添加或移除各种元素，比如添加 Windows 窗体、用户控件、组件、类、引用等。"项目"菜单如图 1-16 所示。

"项目"菜单的主要菜单项及其功能如表 1-4 所示。

表 1-4 "项目"菜单的主要菜单项及其功能

菜单项	功能
添加 Windows 窗体	向当前项目中添加新的 Windows 窗体
添加类	向当前项目中添加类文件
添加新项	向当前项目中添加新项（如类、Windows 窗体、用户控件等）
添加现有项	向当前项目中添加已有项
添加引用	向当前项目中添加.dll 文件的引用

菜单项	功能
添加服务引用	向当前项目中添加服务引用（比如 Web 服务引用）
设为启动项目	将当前项目设置为启动项目
HelloWorld 属性	打开项目的属性页

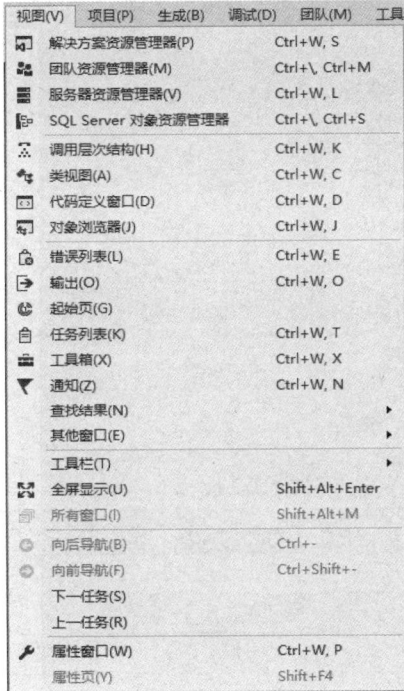

图 1-15　"视图"菜单

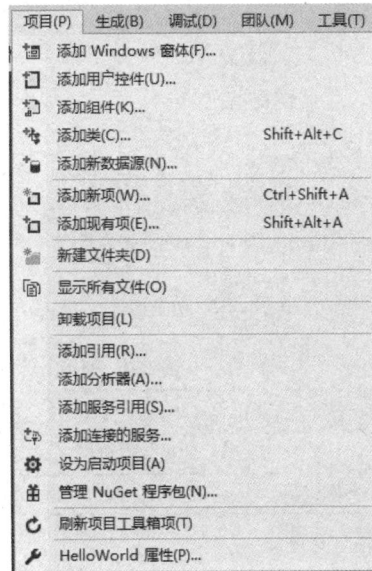

图 1-16　"项目"菜单

4．"格式"菜单

"格式"菜单主要用来对窗体上的各个控件进行统一布局，它可以用来调整所选控件的格式。"格式"菜单如图 1-17 所示。

"格式"菜单的主要菜单项及其功能如表 1-5 所示。

表 1-5　"格式"菜单的主要菜单项及其功能

菜单项	功能
对齐	调整所有选中控件的对齐方式
使大小相同	使所有选中的控件大小相同
水平间距	调整所有选中控件的水平间距
垂直间距	调整所有选中控件的垂直间距
窗体内居中	使选中的控件在窗体中居中显示
顺序	使选中的控件按照一定顺序放置
锁定控件	使选中的控件锁定，不能调整位置

5．"调试"菜单

"调试"菜单主要用于选择不同的调试程序的方法，比如开始调试、开始执行（不调试）、逐语句、逐过程、新建断点等。"调试"菜单如图 1-18 所示。

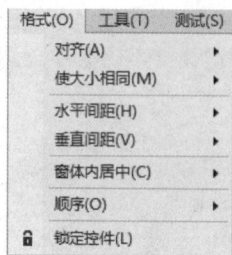

图 1-17 "格式"菜单

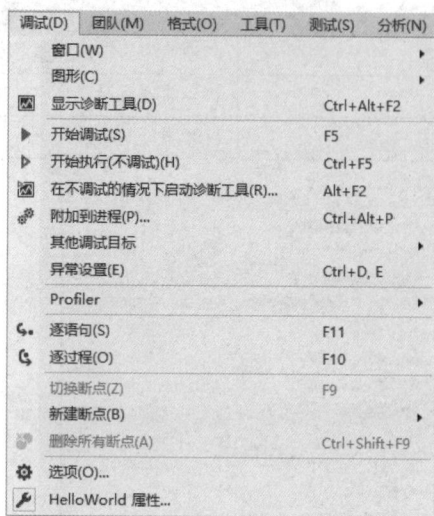

图 1-18 "调试"菜单

"调试"菜单的主要菜单项及其功能如表 1-6 所示。

表 1-6 "调试"菜单的主要菜单项及其功能

菜单项	功能
开始调试	以调试模式运行程序
开始执行（不调试）	不调试程序，直接运行
逐语句	一句一句地执行程序
逐过程	一个过程一个过程地执行程序（这里的过程通常指的是方法或函数）
新建断点	设置断点
删除所有断点	清除设置的所有断点

6. "工具"菜单

"工具"菜单主要用来选择在开发程序时会用到的工具，比如连接到数据库、连接到服务器、选择工具箱项、导入和导出设置、自定义、选项等。"工具"菜单如图 1-19 所示。

"工具"菜单的主要菜单项及其功能如表 1-7 所示。

表 1-7 "工具"菜单的主要菜单项及其功能

菜单项	功能
连接到数据库	新建数据库连接
导入和导出设置	备份、恢复或重置开发环境的个性化设置
选项	打开"选项"对话框，以便对 VS 2022 开发环境进行设置，比如设置代码的字体、字体大小、颜色等

7. "生成"菜单

"生成"菜单主要用于生成可执行文件，生成之后的程序可以脱离开发环境独立运行（但是需要.NET Framework 平台支持）。"生成"菜单如图 1-20 所示。

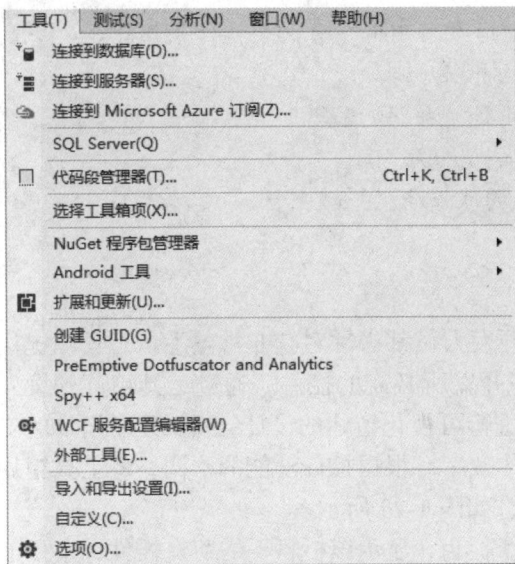

图 1-19 "工具"菜单

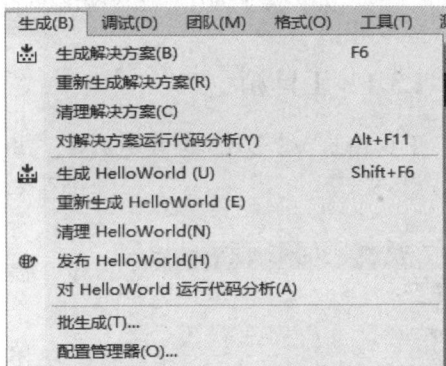

图 1-20 "生成"菜单

"生成"菜单的主要菜单项及其功能如表 1-8 所示。

表 1-8 "生成"菜单的主要菜单项及其功能

菜单项	功能
生成解决方案	生成当前的解决方案
清理解决方案	清理已生成的解决方案
生成 HelloWorld	生成当前项目（需要对项目进行编译）
清理 HelloWorld	清理已生成的项目
发布 HelloWorld	对当前项目进行发布

1.3.3 工具栏

为了操作更方便快捷，菜单中常用的命令被按功能进行分组并分别放入相应的工具栏中，通过工具栏可以快速地访问常用的命令。常用的工具栏有标准工具栏和调试工具栏，下面分别介绍。

（1）标准工具栏包括大多数常用的命令按钮，如新建项目、打开文件、保存、全部保存等。如图 1-21 所示。

（2）调试工具栏包含对应用程序进行调试的快捷按钮，如图 1-22 所示。

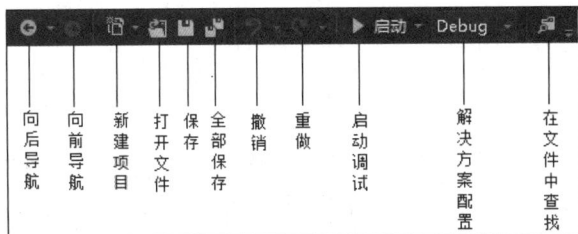

图 1-21 VS 2022 标准工具栏

图 1-22 VS 2022 调试工具栏

1.3.4 工具箱

工具箱是 VS 2022 的重要工具，每一个开发人员都必须对它非常熟悉。工具箱提供了进行 C#程序开发所必需的控件。通过工具箱，开发人员可以方便地进行可视化窗体的设计，减少程序设计的工作量，提高工作效率。根据控件功能的不同，将工具箱划分为多个栏目，如图 1-23 所示。

单击某个栏目，显示该栏目下的所有控件，如图 1-24 所示。当需要某个控件时，可以通过双击该控件的方式直接将控件加载到 Windows 窗体中，也可以直接将所需控件拖动到 Windows 窗体中。工具箱中的控件可以通过在控件上单击鼠标右键后出现的快捷菜单来控制，例如实现控件的删除、显示、排序等操作，如图 1-25 所示。

图 1-23　工具箱

图 1-24　展开某个栏目的工具箱

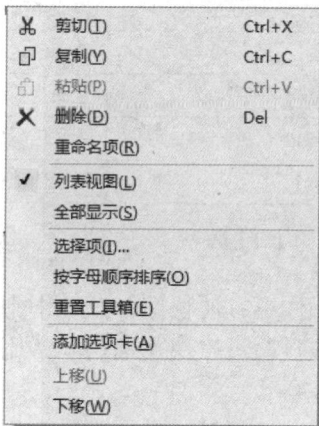

图 1-25　工具箱快捷菜单

1.3.5 窗口

VS 2022 中包含很多窗口，本小节将对常用的几个窗口进行介绍。

1．窗体设计器窗口

窗体设计器窗口是一个可视化窗口，开发人员可以使用 VS 2022 工具箱提供的各种控件来对窗体进行设计，以满足不同的需求。窗体设计器窗口如图 1-26 所示。

当使用 VS 2022 工具箱提供的各种控件来对窗体进行设计时，可以将控件直接拖动到窗体中。

2．解决方案资源管理器窗口

解决方案资源管理器窗口提供了项目及文件的视图，如图 1-27 所示，并且提供了对项目和文件相关命令的便捷访问方式。与此窗口关联的工具栏提供了适用于当前突出显示的项目或文件的常用命令。若要访问解决方案资源管理器，可以选择"视图"/"解决方案资源管理器"菜单项。

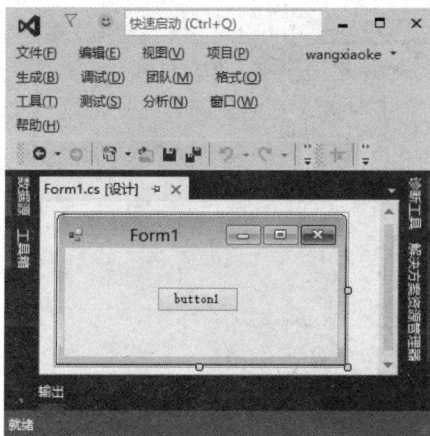

图 1-26　窗体设计器窗口

图 1-27　解决方案资源管理器窗口

3．属性窗口

属性窗口是 VS 2022 中一个重要的工具，该窗口为 Windows 窗体应用程序的开发提供了简单的属性修改方式。Windows 窗体应用程序开发中各个控件的属性都可以通过属性窗口进行设置。属性窗口不仅提供了属性的设置及修改功能，还提供了事件的管理功能，方便开发人员在编程时对事件进行处理。

属性窗口中的属性和事件采用两种排列方式，分别为按字母排序和按分类排序，开发人员可以根据自己的习惯采用不同的方式。窗口的下方还有简单的帮助提示，方便开发人员了解控件的属性。属性窗口的左侧是属性名称，右侧是属性值。属性窗口的两种排列方式分别如图 1-28 和图 1-29 所示。

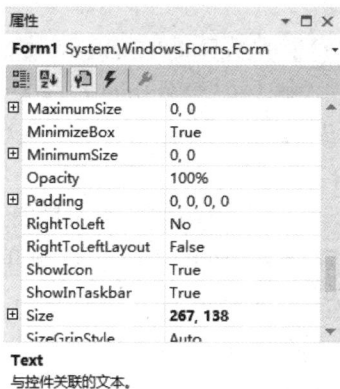

图 1-28　属性窗口（按字母排序）

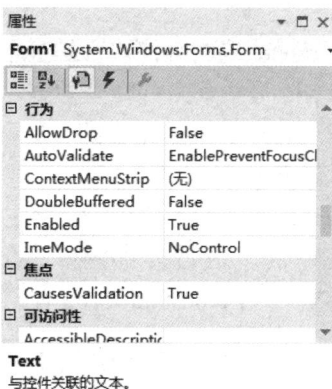

图 1-29　属性窗口（按分类排序）

4．代码设计器窗口

在 VS 2022 中，双击窗体可以进入代码设计器窗口。代码设计器窗口是一个可视化窗口，开发人员可以在该窗口中编写 C#代码。代码设计器窗口如图 1-30 所示。

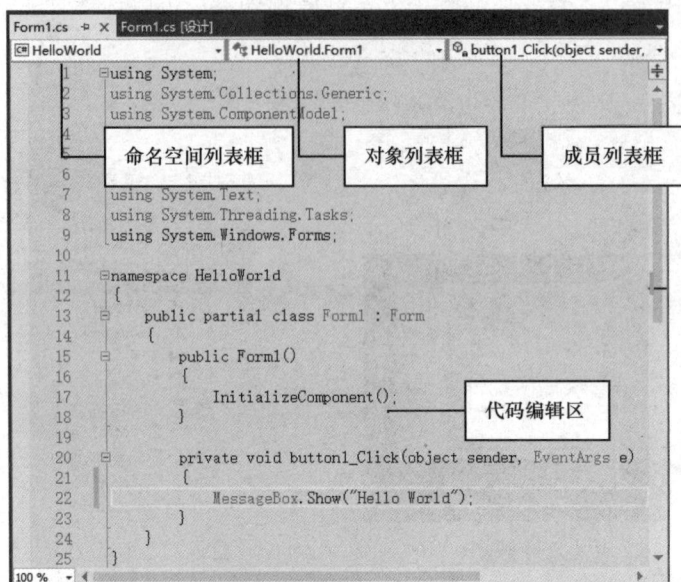

图 1-30　代码设计器窗口

1.4　在 Visual Studio 中引入 AI 工具

随着人工智能（Artificial Intelligence，AI）技术的迅猛发展，我们正步入一个新的学习时代——利用 AI 技术高效学习和工作，例如，在学习程序开发时，可以将 AI 工具引入编程工具中，让 AI 成为我们的编程助手。下面介绍如何在 Visual Studio 中通过安装插件引入 AI 工具。

1.4.1　AI 编程助手 Baidu Comate

Baidu Comate 即文心快码，是基于 AI 的智能代码生成工具，Comate 由 enie-code 提供支持。enie-code 是一个由百度公司多年积累的非敏感代码数据和 Github 顶级公开代码数据训练的模型。它自动生成完整的、更贴近场景的代码行或代码块，可以帮助开发人员轻松地完成开发任务。

在 Visual Studio 的菜单栏中选择"扩展"/"管理扩展"菜单项，进入扩展管理器后，单击"浏览"按钮，在搜索框中输入"Baidu Comate"，找到"Baidu Comate"后单击"安装"按钮，然后重启 Visual Studio，重启成功后登录百度账号即可。

1.4.2　AI 编程助手 Fitten Code

Fitten Code 是由 Fitten Tech 公司开发的大规模代码模型驱动的 AI 编程助手。它支持多种编程语言，包括 C#、Python、JavaScript、Java、C 和 C++等。Fitten Code 可以自动生成代码、生成注释、编辑代码、解释代码、生成测试用例、查找错误等。Fitten Code 旨在使用户的编程体验更加愉快和高效。

在 Visual Studio 的菜单栏中选择"扩展"/"管理扩展"菜单项，进入扩展管理器后，单击"浏览"按钮，在搜索框中输入"Fitten Code"，找到"Fitten Code"后单击"安装"按钮，然后重启 Visual Studio，重启成功后，在扩展选项中选中"Fitten Code"，选择"Open Chat Window"进入登录界面，完成注册并登录即可。

1.4.3 AI 编程助手 CodeMoss

CodeMoss 是一款强大的 Visual Studio 插件，集成了多种先进的 AI 模型，支持代码编写、智能对话、文档生成等。

在 Visual Studio 的菜单栏中选择"扩展"/"管理扩展"菜单项，进入扩展管理器后，单击"浏览"按钮，在搜索框中输入"CodeMoss"，找到"CodeMoss"后单击"安装"按钮，然后重启 Visual Studio 即可。

安装完成后，可以通过自然语言提问获取代码片段或解决方案，进行代码优化与解释等。

在日常学习和工作中，这些 AI 工具可以帮助我们提高编写代码的效率，提升代码质量，提高工作效率等。

1.5 小结

本章首先对 C#的发展历程、特点和.NET 进行了介绍，然后重点讲解了 VS 2022 的安装、如何使用 VS 2022 创建 C#程序以及 C#程序的基本结构，接着对 VS 2022 的标题栏、菜单栏、工具栏、工具箱和一些常用的窗口进行了介绍，最后介绍了如何在 Visual Studio 中引入 AI 工具。本章是学习 C#编程的基础，在学习本章内容时，应该重点掌握 VS 2022 的安装过程及常用窗口的使用方法，并熟悉 C#程序的基本结构。

1.6 上机指导

上机指导

使用 C#创建一个控制台应用程序，然后使用 Console.WriteLine 方法在控制台中输出"编程词典（珍藏版）"软件的启动页。程序运行结果如图 1-31 所示。（实例位置：资源包\上机指导\第 1 章）

开发步骤如下。

（1）打开 VS 2022，创建一个控制台应用程序，命名为 SoftStart。

（2）打开创建的项目的 Program.cs 文件，在 Main 方法中使用 Console.WriteLine 方法输出软件启动页的内容，代码如下：

图 1-31 软件启动页

```
static void Main(string[] args)
```

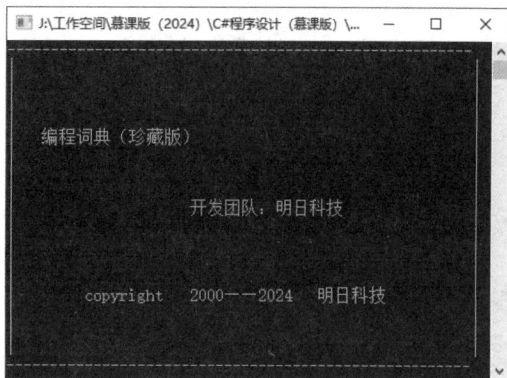

```
{
    Console.WriteLine("-------------------------------------------------------");
    Console.WriteLine("|                                                     |");
    Console.WriteLine("|                                                     |");
    Console.WriteLine("|                                                     |");
    Console.WriteLine("|                                                     |");
    Console.WriteLine("|       编程词典（珍藏版）                              |");
    Console.WriteLine("|                                                     |");
    Console.WriteLine("|                                                     |");
    Console.WriteLine("|                                                     |");
    Console.WriteLine("|                      开发团队：明日科技               |");
    Console.WriteLine("|                                                     |");
    Console.WriteLine("|                                                     |");
    Console.WriteLine("|                                                     |");
    Console.WriteLine("|                                                     |");
    Console.WriteLine("|            copyright  2000——2024  明日科技           |");
    Console.WriteLine("|                                                     |");
    Console.WriteLine("|                                                     |");
    Console.WriteLine("|                                                     |");
    Console.WriteLine("-------------------------------------------------------");
    Console.ReadLine();
}
```

完成以上操作后，按【F5】键调试并运行程序。

1.7　习题

1-1　C#的主要特点有哪些？

1-2　简述 C#、.NET Framework、VS 2022 这三者之间的关系。

1-3　描述 VS 2022 中属性窗口的主要作用。

1-4　C#程序的结构大体可以分为哪几个部分？

1-5　引入命名空间需要使用什么关键字？

1-6　应用程序的主方法是什么？

1-7　控制台应用程序和 Windows 窗体应用程序有什么区别？

第2章 C#编程基础

本章要点

- C#中的基本数据类型
- 常量和变量
- 表达式与运算符
- 流程控制语句
- 数组

学习任何一门语言都不能一蹴而就，必须遵循客观的原则。当学习有一定难度的语言时，需先从基础知识学起，有了扎实的基础后，再进阶学习才会很轻松。本章将从初学者的角度出发，详细讲解 C#的基础知识，内容主要包括基本数据类型、常量和变量、表达式与运算符、流程控制语句和数组。

2.1 基本数据类型

C#中的数据类型根据定义可以分为两种，一种是值类型，另一种是引用类型。从概念上来看，值类型直接存储数据值，而引用类型存储的是对值的引用。C#中的基本数据类型如图 2-1 所示。

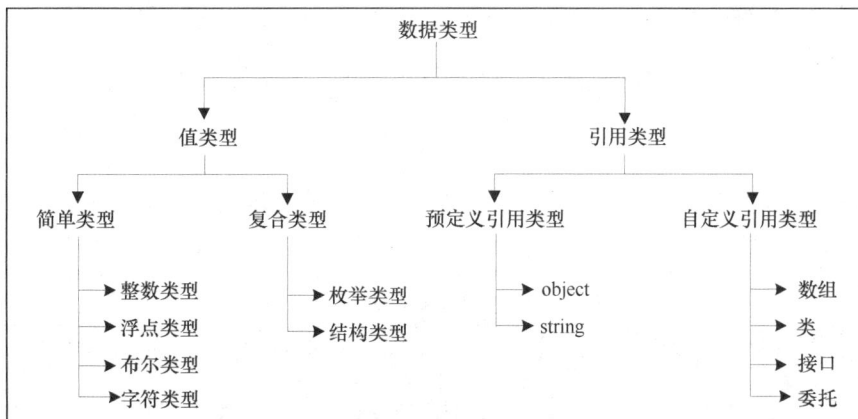

图 2-1 C#中的基本数据类型

2.1.1 值类型

值类型直接存储数据值，它主要包括简单类型和复合类型两种。其中，简单类型是程序中最基本的类型，主要包括整数类型、浮点类型、布尔类型和字符类型 4 种。值类型在栈中进行分配，因此效率很高，使用值类型主要是为了提高程序性能。

值类型具有如下特点。

- ❏ 值类型变量都存储在栈中。
- ❏ 访问值类型变量时，一般都是直接访问其实例。
- ❏ 每个值类型变量都有自己的数据副本，因此对一个值类型变量进行操作时不会影响其他变量。
- ❏ 值类型变量不能为 null，必须是一个确定的值。

下面分别对值类型包含的 4 种简单类型进行讲解。

> 📖 **说明：** 复合类型包括枚举类型和结构类型，将会在后面章节进行详细讲解。

1．整数类型

整数类型代表一种没有小数点的整数数据，C#内置的整数类型的说明信息及范围如表 2-1 所示。

表 2-1　C#内置的整数类型的说明信息及范围

类型	说明	范围
sbyte	8 位有符号整数	$-128 \sim 127$
short	16 位有符号整数	$-32768 \sim 32767$
int	32 位有符号整数	$-2147483648 \sim 2147483647$
long	64 位有符号整数	$-9223372036854775808 \sim 9223372036854775807$
byte	8 位无符号整数	$0 \sim 255$
ushort	16 位无符号整数	$0 \sim 65535$
uint	32 位无符号整数	$0 \sim 4294967295$
ulong	64 位无符号整数	$0 \sim 18446744073709551615$

例如，分别声明一个 int 类型和一个 byte 类型的变量，代码如下：

```
int m;                          //定义一个 int 类型的变量
byte n;                         //定义一个 byte 类型的变量
```

2．浮点类型

浮点类型代表含有小数的数值数据，它主要包含 float、double 和 decimal 类型，表 2-2 列出了这 3 种类型的说明信息和范围。

表 2-2　浮点类型的说明信息和范围

类型	说明	范围
float	精确到 6～9 位数	$\pm 1.5 \times 10^{-45} \sim \pm 3.4 \times 10^{38}$
double	精确到 15～17 位数	$\pm 5.0 \times 10^{-324} \sim \pm 1.7 \times 10^{308}$
decimal	具有 28～29 位有效位	$\pm 1.0 \times 10^{-28} \sim \pm 7.9 \times 10^{28}$

如果不做任何设置，包含小数点的数值会被系统认为是 double 类型，例如 9.27 这个数。如果要将数值按 float 类型来处理，可以通过使用 f 或 F 将其强制指定为 float 类型。

例如，将数值强制指定为 float 类型，代码如下：

```
float m = 9.27f;                    //使用 f 强制指定为 float 类型
float n = 1.12F;                    //使用 F 强制指定为 float 类型
```

如果要将数值强制指定为 double 类型，则需要使用 d 或 D 进行处理。

例如，下面的代码用来将数值强制指定为 double 类型：

```
double m = 927d;                    //使用 d 强制指定为 double 类型
double n = 112D;                    //使用 D 强制指定为 double 类型
```

3．布尔类型

布尔类型主要用来表示 true 或 false 值。一个布尔类型的变量，其值只能是 true 或 false，不能将其他的值指定给布尔类型变量，布尔类型变量不能与其他类型变量进行转换。

> 📖 说明：布尔类型变量大多数被应用到流程控制语句中，例如循环语句、if 语句等。

4．字符类型

字符类型在 C#中使用 Char 类来表示，该类主要用来存储单个字符，它占用 16 位（2 字节）的内存空间。在定义字符类型变量时，要以单引号（''）表示，如'a'表示一个字符，而"a"则表示一个字符串。"a"虽然只有一个字母，但由于它使用了双引号，所以表示字符串，而不是字符。字符类型变量的定义非常简单，代码如下：

```
char ch1='L';
char ch2='1';
```

2.1.2 引用类型

引用类型是构建 C#程序的一种对象类型数据，其变量又称为对象，可存储对实际数据的引用。C#支持两个预定义引用类型，即 object 和 string，其说明如表 2-3 所示。

引用类型

表 2-3 C#中的预定义引用类型及说明

类型	说明
object	object 类型在.NET Framework 中是 Object 类的别名。在 C#的统一类型系统中，所有类型（预定义类型、用户定义类型、引用类型和值类型）都是直接或间接继承 Object 类的
string	string 类型表示空或由 Unicode 字符组成的序列

> 📖 说明：尽管 string 是引用类型，但如果用到了等于和不等于运算符（==和!=），则表示比较 string 对象（而不是引用）的值。

在应用程序执行的过程中，引用类型使用 new 关键字创建对象实例，并存储在堆中。堆是一种由系统弹性配置的内存空间，没有特定的大小及存活时间，因此可以被弹性地应用于对象的访问操作。

引用类型具有如下特点。

❑ 必须在托管堆中为引用类型变量分配内存。

❑ 在托管堆中分配的每个对象都有与之相关联的附加成员，这些成员必须被初始化。

- 引用类型变量是由垃圾回收机制来管理的。
- 多个引用类型变量可以引用同一对象，在这种情形下，对一个变量的操作会影响引用了同一对象的另一个变量。
- 引用类型被赋值前的值都是 null。

所有被称为"类"的变量都是引用类型，主要包括类、接口、数组和委托等。例如：

```
Student student1=new Student();
Student student2=student1;
```

其示意图如图 2-2 所示。

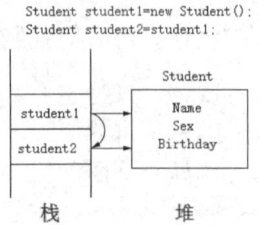

图 2-2　引用类型示意

2.1.3　值类型与引用类型的区别

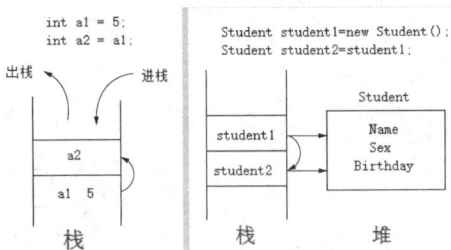

从概念上看，值类型直接存储其值，而引用类型存储对其值的引用，这两种类型存储在内存的不同地方。从内存空间上看，值类型在栈中操作，而引用类型则在堆中分配存储单元。栈在编译时就分配好了内存空间，在代码中有栈的明确定义；而堆是在程序运行时可以动态分配内存的空间，可以根据程序的运行情况动态地分配内存的大小。因此，值类型的变量总是在内存中占用预定义的字节数；而引用类型的变量则在堆中被分配一个内存空间，这个内存空间包含的是对另一个内存位置的引用，这个位置是托管堆中的一个地址，即存放此变量实际值的地方。图 2-3 是值类型与引用类型的对比图。

下面通过一个实例演示值类型与引用类型的区别。

图 2-3　值类型与引用类型对比

【例 2-1】　创建一个控制台应用程序。首先在程序中创建一个类 stamp，在该类中定义两个属性 Name 和 Age，其中 Name 属性为 string 类型，Age 属性为 int 类型；然后定义一个 ReferenceAndValue 类，在该类中定义一个静态的 Demonstration 方法，该方法主要演示当使用值类型和引用类型时，其中一个值变化另外的值是否会变化；最后在 Main 方法中调用 ReferenceAndValue 类中的 Demonstration 方法并输出结果。代码如下：

```csharp
class Program
{
    static void Main(string[] args)
    {
        //调用 ReferenceAndValue 类中的 Demonstration 方法
        ReferenceAndValue.Demonstration();
        Console.ReadLine();
    }
}
public class stamp                              //定义一个类
{
    public string Name { get; set; }            //定义引用类型变量
    public int Age { get; set; }                //定义值类型变量
}
public static class ReferenceAndValue           //定义一个静态类
{
    public static void Demonstration()          //定义一个静态方法
    {
```

```
        stamp Stamp_1 = new stamp { Name = "Premiere", Age = 25 };
        stamp Stamp_2 = new stamp { Name = "Again", Age = 47 };
        int age = Stamp_1.Age;                                          //获取值类型变量 Age 的值
        Stamp_1.Age = 22;                                               //修改值类型变量 Age 的值
        stamp Stamp_3 = Stamp_2;                                        //获取 Stamp_2 中的值
        Stamp_2.Name = "Again Amend";                                   //修改引用的 Name 值
        Console.WriteLine("Stamp_1's age:{0}", Stamp_1.Age);            //显示 Stamp_1 中的 Age 值
        Console.WriteLine("age's value:{0}", age);                      //显示 age 值
        Console.WriteLine("Stamp_2's name:{0}", Stamp_2.Name);          //显示 Stamp_2 中的 Name 值
        Console.WriteLine("Stamp_3's name:{0}", Stamp_3.Name);          //显示 Stamp_3 中的 Name 值
    }
}
```

运行结果如图 2-4 所示。

从图 2-4 中可以看出，当改变了 Stamp_1.Age 的值时，age
的值没有随之改变；而在改变了 Stamp_2.Name 的值后，
Stamp_3.Name 的值却发生了变化，这就是值类型和引用类型
的区别。在声明值类型变量 age 时，将 Stamp_1.Age 的值赋给

图 2-4　运行结果

它，这时，编译器在栈上分配了一块空间，然后把 Stamp_1.Age 的值填进去，二者没有任
何关联。这就像在计算机中复制文件一样，只是把 Stamp_1.Age 的值复制给了 age 变量。
而引用类型则不同，在声明 Stamp_3 引用类型变量时，把 Stamp_2 的值赋给它。前面说过，
引用类型包含的只是堆上数据区域地址的引用，其实就是把 Stamp_2 的引用地址也赋给了
Stamp_3，因此它们指向了同一块内存区域。既然指向同一块区域，那么不管修改谁，另一
个的值都会跟着改变。

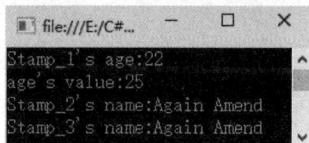

2.2　常量和变量

常量就是值固定不变的量，而且常量的值在编译时就已经确定了；变量用来表示一
个数值、一个字符串或者一个类的对象，变量存储的值可能会发生更改，但变量名称保持
不变。

2.2.1　常量的声明和使用

常量又叫常数，它主要用来存储在程序运行过程中值不改变的量，它通
常可以分为字面常量和符号常量两种，下面分别进行讲解。

常量的声明和
使用

1．字面常量

字面常量就是每种基本数据类型所对应的常量形式，举例如下。

❑ 整数常量

```
32
368
0x2F
```

❑ 浮点常量

```
3.14
3.14F
3.14D
3.14M
```

□ 字符常量

```
'A'
'\X0056'
```

□ 字符串常量

```
"Hello World"
"C#"
```

□ 布尔常量

```
true
false
```

2. 符号常量

符号常量在 C#中使用关键字 const 来声明，并且在声明符号常量时，必须对其进行初始化，例如：

```
const int month = 12;
```

上面的代码中，常量 month 将始终为 12，不能更改。

📖 说明：const 关键字可以防止开发程序时出现错误。例如，对于一些不需要改变的对象，可使用 const 关键字将其定义为常量。这可以防止开发人员不小心修改对象的值，最终得到错误的结果。

2.2.2　变量的声明和使用

变量是指在程序运行过程中值可以不断变化的量。变量通常用来保存程序运行过程中的输入数据、计算获得的中间结果和最终结果等。在 C#中，声明变量的语句由一个变量类型和跟在其后面的一个或多个变量名组成，多个变量之间用逗号隔开，声明变量以分号结束，语法如下：

变量的声明和使用

```
变量类型 变量名;                       //声明一个变量
变量类型 变量名1,变量名2,…,变量名n;      //同时声明多个变量
```

例如，声明一个整型变量 m，以及同时声明 3 个字符串型变量 str1、str2 和 str3 的代码如下：

```
int m;                      //声明一个整型变量
string str1, str2, str3;     //同时声明 3 个字符串型变量
```

上面的第一行代码中，声明了一个名称为 m 的整型变量；第二行代码中，声明了 3 个字符串型变量，分别为 str1、str2 和 str3。

另外，声明变量时，还可以同时初始化变量，即在每个变量名后面加上给变量赋初值的代码。

例如，声明一个整型变量 r，并赋值为 368，然后同时声明 3 个字符串型变量，并初始化。代码如下：

```
int r = 368;                                //初始化整型变量 r
string x = "明日科技", y = "C#编程词典", z = "C#";   //初始化字符串型变量 x、y 和 z
```

声明变量时，要注意变量名的命名规则。C#中的变量名是一种标识符，因此命名时应该符合标识符的命名规则。变量名是区分大小写的，下面给出变量的命名规则。

□ 变量名只能由数字、字母和下画线组成。

□ 变量名的第一个符号只能是字母或下画线，不能是数字。

□ 不能使用关键字作为变量名。

□ 一旦在一个语句块中定义了一个变量名，在该变量的作用域内都不能再定义同名的变量。

2.3 表达式与运算符

表达式是由运算符和操作数组成的，运算符可以指定操作数的运算形式。运算符包括＋、－、*和/等，操作数包括文本、常量、变量和表达式等。

例如，下面几行代码就使用了简单的运算符和操作数：

```
int i = 927;              //声明一个int类型的变量i并初始化为927
i = i * i + 112;          //改变变量i的值
int j = 2024;             //声明一个int类型的变量j并初始化为2024
j = j / 2;                //改变变量j的值
```

C#中有多种运算符。运算符是具有运算功能的符号，根据作用的操作数的个数，可以将运算符分为单目运算符、双目运算符和三目运算符。其中，单目运算符是作用在一个操作数上的运算符，如正号（＋）等；双目运算符是作用在两个操作数上的运算符，如加号（＋）、乘号（*）等；三目运算符是作用在 3 个操作数上的运算符，C#中唯一的三目运算符是条件运算符（?:）。下面分别对常用的运算符进行讲解。

2.3.1 算术运算符

C#中的算术运算符是双目运算符，主要包括＋、－、*、/ 和%，它们分别用于加、减、乘、除和求余（模）运算。C#中算术运算符的说明及示例如表 2-4 所示。

算术运算符

表 2-4　C#算术运算符的说明及示例

运算符	说明	示例	结果
＋	加	12.45f+15	27.45
－	减	4.56 − 0.16	4.4
*	乘	5L*12.45f	62.25
/	除	7/2	3
%	求余	12%10	2

例如，定义两个 int 类型变量 m 和 n 并分别初始化，使用算术运算符对它们进行加、减、乘、除、求余运算，代码如下：

```
int m = 8;                //定义变量m，并初始化为8
int n = 4;                //定义变量n，并初始化为4
int r1 = m + n;           //结果为12
int r2 = m - n;           //结果为4
int r3 = m * n;           //结果为32
int r4 = m / n;           //结果为2
int r5 = m % n;           //结果为0
```

说明： 使用除法运算符（/）和求余运算符（%）时，除数不能为 0，否则会出现异常。

2.3.2 自增运算符与自减运算符

C#提供了两种特殊的算术运算符：自增运算符和自减运算符，分别用++和--表示，下面分别对它们进行讲解。

自增运算符与
自减运算符

1．自增运算符

++是自增运算符，它是单目运算符。++在使用时有两种形式，分别是++expr 和 expr++。其中，++expr 是前置形式，它表示 expr 自身先加 1，再参与其他运算，其运算结果是自身修改后的值；expr++是后置形式，它表示 expr 先参与其他运算，再自身加 1，其运算结果是自身未修改的值。自增运算符放在不同位置时的运算示意图如图 2-5 所示。

下面的代码演示自增运算符放在变量的不同位置时的运算结果：

```
int i = 0, j = 0;        //定义 int 类型的变量 i、j
int post_i, pre_j;       //post_i 表示后置形式运算的返回结果，pre_j 表示前置形式运算的返回结果
post_i = i++;            //后置形式的自增，post_i 是 0
Console.WriteLine(i);   //输出结果是 1
pre_j = ++j;            //前置形式的自增，pre_j 是 1
Console.WriteLine(j);   //输出结果是 1
```

2．自减运算符

--是自减运算符，它是单目运算符。--在使用时有两种形式，分别是--expr 和 expr--。其中，--expr 是前置形式，它表示 expr 自身先减 1，再参与其他运算，其运算结果是自身修改后的值；expr--是后置形式，它表示 expr 先参与其他运算，再自身减 1，其运算结果是自身未修改的值。自减运算符放在不同位置时的运算示意图如图 2-6 所示。

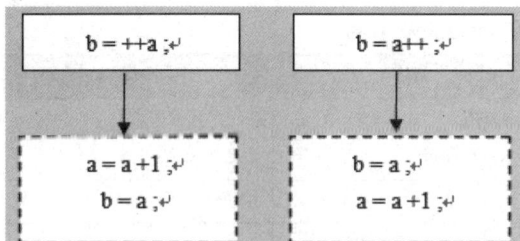

图 2-5　自增运算符放在不同位置时的运算示意　　　　图 2-6　自减运算符放在不同位置时的运算示意

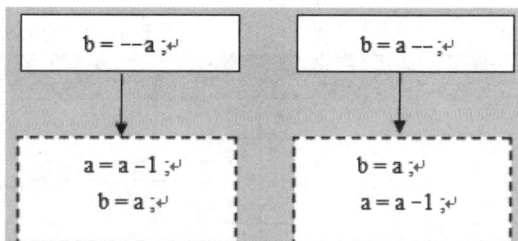

> ⚠️**注意**：自增、自减运算符只能作用于变量。下面的形式是不合法的：
>
> ```
> 3++;           //不合法，因为 3 是一个常量
> (i+j)++;       //不合法，因为 i+j 是一个表达式
> ```

2.3.3　赋值运算符

赋值运算符用于为变量、属性、事件等元素赋新值。赋值运算符包括 =、+=、－=、*=、/=、%=、&=、|=、^=、<<=和>>=等。赋值运算符的左操作数必须是变量、属性访问的表达式、索引器访问的表达式或事件访问的表达式，如果赋值运算符两边的操作数类型不一致，就需要先进行类型转换，再赋值。

赋值运算符

在使用赋值运算符时，右操作数表达式所属的类型必须可隐式转换为左操作数所属的类型，运算将右操作数的值赋给左操作数表示的变量、属性或索引器等元素。赋值运算符的运算规则和意义如表 2-5 所示。

表 2-5　赋值运算符的运算规则和意义

名称	运算符	运算规则	意义
赋值	=	将表达式赋给变量	将右边的值赋给左边
加赋值	+=	x+=y	x=x+y
减赋值	−=	x−=y	x=x−y
除赋值	/=	x/=y	x=x/y
乘赋值	*=	x*=y	x=x*y
模赋值	%=	x%=y	x=x%y
位与赋值	&=	x&=y	x=x&y
位或赋值	|=	x|=y	x=x|y
右移赋值	>>=	x>>=y	x=x>>y
左移赋值	<<=	x<<=y	x=x<<y
异或赋值	^=	x^=y	x=x^y

下面以加赋值运算符（+=）为例，说明赋值运算符的用法。例如，声明一个 int 类型的变量 i，并初始化为 927，然后通过加赋值运算符改变 i 的值，使其在原有的基础上增加112，代码如下：

```
int i = 927;            //声明一个 int 类型的变量 i 并初始化为 927
i += 112;               //使用加赋值运算符
Console.WriteLine(i);   //输出变量 i 的值为 1039
```

2.3.4　关系运算符

关系运算符可以实现对两个值的比较运算，其在完成两个操作数的比较运算之后，会返回一个代表运算结果的布尔值。关系运算符及其说明如表 2-6 所示。

关系运算符

表 2-6　关系运算符及其说明

关系运算符	说明	关系运算符	说明
==	等于	!=	不等于
>	大于	>=	大于或等于
<	小于	<=	小于或等于

下面通过一个实例演示关系运算符的使用。

【例 2-2】 创建一个控制台应用程序，定义 3 个 int 类型的变量，并分别对它们进行初始化操作，然后使用 C#中的各种关系运算符对它们的大小进行比较，代码如下：

```
static void Main(string[] args)
{
    int num1 = 4, num2 = 7, num3 = 7;                       //定义 3 个 int 类型的变量并初始化
    Console.WriteLine("num1=" + num1 + ", num2=" + num2 + ", num3=" + num3);
    Console.WriteLine();                                    //换行
    Console.WriteLine("num1<num2 的结果: " + (num1 < num2));  //运用小于运算符
    Console.WriteLine("num1>num2 的结果: " + (num1 > num2));  //运用大于运算符
    Console.WriteLine("num1==num2 的结果: " + (num1 == num2)); //运用等于运算符
    Console.WriteLine("num1!=num2 的结果: " + (num1 != num2)); //运用不等于运算符
```

C#编程基础　第 2 章

```
        Console.WriteLine("num1<=num2 的结果: " + (num1 <= num2));     //运用小于或等于运算符
        Console.WriteLine("num2>=num3 的结果: " + (num2 >= num3));     //运用大于或等于运算符
        Console.ReadLine();
    }
```

程序运行结果如图 2-7 所示。

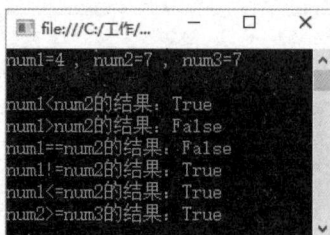

图 2-7　使用关系运算符比较变量的大小的运行结果

📖 说明：关系运算符常用于判断或循环语句中。

2.3.5　逻辑运算符

逻辑运算符是对真和假这两种布尔值进行运算，运算后的结果仍是一个布尔值。C#中的逻辑运算符包括&&（逻辑与）、||（逻辑或）、!（逻辑非）。在逻辑运算符中，除了"!"是单目运算符，其他都是双目运算符。表 2-7 列出了逻辑运算符的用法和相关说明。

逻辑运算符

表 2-7　逻辑运算符的用法和相关说明

运算符	含义	用法	结合方向
&&	逻辑与	op1&&op2	从左至右
||	逻辑或	op1||op2	从左至右
!	逻辑非	!op	从右至左

使用逻辑运算符进行逻辑运算时，其运算结果如表 2-8 所示。

表 2-8　使用逻辑运算符进行逻辑运算的结果

表达式 1	表达式 2	表达式 1&&表达式 2	表达式 1||表达式 2	!表达式 1
true	true	true	true	false
true	false	false	true	false
false	false	false	false	true
false	true	false	true	true

【例 2-3】　创建一个控制台应用程序，定义两个 int 类型的变量，首先使用关系运算符比较它们的大小，然后使用逻辑运算符判断它们的结果是 True 还是 False，代码如下：

```
static void Main(string[] args)
{
    int a = 2;                                              //声明 int 类型变量 a
    int b = 5;                                              //声明 int 类型变量 b
    //声明 bool 类型变量，用于保存应用逻辑运算符 "&&" 后的返回值
    bool result = ((a > b) && (a != b));
```

```
//声明 bool 类型变量，用于保存应用逻辑运算符"||"后的返回值
bool result2 = ((a > b) || (a != b));
Console.WriteLine(result);                    //将变量 result 输出
Console.WriteLine(result2);                   //将变量 result2 输出
Console.ReadLine();
}
```

程序运行结果为：

```
false
true
```

2.3.6　位运算符

位运算符

位运算符的操作数类型是整型，操作数可以是有符号的，也可以是无符号的。C#中的位运算符包含位与、位或、位异或、取反运算符，其中位与、位或、位异或运算符为双目运算符，取反运算符为单目运算符。位运算是完全针对位方面的操作，因此在实际使用位运算符时，需要将要执行运算的数据转换为二进制形式才能进行运算。

1．位与运算符

位与运算符为"&"，其运算法则是：当两个操作数对应二进制位都是 1 时，结果位才是 1，否则为 0。如果两个操作数的精度不同，则结果的精度与精度更高的操作数相同。5&-4的运算过程如图 2-8 所示。

2．位或运算符

位或运算符为"|"，其运算法则是：当两个操作数对应二进制位都是 0 时，结果位才是 0，否则为 1。如果两个操作数的精度不同，则结果的精度与精度更高的操作数相同。3|6 的运算过程如图 2-9 所示。

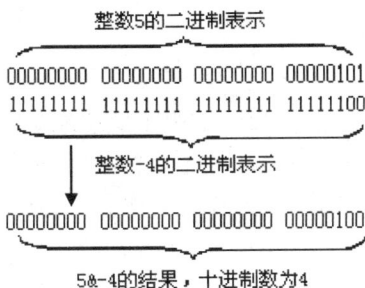

图 2-8　5&-4 的运算过程

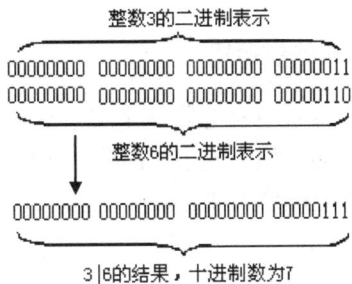

图 2-9　3|6 的运算过程

3．位异或运算符

位异或运算符是"^"，其运算法则是：当两个操作数的对应二进制位相同（同时为 0 或同时为 1）时，结果位才为 0，否则为 1。若两个操作数的精度不同，则结果的精度与精度更高的操作数相同。10^3 的运算过程如图 2-10 所示。

4．取反运算符

取反运算也称按位非运算，取反运算符为"～"。取反运算就是将操作数对应二进制位

中的 1 修改为 0，0 修改为 1。～7 的运算过程如图 2-11 所示。

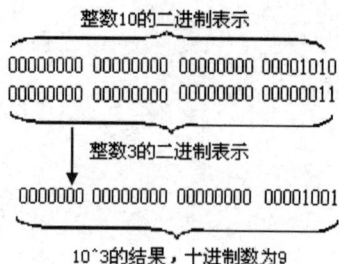

整数10的二进制表示
00000000 00000000 00000000 00001010
00000000 00000000 00000000 00000011

整数3的二进制表示
00000000 00000000 00000000 00001001

10^3的结果，十进制数为9

图 2-10　10^3 的运算过程

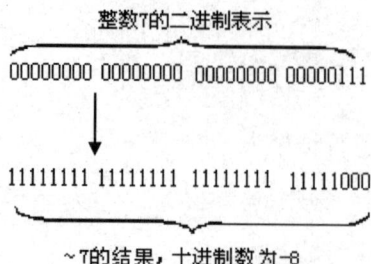

整数7的二进制表示
00000000 00000000 00000000 00000111

11111111 11111111 11111111 11111000

～7的结果，十进制数为-8

图 2-11　～7 的运算过程

2.3.7　移位运算符

C#中的移位运算符有两个，分别是左移位运算符和右移位运算符，这两个运算符都是双目运算符，它们主要用来对整数类型数据进行移位操作。移位运算符的右操作数不可以是负数，并且要小于左操作数的位数。下面分别对左移位运算符（<<）和右移位运算符（>>）进行讲解。

1．左移位运算符

左移位运算符是将一个二进制操作数向左移动指定的位数，左边（高位端）溢出的位被丢弃，右边（低位端）的空位用 0 补充。左移位运算相当于乘以 2 的 n 次幂（n 为移动的次数），其示意图如图 2-12 所示。

例如，int 类型数据（32 位）368 对应的二进制数为 101110000，根据左移位运算符的运算法则可以得出(101110000<<8)=10111000000000000，转换为十进制数就是 94208（即 368×2^8）。

2．右移位运算符

右移位运算符是将一个二进制操作数向右移动指定的位数，右边（低位端）溢出的位被丢弃，而在填充左边（高位端）的空位时，如果最高位是 0，则空位填入 0；如果最高位是 1，则空位填入 1。右移位运算相当于除以 2 的 n 次幂（n 为移动的次数），其示意图如图 2-13 所示。

图 2-12　左移位运算示意

图 2-13　右移位运算示意

例如，int 类型数据（32 位）368 对应的二进制数为 101110000，根据右移位运算符的运算法则可以得出(101110000>>2)=1011100，所以转换为十进制数就是 92（即 $368/2^2$）。

2.3.8　条件运算符

条件运算符用 "?:" 表示，它是 C#中仅有的三目运算符，该运算符作用于 3 个操作数，形式如下：

条件运算符

```
<表达式 1> ? <表达式 2>  : <表达式 3>
```

其中，表达式 1 是一个布尔值，可以为真或假。如果表达式 1 为真，则返回表达式 2 的运算结果；如果表达式 1 为假，则返回表达式 3 的运算结果。例如：

```
int  x=5, y=6, max;
max=x<y? y : x ;
```

上面代码的返回值为 6，因为 x<y 这个条件是成立的，所以返回 y 的值。

2.3.9　运算符的优先级与结合性

C#中的一些表达式是由运算符连接起来的，符合 C#规范。运算符的优先级决定了在表达式中进行运算的先后顺序，类似于进销存的业务流程，如进货、销售、出库，只能按规定的步骤进行操作。C#中的运算符优先级从高到低的顺序如下。

运算符的优先级与结合性

- ❑ 单目运算符。
- ❑ 算术运算符。
- ❑ 移位运算符。
- ❑ 关系运算符。
- ❑ 逻辑运算符。
- ❑ 条件运算符。
- ❑ 赋值运算符。

如果两个运算符具有相同的优先级，则会根据其结合性确定是从左至右运算，还是从右至左运算。表 2-9 列出了运算符从高到低的优先级顺序及结合性。

表 2-9　运算符的优先级顺序及结合性

运算符类别	运算符	数目	结合性
单目运算符	++, --, !	单目	←
算术运算符	*, /, %	双目	→
	+, −	双目	→
移位运算符	<<, >>	双目	→
关系运算符	>, >=, <, <=	双目	→
	==, !=	双目	→
位运算符	&, ^, |	双目	→
逻辑运算符	&&, ||	双目	→
条件运算符	?:	三目	←
赋值运算符	=, +=, −=, *=, /=, %=, &=, |=, ^=, >>=, <<=	双目	←

📖 **说明**：表 2-9 中的 "←" 表示从右至左，"→" 表示从左至右。从表 2-9 中可以看出，

C#中的运算符只有单目运算符、条件运算符和赋值运算符的结合性为从右至左，其他运算符的结合性都是从左至右。

2.3.10　表达式中的类型转换

在 C#中对一些不同类型的数据进行操作时，经常用到类型转换。类型转换主要分为隐式类型转换和显式类型转换，下面分别进行讲解。

表达式中的
类型转换

1．隐式类型转换

隐式类型转换就是不需要声明就能进行的转换。进行隐式类型转换时，编译器不需要进行检查就能安全地进行转换，表 2-10 列出了可以进行隐式类型转换的数据类型。

表 2-10　隐式类型转换

源类型	目标类型
sbyte	short、int、long、float、double、decimal
byte	short、ushort、int、uint、long、ulong、float、double 或 decimal
short	int、long、float、double 或 decimal
ushort	int、uint、long、ulong、float、double 或 decimal
int	long、float、double 或 decimal
uint	long、ulong、float、double 或 decimal
char	ushort、int、uint、long、ulong、float、double 或 decimal
float	double
ulong	float、double 或 decimal
long	float、double 或 decimal

说明：从 int、uint、long、ulong 到 float 类型，以及从 long、ulong 到 double 类型的转换可能会导致数据的精度损失，但不会影响它的数量级。其他的隐式类型转换不会丢失任何信息。

将 int 类型的值隐式转换成 long 类型，示例代码如下：

```
int i =5;                    //声明一个整型变量 i 并初始化为 5
long j = i;                  //隐式转换成 long 类型
```

2．显式类型转换

显式类型转换也可以称为强制类型转换，它需要在代码中明确地声明要转换的类型。如果在无法进行隐式转换的类型之间转换，就需要使用显式类型转换。表 2-11 列出了需要进行显式类型转换的数据类型。

表 2-11　显式类型转换

源类型	目标类型
sbyte	byte、ushort、uint、ulong 或 char
byte	Sbyte 或 char
short	sbyte、byte、ushort、uint、ulong 或 char
ushort	sbyte、byte、short 或 char

源类型	目标类型
int	sbyte、byte、short、ushort、uint、ulong 或 char
uint	sbyte、byte、short、ushort、int 或 char
char	sbyte、byte 或 short
float	sbyte、byte、short、ushort、int、uint、long、ulong、char 或 decimal
ulong	sbyte、byte、short、ushort、int、uint、long 或 char
long	sbyte、byte、short、ushort、int、uint、ulong 或 char
double	sbyte、byte、short、ushort、int、uint、ulong、long、char 或 decimal
decimal	sbyte、byte、short、ushort、int、uint、ulong、long、char 或 double

> 说明：（1）由于可以使用强制转换表达式将任何数据类型转换为任何其他的数据类型（包括可以直接进行隐式类型转换的数据类型），因此总是可以使用强制转换表达式将任何数据类型转换为任何其他的数据类型；（2）在进行显式类型转换时，可能会出现溢出错误。

例如，对 double 类型变量 m 进行显式类型转换，转换为 int 类型变量，代码如下：

```
double m = 5.83;                    //声明 double 类型变量
int n = (int)m;                     //显式转换成整型变量
```

另外，也可以通过 Convert 类进行显式类型转换。

例如，通过 Convert 类将 double 类型的变量转换为 int 类型的变量，代码如下：

```
double m = 5.83;                                    //声明 double 类型变量
Console.WriteLine("原 double 类型数据: " + m);      //输出原数据
int n = Convert.ToInt32(m);                         //通过 Convert 类转换
Console.WriteLine("转换成的 int 类型数据: " + n);    //输出整型变量
Console.ReadLine();
```

3．装箱

装箱是将值类型隐式转换成 object 类型。例如，下面的代码用来实现装箱操作：

```
int i = 100;                //声明一个 int 类型变量 i，并初始化为 100
object obj = i;             //声明一个 object 类型变量 obj，其初始值为 i
```

装箱示意图如图 2-14 所示。

从图 2-14 中可以看出，值类型变量的值被复制到装箱得到的对象中，装箱后，改变值类型变量的值并不会影响装箱对象的值。

4．拆箱

拆箱是装箱的逆过程，它是将 object 类型显式转换为值类型。例如，下面的代码用来实现拆箱操作：

```
int i = 100;                //声明一个 int 类型的变量 i，并初始化为 100
object obj = i;             //执行装箱操作
int j = (int)obj;           //执行拆箱操作
```

拆箱示意图如图 2-15 所示。

从图 2-15 中不难看出，拆箱后得到的值类型变量的值与装箱对象的值相等。需要注意的是，在执行拆箱操作时，要符合类型一致的原则，否则会出现异常。

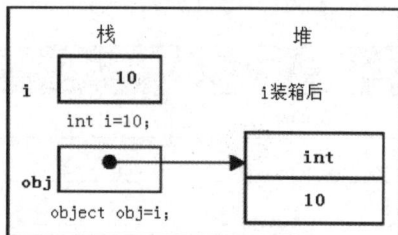

图 2-14 装箱示意

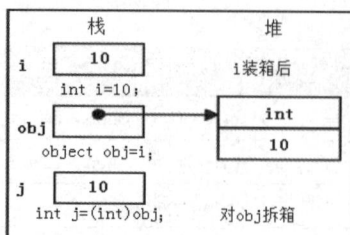

图 2-15 拆箱示意

⚠️ **注意**：装箱是将值类型隐式转换为对象类型（object），而拆箱则是将对象类型显式转换为值类型。对装箱而言，它是将被装箱的值类型变量复制一份来进行转换；而拆箱时，需要注意类型的兼容性，例如，不能将一个 long 类型的装箱对象拆箱为 int 类型。

2.4 选择语句

选择结构是程序设计过程中最常见的一种结构，比如用户登录、条件判断等都需要用到选择结构。C#中的选择语句主要包括 if 语句和 switch 语句，本节将分别进行介绍。

2.4.1 if 语句

if 语句是最基础的一种选择结构语句，它主要有 3 种形式，分别为 if 语句、if...else 语句和 if...else if...else 语句，本小节将分别对它们进行详细讲解。

if 语句

1. 最简单的 if 语句

C#中使用 if 关键字来组成选择语句，最简单的语法格式如下：

```
if(表达式)
{
    语句块;
}
```

其中，表达式部分必须用()括起来，它可以是一个简单的布尔变量或常量，也可以是关系表达式或逻辑表达式。如果表达式为真，则执行语句块，之后继续执行下一条语句；如果表达式为假，则跳过语句块，直接执行下一条语句。这种形式的 if 语句相当于汉语里的"如果……那么……"，其流程图如图 2-16 所示。

例如，使用 if 语句编写只有年龄大于或等于 56 岁才允许退休的代码，代码如下：

```
int Age=50;
if(Age>=56)
{
    允许退休的语句块;
}
```

2. if...else 语句

如果遇到只能二选一的情况，C#提供了 if...else 语句解决此类问题，其语法格式如下：

```
if(表达式)
{
    语句块 1;
}
else
{
    语句块 2;
}
```

使用 if...else 语句时，表达式可以是一个简单的布尔变量或常量，也可以是关系表达式或逻辑表达式。如果满足条件，则执行 if 后面的语句块，否则，执行 else 后面的语句块。这种形式的选择语句相当于汉语里的"如果……就……否则……"，其流程图如图 2-17 所示。

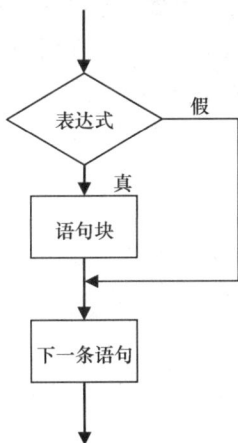

图 2-16　if 语句流程图　　　　　　　　图 2-17　if...else 语句流程图

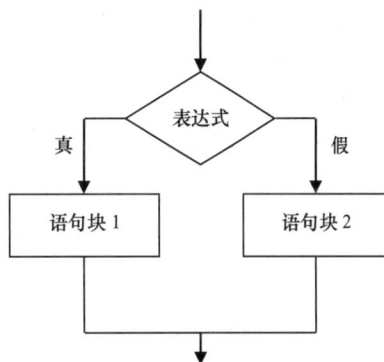

例如，使用 if...else 语句判断用户输入的分数是否大于 90。如果大于 90，则表示优秀；否则，输出"希望你继续努力!"，代码如下：

```
int score = Convert.ToInt32(Console.ReadLine());
if (score > 90)      //判断输入分数是否大于 90
    Console.WriteLine("你非常优秀! ");
else                 //不大于 90 的情况
    Console.WriteLine("希望你继续努力! ");
```

说明：建议在 if 后面使用{}将要执行的语句括起来，这样可以避免代码混乱。

3. if...else if...else 语句

在开发程序时，如果需要针对某一事件的多种情况进行处理，则可以使用 if...else if...else 语句。该语句是多分支选择语句，通常表现为"如果满足某种条件，则进行某种处理；如果满足另一种条件，则执行另一种处理……"。if...else if...else 语句的语法格式如下：

```
if(表达式 1)
{
    语句块 1;
}
else if(表达式 2)
{
    语句块 2;
}
else if(表达式 3)
{
```

```
        语句块 3;
}
…
else if(表达式 m)
{
        语句块 m;
}
else
{
        语句块 n;
}
```

　　使用 if...else if...else 语句时，表达式部分必须用()括起来，它可以是一个简单的布尔变量或常量，也可以是关系表达式或逻辑表达式。如果表达式 1 为真，则执行语句块 1；而如果表达式 1 为假，则跳过该语句块，进行下一个 else if 判断……只有在所有表达式都为假的情况下，才会执行 else 后面的语句块。if...else if...else 语句的流程图如图 2-18 所示。

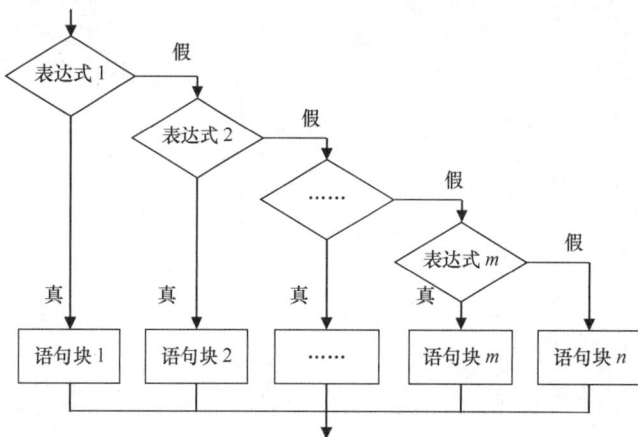

图 2-18　if...else if...else 语句的流程图

　　例如，使用 if...else if...else 语句实现根据用户输入的年龄输出相应提示信息的功能，代码如下：

```
int YourAge = int.Parse(Console.ReadLine());    //声明一个 int 类型的变量 YourAge
if (YourAge <= 18)                              //调用 if 语句判断输入的年龄是否小于或等于 18 岁
    Console.WriteLine("您的年龄还小，要努力奋斗哦! ");
else if (YourAge > 18 && YourAge <= 30)         //判断输入的年龄是否大于 18 岁且小于或等于 30 岁
    Console.WriteLine("您现在的阶段正是努力奋斗的黄金阶段! ");
else if (YourAge > 30 && YourAge <= 50)         //判断输入的年龄是否大于 30 岁且小于或等于 50 岁
    Console.WriteLine("您现在的阶段正是人生的黄金阶段! ");
else
    Console.WriteLine("最美不过夕阳红! ");
```

4．if 语句的嵌套

　　前面讲了 3 种形式的选择语句，这 3 种形式的选择语句之间可以互相进行嵌套。例如，在最简单的 if 语句中嵌套 if...else 语句，语法格式如下：

```
if(表达式 1)
{
    if(表达式 2)
            语句块 1;
    else
```

```
        语句块 2;
}
```

又如，在 if...else 语句中嵌套 if...else 语句，语法格式如下：

```
if(表达式 1)
{
        if(表达式 2)
                语句块 1;
        else
                语句块 2;
}
else
{
        if(表达式 3)
                语句块 3;
        else
                语句块 4;
}
```

【例 2-4】 使用嵌套的 if 语句实现判断用户输入的年份是不是闰年的功能，代码如下：

```
static void Main(string[] args)
{
    Console.WriteLine("请输入一个年份: ");
    int iYear = Convert.ToInt32(Console.ReadLine());        //记录用户输入的年份
    if (iYear % 4 == 0)                                      //四年一闰
    {
        if (iYear % 100 == 0)
        {
            if (iYear % 400 == 0)                            //四百年再闰
            {
                Console.WriteLine("这是闰年");
            }
            else                                            //百年不闰
            {
                Console.WriteLine("这不是闰年");
            }
        }
        else
        {
            Console.WriteLine("这是闰年");
        }
    }
    else
    {
        Console.WriteLine("这不是闰年");
    }
    Console.ReadLine();
}
```

运行程序。当输入一个闰年年份（如 2024）时，结果如图 2-19 所示；当输入一个非闰年年份时（如 2023），结果如图 2-20 所示。

图 2-19　输入闰年年份的结果　　　　图 2-20　输入非闰年年份的结果

说明：（1）使用 if 语句嵌套时，要注意 else 关键字要和 if 关键字成对出现，并且遵守邻近原则；（2）在进行条件判断时，应该尽量使用复合语句，以免产生二义性，导致运行结果和预想的不一致。

2.4.2 switch 语句

switch 语句是多分支条件判断语句，它根据参数的值使程序从多个分支中选择一个分支来执行，其基本语法格式如下：

```
switch(判断参数)
{
    case 常量表达式 1:
        语句块 1
        break;
    case 常量表达式 2:
        语句块 2
        break;
    …
    case 常量表达式 n:
        语句块 n
        break;
    default:
        语句块 n+1
        break;
}
```

switch 关键字后面的括号()中是要判断的参数，参数必须是 sbyte、byte、short、ushort、int、uint、long、ulong、char、string、bool 或枚举类型中的一种。大括号{}中的代码是由多个 case 语句组成的，每个 case 关键字后面都有相应的语句块，这些语句块都是 switch 语句可能执行的语句块。如果参数符合常量表达式，则 case 下的语句块就会被执行，语句块执行完毕后，执行 break 语句使程序跳出 switch 语句；如果条件都不满足，则执行 default 中的语句块。

⚠ 注意：（1）case 后面的各常量表达式不可以相同，否则会出现错误；
（2）case 后面的语句块中可以有多条语句，不必使用大括号{}括起来；
（3）case 语句和 default 语句的顺序可以改变，不会影响程序执行结果；
（4）一个 switch 语句中只能有一个 default 语句，但 default 语句可以省略。

switch 语句的执行流程图如图 2-21 所示。

【例 2-5】 使用 switch 语句实现判断用户的操作权限的功能，代码如下：

```
static void Main(string[] args)
{
    Console.WriteLine("请您输入身份: ");
    string strPop =Console.ReadLine();          //获取用户输入的数据
    switch (strPop)                             //判断用户的权限
    {
        case "管理员":
            Console.WriteLine("您拥有进销存管理系统的所有操作权限! ");
            break;
        case "高级用户":
            Console.WriteLine("您可以编辑进货和退货信息! ");
            break;
        case "用户":
            Console.WriteLine("您可以添加商品信息! ");
            break;
        case "游客":
            Console.WriteLine("您只能浏览商品信息! ");
            break;
        default:
            Console.WriteLine("您输入的身份信息有误! ");
            break;
```

```
    }
    Console.ReadLine();
}
```

运行程序，输入一个权限后按【Enter】键，效果如图 2-22 所示。

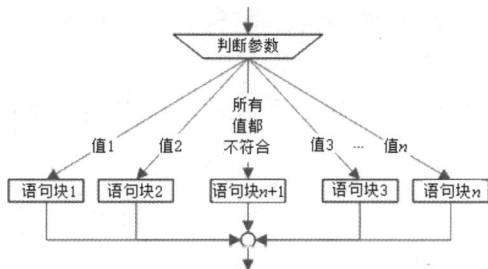

图 2-21　switch 语句的执行流程图　　　图 2-22　判断用户的操作权限的运行结果

⚠️ **注意**：从 C# 8.0 开始，switch 有了一种新的用法：switch 表达式。switch 表达式可以更方便地进行匹配输出，它其实是去掉了原来 switch 语句中的 case 和 break 关键字，以=>和逗号（,）代替。关于 switch 表达式的使用，可以通过 AI 大模型工具来辅助学习。比如，使用国内的 AI 大模型工具——百度文心一言（或者其他企业的大模型工具），直接在其中输入"我想学习 C#中的 switch 表达式"，其会自动提供该知识的讲解以及相应的示例代码，如图 2-23 所示。

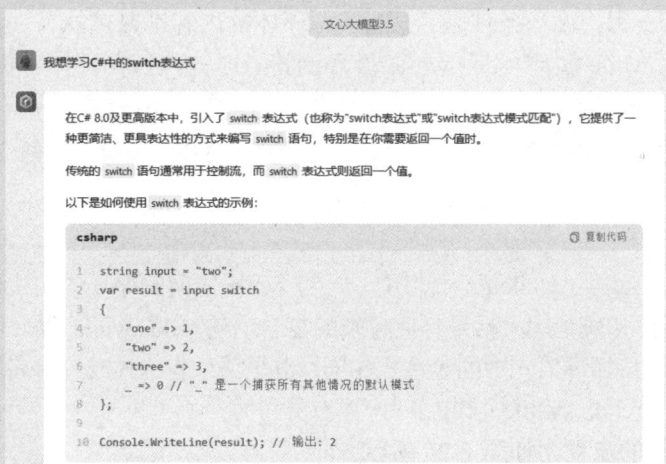

图 2-23　使用 AI 大模型工具辅助学习

2.5　循环语句

当程序要反复执行某一操作时，比如遍历二叉树、输出数组元素等，就需要使用循环语句。C#中的循环语句主要包括 while 循环语句、do...while 循环语句和 for 循环语句，本节将对这几种循环语句分别进行介绍。

2.5.1　while 循环语句

while 语句用来实现"当型"循环结构，它的语法格式如下：

while 循环语句

```
while(表达式)
{
    循环语句块;
}
```

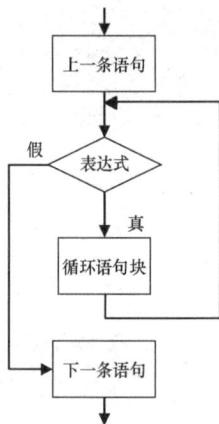

表达式一般是一个关系表达式或一个逻辑表达式，其值是逻辑值 true 或 false。当表达式的值为真时，开始执行循环语句块；而当表达式的值为假时，退出循环，执行循环外的下一条语句。循环每次都是执行完循环语句块后回到表达式处重新计算表达式的值并判断。

while 循环的流程图如图 2-24 所示。

【例 2-6】 使用 while 循环语句编写程序计算 1 到 100 的累加结果，代码如下：

```
static void Main(string[] args)
{
    int iNum = 1;                  //iNum 从 1 递增到 100
    int iSum = 0;                  //记录每次累加后的结果
    while (iNum <= 100)            //iNum <= 100 是循环条件
    {
        iSum += iNum;             //把每次的 iNum 的值累加到上次累加的结果中
        iNum++;                   //每次循环 iNum 的值加 1
    }
    Console.WriteLine("1 到 100 的累加结果是: "+ iSum);
    Console.ReadLine();
}
```

图 2-24　while 循环的流程图

2.5.2　do…while 循环语句

在有些情况下，无论循环条件是否成立，循环体的内容都要被执行一次，这时可以使用 do…while 循环。do…while 循环的特点是先执行循环体，再判断循环条件，其语法格式如下：

```
do
{
    循环语句块;
}
while(表达式);
```

do 为关键字，必须与 while 配对使用。do 与 while 之间的循环语句块称为循环体，该循环语句块是用大括号{}括起来的复合语句。do…while 循环语句中的表达式与 while 循环语句中的表达式相同，也是关系表达式或逻辑表达式。特别要注意的是，do…while 语句后一定要有分号 ";"。

do…while 循环的流程图如图 2-25 所示。

【例 2-7】 使用 do…while 循环语句编写程序计算 1 到 100 的累加结果，代码如下：

```
static void Main(string[] args)
{
    int iNum = 1;                  //iNum 从 1 递增到 100
    int iSum = 0;                  //记录每次累加后的结果
    do
    {
        iSum += iNum;             //把每次的 iNum 的值累加到上次累加的结果中
        iNum++;                   //每次循环 iNum 的值加 1
    } while (iNum <= 100);        //iNum <= 100 是循环条件
    Console.WriteLine("1 到 100 的累加结果是: " + iSum);
    Console.ReadLine();
}
```

do…while 循环语句

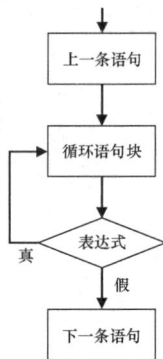

图 2-25

do…while 循环的流程图

2.5.3　for 循环语句

for 循环是 C#中最常用、最灵活的一种循环结构。for 循环既能用于循环次数已知的情况，又能用于循环次数未知的情况。for 循环的常用语法格式如下：

```
for(表达式 1;表达式 2;表达式 3)
{
    循环语句块；
}
```

for 循环的执行过程如下：

（1）求解表达式 1；

（2）求解表达式 2，若表达式 2 为真，则执行循环语句块，然后执行第（3）步，若为假，则转到第（5）步；

（3）求解表达式 3；

（4）转回执行第（2）步；

（5）循环结束，执行 for 循环之后的语句。

for 循环的流程图如图 2-26 所示。

【例 2-8】　使用 for 循环语句编写程序计算 1 到 100 的累加结果，代码如下：

for 循环语句

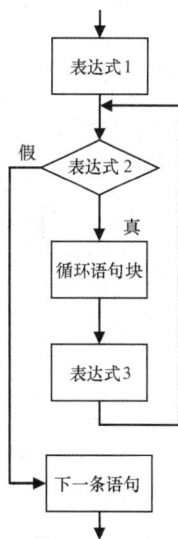

图 2-26　for 循环的流程图

```
static void Main(string[] args)
{
    int iSum = 0;                          //记录每次累加后的结果
    for (int iNum = 1; iNum <= 100 iNum++)
    {
        iSum += iNum;                      //把每次的 iNum 的值累加到上次累加的结果中
    }
    Console.WriteLine("1 到 100 的累加结果是: " + iSum);     //输出结果
    Console.ReadLine();
}
```

注意：for 语句的 3 个表达式都是可选的，理论上并不一定全部具备。但是如果不设置循环条件，程序就会进入死循环，此时需要通过跳转语句才能退出循环。

2.6　跳转语句

跳转语句主要用于无条件地转移控制流，它会将控制流转移到某个位置，这个位置就成为跳转语句的目标。如果跳转语句出现在一个语句块内，而跳转语句的目标却在该语句块外，则该跳转语句的作用是退出该语句块。跳转语句主要包括 break 语句、continue 语句，本节将对这几种跳转语句分别进行介绍。

2.6.1　break 语句

break 语句可以使流程跳出 switch 多分支结构，还可以用来跳出循环体，执行循环体之外的语句。break 语句通常应用在 switch、while、do...while 或 for 语句中，当多个 switch、while、do...while 或 for 语句嵌套时，break 语句只应用于直接包含它的循环体。break 语句的语法格式如下：

```
break;
```

> **说明**：break 语句一般结合 if 语句使用，表示在某种条件下结束循环。

【例 2-9】　修改【例 2-6】，当 iNum 的值为 50 时，退出循环，代码如下：

```
static void Main(string[] args)
{
    int iNum = 1;                          //iNum 从 1 递增到 100
    int iSum = 0;                          //记录每次累加后的结果
    while (iNum <= 100)                    //iNum <= 100 是循环条件
    {
        iSum += iNum;                      //把每次的 iNum 的值累加到上次累加的结果中
        iNum++;                            //每次循环 iNum 的值加 1
        if (iNum == 50)                    //判断 iNum 的值是否为 50
            break;                         //退出循环
    }
    Console.WriteLine("1 到 49 的累加结果是: " + iSum);
    Console.ReadLine();
}
```

2.6.2　continue 语句

continue 语句的作用是结束本次循环，它通常应用于 while、do...while 或 for 语句中，用来忽略循环体内位于它后面的代码而直接开始一次新的循环。当多个 while、do...while 或 for 语句嵌套时，continue 语句只能作用于直接包含它的循环体。continue 语句的语法格式如下：

```
continue;
```

> **说明**：continue 语句一般结合 if 语句使用，表示在某种条件下不执行后面的语句，直接开始一次新的循环。

【例 2-10】　在 for 循环中使用 continue 语句计算 1 到 100 之间偶数的累加结果，代码如下：

```
static void Main(string[] args)
{
    int iSum = 0;
    int iNum = 1;
    for (; iNum <= 100; iNum++)
    {
        if (iNum % 2 == 1)                 //判断是否为奇数
            continue;                      //继续下一次循环
        iSum += iNum;
    }
    Console.WriteLine("1 到 100 之间的偶数的和: " + iSum);
    Console.ReadLine();
}
```

> ⚠ **注意**：continue 语句和 break 语句的区别是 continue 语句只结束本次循环，而不是终止整个循环；而 break 语句是结束整个循环，直接执行循环之后的语句。

2.7 数组

数组是大部分编程语言都支持的一种数据类型，无论是 C 语言、C++还是 C#，都支持使用数组。数组包含了若干相同类型的变量，这些变量可以通过索引进行访问。数组中的变量称为数组的元素，数组能够容纳的元素的数量称为数组的长度。数组中的每个元素都具有唯一的索引，数组的索引从 0 开始。

数组是通过指定数组的类型、数组的名称、数组的维数（秩）和数组每个维度的上限来定义的，即一个数组的定义需要包含以下要素：

数组类型：数组元素所使用的数据类型；

数组名：数组的名称

数组的维数：通过数组名后中括号中的数字进行确定；

数组每个维度的上限：一个正整数常量，用来限制数组指定维度上的最大元素个数。

数组的定义形式如图 2-27 所示。

数组可以分为一维数组、多维数组等，下面分别进行讲解。

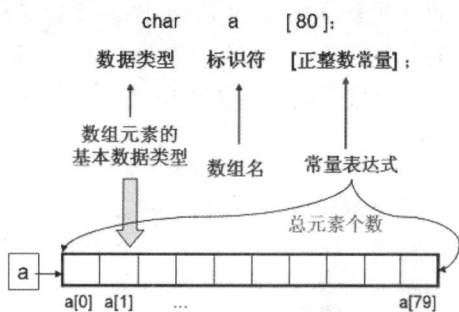

图 2-27　数组的定义形式

2.7.1　一维数组

一维数组是具有相同数据类型的一组数据的线性集合。在程序中可以通过一维数组来完成对一组数据类型相同的数据的线性处理。一维数组的声明语法格式如下：

```
type[] arrayName;
```

❑ type：存储在数组中的元素的数据类型。

❑ arrayName：数组名称。

例如，声明一个字符串类型的一维数组，代码如下：

```
string[] ArryStr;                //声明一个字符串类型的一维数组
```

数组声明完之后，需要对其进行初始化，初始化数组有以下方式。

例如，通过 new 关键字创建一维数组，数组元素会被初始化为它们的默认值，代码如下：

```
int[] arr =new int[5];           //使用 new 关键字创建一维数组并初始化
```

📖 **说明：** 以上数组中的每个元素都初始化为 0。

另外，也可以在声明数组时初始化数组中的值为自定义的值。

例如，声明一个 int 类型的一维数组，直接将数组中的元素初始化为自定义的值，代码如下：

```
int[] arr=new int[5]{1,2,3,4,5};    //声明一个 int 类型的一维数组并初始化
```

⚠️ **注意：** 数组中的元素个数必须与大括号中的元素个数相匹配，否则会产生编译错误。

在初始化数组时可以省略 new 关键字和数组的长度，编译器将根据值的数量来自动计算数组长度并创建数组。例如：

```
string[] arrStr={"Sun", "Mon", "Tues", "Wed", "Thur", "Fri", "Sat"};
```

2.7.2 多维数组

多维数组指可以用多个下标访问元素的数组。声明数组时，中括号内加逗号，就表明是多维数组，有 n 个逗号，就是（n+1）维数组。下面以最常用的二维数组为例讲解多维数组的声明及初始化。

二维数组即数组的维数为 2，它是一个基本的多维数组。二维数组类似于矩形网格，在程序中通常使用二维数组来存储二维表中的数据。图 2-28 所示为一个 4 行 3 列的二维数组的存储结构。

数组索引	[0,0]	[0,1]	[0,2]
	[1,0]	[1,1]	[1,2]
	[2,0]	[2,1]	[2,2]
	[3,0]	[3,1]	[3,2]

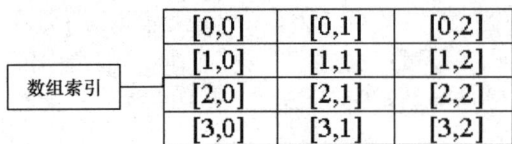

图 2-28 4 行 3 列二维数组的存储结构

多维数组

二维数组的声明语法格式如下：

```
type[,] arrayName;
```

❑ type：存储在数组中的元素的数据类型。

❑ arrayName：数组名称。

例如，声明一个 3 行 2 列的整型二维数组，代码如下：

```
int[,] arr=new int[3,2];                    //声明一个 int 类型的二维数组
```

数组声明完之后，需要对其进行初始化，初始化数组有以下方式。

例如，通过 new 关键字创建二维数组，数组元素会被初始化为它们的默认值，代码如下：

```
int[,] arr =new int[3,2];                   //声明一个二维数组，并对其进行初始化
```

📎 **说明**：以上二维数组中的每个元素都被初始化为 0。在这里要说明一点，定义数值型的数组时，其默认值为 0（这里包括整型、浮点型）；布尔型数组的默认值为 false，字符型数组的默认值为'\0'，字符串型数组的默认值为 null。

另外，也可以在声明数组时初始化数组中的值为自定义的值。

例如，声明一个 int 类型的二维数组，直接将二维数组中的值初始化为自定义的值，代码如下：

```
int[,] arr=new int[3,2]{{1,2},{3,4},{5,6}};      //声明一个二维数组，并初始化为自定义的值
```

⚠️ **注意**：数组中的元素个数必须与大括号中的元素个数相匹配，否则会产生编译错误。

2.7.3 常用数组操作

数组的输入和输出可以用 for 语句来实现。下面将分别讲解一维数组的输入与输出、二维数组的输入与输出、数组的排序及使用 foreach 语句遍历数组。

常用数组操作

1．一维数组的输入与输出

一维数组的输入与输出一般用单层循环语句来实现。

【例 2-11】 创建一个控制台应用程序，首先定义一个 int 类型的一维数组，然后使用 for 循环输出数组元素。代码如下：

```
static void Main(string[] args)
{
    //定义一个 int 类型的一维数组
    int[] arr = new int[10] { 0, 1, 2, 3, 4, 5, 6, 7, 8, 9 };
    for(int i=0;i<arr.Length;i++)
    {
```

```
            Console.Write(arr[i] + " ");                    //输出一维数组元素
        }
    Console.ReadLine();
}
```

2．二维数组的输入与输出

二维数组的输入与输出是用双层循环语句实现的。多维数组的输入与输出与二维数组的输入与输出大致相同，只需根据维数来指定循环的层数。

【例 2-12】 创建一个控制台应用程序，在其中定义两个 3 行 3 列的二维数组作为矩阵，根据矩阵乘法规则对它们进行乘法运算得到一个新的矩阵，输出这个新矩阵的元素。代码如下：

```
static void Main(string[] args)
{
    //定义 3 个 int 类型的二维数组
    int[,] MatrixEin = new int[3, 3] { { 2,2,1}, { 1,1,1}, {1,0,1 } };
    int[,] MatrixZwei = new int[3, 3] { { 0,1,2 }, { 0, 1, 1 }, { 0,1,2 } };
    int[,] MatrixResult = new int[3, 3];
    for (int i = 0; i < 3; i++)
    {
        for (int j = 0; j < 3; j++)
        {
            for (int k = 0; k < 3; k++)
            {
                //计算矩阵的乘积
                MatrixResult[i, j] += MatrixEin[i, k] * MatrixZwei[k, j];
            }
        }
    }
    Console.WriteLine("两个矩阵的乘积: ");
    //循环遍历新得到的矩阵并输出
    for (int i = 0; i < 3; i++)                              //遍历行
    {
        for (int j = 0; j < 3; j++)                         //遍历列
        {
            Console.Write(MatrixResult[i, j] + " ");        //输出遍历到的元素
        }
        Console.WriteLine();                                //换行
    }
    Console.ReadLine();
}
```

程序运行结果如图 2-29 所示。

3．数组的排序

排序是编程中最常用的算法之一，排序的方法有很多种。在实际编写程序时，可以使用算法对数组进行排序，也可以使用 Array 类的 Sort 方法和 Reverse 方法对数组进行排序。下面介绍冒泡排序算法的实现过程。

图 2-29 计算两个
矩阵的乘积

冒泡排序是一种十分常用的排序算法，数值就像气泡一样越往上走越大，因此被人们形象地称为冒泡排序算法。冒泡排序的原理很简单，首先将第 1 个记录的关键字和第 2 个记录的关键字进行比较，若为逆序，则将两个记录交换；然后比较第 2 个记录和第 3 个记录的关键字……依次类推，直至比较过第（n-1）个记录和第 n 个记录的关键字为止。上述过程称为第一趟冒泡排序，执行（n-1）次该过程后，排序即可完成。

【例 2-13】 创建一个控制台应用程序，使用冒泡排序算法对一维数组中的元素从小到大进行排序，代码如下：

```
static void Main(string[] args)
```

```
{
    int[] arr = new int[] {87, 85, 89, 84, 76, 82, 90, 79, 78, 68};//定义一个一维数组
    Console.Write("初始数组: ");
    for (int m = 0; m < arr.Length; m++)
    {
        Console.Write(arr[m] + " ");                              //输出一维数组元素
    }
    Console.WriteLine();
    //定义两个int类型的变量，分别用来表示数组下标和已排好序的数组元素数量
    int i, j;
    int temp = 0;
    j = 1;
    bool done = false;
    while ((j < arr.Length) && (!done))                           //判断长度
    {
        done = true;
        for (i = 0; i < arr.Length - j; i++)                      //遍历数组中的数值
        {
            //如果前一个值大于后一个值
            if (Convert.ToInt32(arr[i]) > Convert.ToInt32(arr[i + 1]))
            {
                done = false;
                temp = arr[i];
                arr[i] = arr[i + 1];                              //交换数据
                arr[i + 1] = temp;
            }
        }
        j++;
    }
    Console.Write("排序后的数组: ");
    for (int m = 0; m < arr.Length; m++)
    {
        Console.Write(arr[m] + " ");                              //输出排序后的数组元素
    }
    Console.ReadLine();
}
```

程序运行结果如图 2-30 所示。

上面实例的冒泡排序过程如图 2-31 所示。

图 2-30　使用冒泡排序算法对数组进行排序

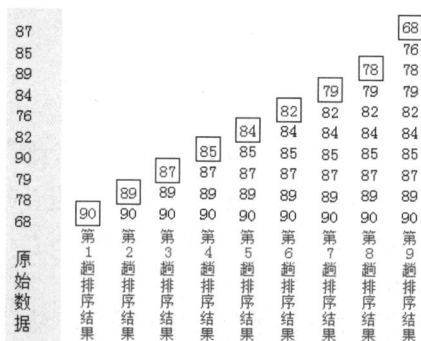

图 2-31　冒泡排序过程

2.7.4　使用 foreach 语句遍历数组

除了使用循环语句输出数组的元素之外，C#还提供了一种 foreach 语句。该语句用来遍历集合中的每个元素，而数组也属于集合类型，因此，foreach 语句可以遍历数组。foreach 语句的语法格式如下：

使用 foreach 语句
遍历数组

```
foreach(【类型】【迭代变量名】 in 【集合表达式】)
{
    语句块;
}
```

【例 2-14】 创建一个控制台应用程序，定义一个字符串数组来存储进销存管理系统的主要功能模块的名字，然后使用 foreach 语句遍历字符串数组中的每个元素并输出，代码如下：

```
static void Main(string[] args)
{
    string[] strNames = { "进货管理", "销售管理", "库存管理", "系统设置", "常用工具" };
    foreach (string str in strNames)              //使用 foreach 语句遍历数组
    {
        Console.Write(str + " ");                 //输出遍历到的数组元素
    }
    Console.ReadLine();
}
```

程序运行结果如图 2-32 所示。

进货管理 销售管理 库存管理 系统设置 常用工具

图 2-32　使用 foreach 语句遍历数组

说明：foreach 语句通常用来遍历集合，数组也是一种简单的集合。

2.8　AI 辅助编程——设计及优化算法

2.8.1　优化冒泡排序算法

在程序设计和代码优化的过程中，AI 可以提供有力的支持。以下是如何利用 AI 来改进和优化程序的示例。

AI 可以帮助改进冒泡排序算法。假设需要优化冒泡排序算法，使其不仅能够排序任何一维数组，还可以提高效率。用户可以向 AI 工具提出具体的问题，并获得优化建议和示例代码。以下是一个可能的对话示例。

【问题】

如何改进 2.7.3 小节的冒泡排序算法，使其能够对任何一维数组进行排序，并提高效率？

【AI 建议】

- 封装成方法：将排序逻辑封装成一个方法，这样可以更容易地复用和测试。
- 提前终止：如果在某一轮排序中没有发生任何交换，说明数组已经有序，可以直接终止排序。

根据这些建议，我们可以重新编写冒泡排序算法。以下是改进后的示例程序：

```
using System;
class Program
{
    static void Main(string[] args)
    {
        //定义一个一维数组
        int[] arr = new int[] { 87, 85, 89, 84, 76, 82, 90, 79, 78, 68 };
        Console.Write("初始数组: ");
        PrintArray(arr); //输出一维数组元素
```

```
        BubbleSort(arr); //调用冒泡排序方法
        Console.Write("排序后的数组: ");
        PrintArray(arr); //输出排序后的数组元素
        Console.ReadLine();
    }
    //冒泡排序方法
    static void BubbleSort(int[] arr)
    {
        bool done;
        int n = arr.Length;
        for (int j = 1; j < n; j++)
        {
            done = true;
            for (int i = 0; i < n - j; i++)
            {
                if (arr[i] > arr[i + 1])
                {
                    done = false;
                    int temp = arr[i];
                    arr[i] = arr[i + 1];
                    arr[i + 1] = temp;
                }
            }
            if (done) break; //如果没有发生交换, 则说明数组已经有序, 提前终止排序
        }
    }
    //输出数组方法
    static void PrintArray(int[] arr)
    {
        foreach (int num in arr)
        {
            Console.Write(num + " ");
        }
        Console.WriteLine();
    }
}
```

上述改进后的程序将排序逻辑封装成 BubbleSort 方法, 这样可以更容易地复用和测试。同样, 将输出数组的逻辑封装成 PrintArray 方法, 使代码更清晰和模块化。另外, 通过 done 标志来检查是否发生了交换, 如果没有交换, 则说明数组已经有序, 可以提前终止排序。在实际应用中, 可以根据 AI 的建议不断优化和改进程序, 以满足更高的性能需求。通过这样的方式, AI 辅助编程工具成了程序员的得力助手, 帮助其在编程和算法优化方面取得更好的结果。

2.8.2 计算最大值、最小值和平均值

在学习 C#编程的过程中, 可以利用 AI 来帮助我们巩固本章所学的知识, 设计相应的实例。以下是在 AI 工具中的一个可能的对话示例。

【问题】

使用 C#编写一个实例, 展示运算符、流程控制语句和数组的使用方法。

【AI 建议】

下面是一个使用 C#编写的简单示例程序, 该程序展示了如何使用运算符、流程控制语句以及数组。这个程序将实现一个简单的功能: 从用户那里接收一组整数, 计算并输出这组整数的最大值、最小值和平均值。

```
using System;
```

```
class Program
{
    static void Main()
    {
        Console.WriteLine("请输入整数的数量:");
        int count = Convert.ToInt32(Console.ReadLine());
        //创建一个数组来存储用户输入的整数
        int[] numbers = new int[count];
        //循环读取用户输入的每个整数
        for (int i = 0; i < count; i++)
        {
            Console.WriteLine($"请输入第 {i + 1} 个整数:");
            numbers[i] = Convert.ToInt32(Console.ReadLine());
        }
        //初始化最大值、最小值和总和变量
        int max = numbers[0];
        int min = numbers[0];
        int sum = 0;
        //计算最大值、最小值和总和
        foreach (int number in numbers)
        {
            if (number > max)
            {
                max = number; //更新最大值
            }
            if (number < min)
            {
                min = number; //更新最小值
            }
            sum += number; //累加
        }
        //计算平均值
        double average = (double)sum / count;
        //输出结果
        Console.WriteLine($"最大值: {max}");
        Console.WriteLine($"最小值: {min}");
        Console.WriteLine($"平均值: {average}");
    }
}
```

【测试结果】

输入:

```
请输入整数的数量:
3
请输入第 1 个整数:
-10
请输入第 2 个整数:
0
请输入第 3 个整数:
10
```

输出:

```
最大值: 10
最小值: -10
平均值: 0
```

通过以上示例，我们可以巩固以下知识点。

❑ 数组的使用：在该示例中，首先创建了一个整型数组 numbers 来存储用户输入的整数。

❑ 循环结构：使用了两种不同的循环结构。

❑ for 循环用于读取用户输入的每个整数，并将其存储到数组中。

- foreach 循环用于遍历数组中的每个元素，以计算最大值、最小值和总和。
- 条件语句：通过 if 语句来判断当前数字是否需要更新最大值或最小值。
- 运算符：程序中使用了多种运算符，包括赋值运算符（=）、比较运算符（>和<）以及算术运算符（+和/）。

2.9 小结

本章对 C#编程的基础知识进行了详细的讲解。学习本章时，读者应该重点掌握常量和变量的使用方法、各种运算符的使用方法、流程控制语句的使用方法，以及数组的基本操作。本章是 C#程序开发的基础，因此，读者一定要熟练掌握本章知识。

2.10 上机指导

上机指导

根据本章所学内容尝试制作一个简单的客车售票系统。假设客车的座位可看作 9 行 4 列的矩阵，使用一个二维数组记录客车售票系统中的所有座位号，并且每个座位号上都显示"【有票】"，然后用户输入一个坐标位置并按【Enter】键，即可使该座位号显示为"【已售】"。程序运行结果如图 2-33 所示。

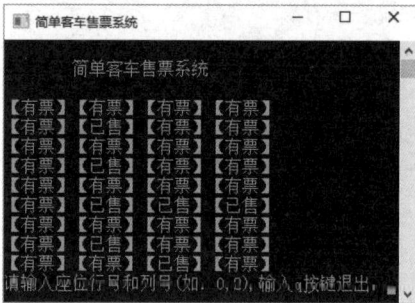

程序开发步骤如下。

（1）打开 VS 2022，创建一个控制台应用程序，命名为 Ticket。

（2）打开创建的项目的 Program.cs 文件。使用一个二维数组记录客车的座位号，并在控制台中输出，每个座位号的初始值为"【有票】"；然后使用一个字符串变量记录用户输入的行号和列号，根据记录的行号和列号将客车相应座位号的值设置为"【已售】"。代码如下：

图 2-33　简单客车售票系统

```
static void Main()                                          //主方法
{
    Console.Title = "简单客车售票系统";                      //设置控制台标题
    string[,] zuo = new string[9, 4];                       //定义二维数组
    for (int i = 0; i < 9; i++)                             //for 循环开始
    {
        for (int j = 0; j < 4; j++)                         //for 循环开始
        {
            zuo[i, j] = "【有票】";                          //初始化二维数组
        }
    }
    string s = string.Empty;                               //定义字符串变量
    while (true)                                            //开始售票
    {
        System.Console.Clear();                            //清空控制台信息
        Console.WriteLine("\n        简单客车售票系统" + "\n");  //输出字符串
        for (int i = 0; i < 9; i++)
        {
            for (int j = 0; j < 4; j++)
            {
                System.Console.Write(zuo[i, j]);           //输出售票信息
            }
```

```
            System.Console.WriteLine();                              //换行
    }
    System.Console.Write("请输入座位行号和列号(如: 0,2)，按 q 键退出: ");
    s = System.Console.ReadLine();                                   //输入座位号
    if (s == "q") break;                                             //输入 "q" 退出系统
    string[] ss = s.Split(',');                                      //拆分字符串
    int one = int.Parse(ss[0]);                                      //得到座位行数
    int two = int.Parse(ss[1]);                                      //得到座位列数
    zuo[one, two] = "【已售】";                                       //标记售出票状态
}
```

完成以上操作后，按【F5】键调试并运行程序。

2.11 习题

2-1 C#中的数据类型主要分为哪两种？分别有哪些？

2-2 列举几种主要的变量命名规则。

2-3 说出 X<<N 和 X>>N 运算的含义。

2-4 条件运算符（?:）的运算过程是什么样的？

2-5 C#中的选择语句主要包括哪两种？

2-6 C#中的循环语句主要包括哪几种？

2-7 简述 do...while 语句与 while 语句的区别。

2-8 尝试定义一个一维数组，并使用冒泡排序算法对其进行排序。

第**3**章 面向对象编程基础

本章要点

- 对象、类和实例化的概念
- 面向对象程序设计语言的三大特性
- 类的概念与声明
- 类的成员
- 对象的创建与使用
- this 关键字的用法
- 方法的使用

面向对象程序设计是在面向过程程序设计的基础上发展而来的，它将数据和对数据的操作看作一个不可分割的整体，力求将现实问题简单化。这样不仅符合人们的思维习惯，同时可以提高软件开发效率，并方便后期的维护。本章将对面向对象程序设计中的基础知识进行详细讲解。

3.1 面向对象概念

面向对象概念

在程序开发初期，人们使用结构化语言开发程序，但随着软件的规模越来越大，结构化语言的弊端也逐渐暴露出来。开发周期被无休止地拖延，产品的质量也不尽如人意，因此，结构化语言渐渐不再适用于软件开发。这时人们开始将另一种开发思想引入程序中，即面向对象的开发思想。面向对象思想是人类最自然的一种思考方式，它将所有预处理的问题抽象为对象，同时了解这些对象具有哪些属性以及行为，以解决这些对象面临的实际问题。这样就在程序开发中引入了面向对象设计的概念，面向对象设计实质上就是对现实世界的对象进行建模操作。

3.1.1 对象、类、实例化

面向对象程序设计（Object-Oriented Programming，OOP）是开发应用程序的一种新方法、新思想。在面向对象编程中，最常见的概念是对象、类和实例化，下面分别进行介绍。

在面向对象编程中，算法与数据结构被看作一个整体，称为对象。现实世界中任何类的对象都具有一定的属性和操作方法，也总能用数据结构与算法结合来描述，所以可以用下面的等式来定义对象和程序：

```
对象=(算法+数据结构)
程序=(对象+对象+...)
```

从上面的等式可以看出，程序就是许多对象在计算机中表现自己，而对象则是程序中一个个的实体。

现实世界中，随处可见的一种事物就是对象，对象是事物存在的实体，如人类、书桌、计算机、高楼大厦等。人类解决问题的方式通常是将复杂的事物简单化，会思考这些对象都是由哪些部分组成的。通常会将对象划分为两个部分，即静态部分与动态部分。静态部分，顾名思义就是不能动的部分，这个部分被称为"属性"。任何对象都具备其自身的属性，如一个人具有身高、体重、性别、年龄等属性。具有这些属性的人会执行哪些动作也是一个值得探讨的问题，这个人可以哭泣、微笑、说话、行走，这些动作是这个人具备的行为（动态部分）。人类通过观察对象的属性和探讨对象的行为来了解对象。

在计算机的世界中，面向对象程序设计的思想就是要以对象为中心来思考问题。首先要将现实世界的实体抽象为对象，然后考虑这个对象具备的属性和行为。例如，现在面临一只大雁要从北方飞往南方这样一个实际问题，可以试着以面向对象的思想来解决这一实际问题，步骤如下。

（1）可以从这一问题中抽象出对象，这里抽象出的对象为大雁。

（2）识别这个对象的属性。对象具备的属性都是静态属性，如大雁有一对翅膀、一双脚等，如图 3-1 所示。

（3）识别这个对象的行为，即这只大雁可以进行的动作，如飞行、觅食等，这些行为都是基于这个对象的属性而具有的动作，如图 3-2 所示。

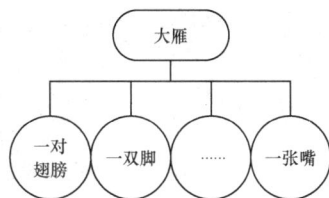

图 3-1　识别对象的属性

（4）识别出这个对象的属性和行为后，就完成了这个对象的定义，可以根据这只大雁具有的特性制定这只大雁要从北方飞向南方的具体方案以解决问题。

究其本质，所有的大雁都具有以上的属性和行为，可以将这些属性和行为封装起来以描述大雁这类动物。由此可见，类实质上就是封装对象属性和行为的载体，对象则是类抽象出来的一个实例，而根据类创建对象的过程，就是一个实例化的过程。类与对象两者之间的关系如图 3-3 所示。

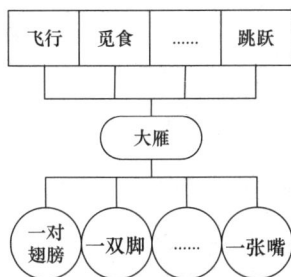

图 3-2　识别对象的行为

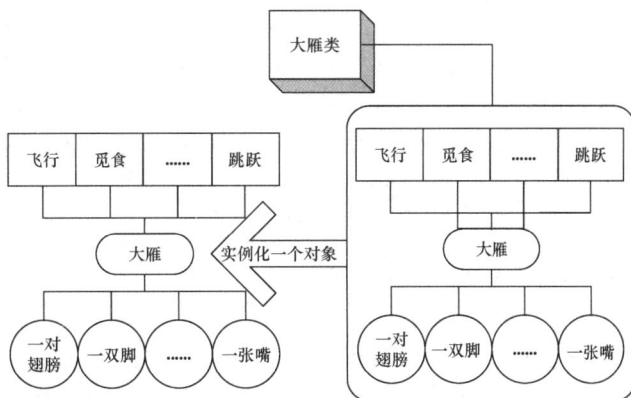

图 3-3　描述对象与类之间的关系

3.1.2　面向对象程序设计语言的三大特性

面向对象程序设计语言具有封装、继承和多态三大特性，分别如下。

1．封装

封装是面向对象编程的核心思想，是指将对象的属性和行为封装起来，而将对象的属性和行为封装起来的载体就是类，类通常对用户隐藏其实现细节。例如，用户使用计算机时，只需要使用手指按键盘上的按键就可以实现一些功能，用户无须知道计算机内部是如何工作的。用户即使知道计算机的工作原理，在使用计算机时也并不完全依赖于这些细节。

采用封装的思想可以保证类内部数据结构的完整性。用户不能轻易直接操作类的数据结构，而只能操作类允许公开的数据。这样就避免了外部操作对内部数据的影响，提高了程序的可维护性。使用类实现封装的示意图如图3-4所示。

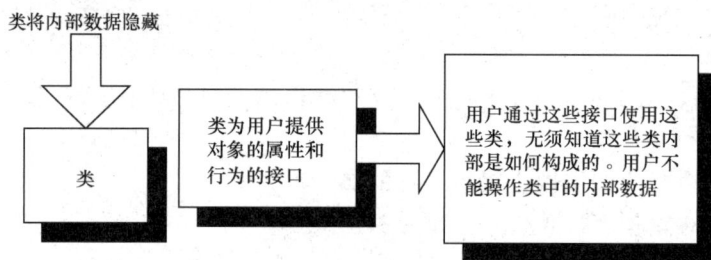

图 3-4　封装示意

2．继承

类与类之间同样具有关系，如百货公司与销售员有关系。类之间的这种关系被称为关联。关联描述的是两个类之间的一般二元关系，例如，百货公司与销售员就是一个关联，学生与教师也是一个关联。两个类之间的关联有很多种，继承是其中一种关联。

当处理一个问题时，可以将一些有用的类保留下来，在遇到同样的问题时拿来复用，这就是继承的基本思想。

继承主要利用特定对象之间的共有属性。例如，平行四边形是四边形，平行四边形与四边形具有共同的特性，就是拥有 4 条边，可以将平行四边形看作四边形的延伸。平行四边形类复用了四边形类的属性和行为，同时添加了平行四边形类独有的属性和行为，如平行四边形的对边平行且相等。这里可以将平行四边形类看作是从四边形类继承而来的。在 C#中，将类似于平行四边形的类称为子类，将类似于四边形的类称为父类。值得注意的是，可以说平行四边形是特殊的四边形，但不能说四边形是平行四边形。也就是说，子类的实例都是父类的实例，但不能说父类的实例是子类的实例。图 3-5 阐明了图形类之间的继承关系。

从图 3-5 中可以看出，继承关系可以使用树形结构来表示，父类与子类存在一种层次关系。一个类处于继承体系中，它既可以是其他类的父类，为其他类提供属性和行为，也可以是其他类的子类，继承父类的属性和行为。如三角形既是图形类的子类，也是等边三角形的父类。

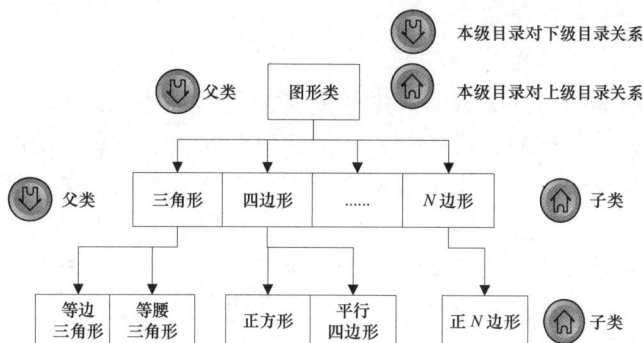

图 3-5　图形类之间的继承关系

3. 多态

继承中提到了父类和子类，其实将父类对象应用于子类的特征就是多态。依然以图形类为例来说明多态，每个图形都拥有表现自己的能力，这个能力可以看作该类具有的行为。如果将子类的对象统一看作父类的实例对象，这样当绘制任何图形时，都可以简单地调用父类，也就是说图形类可绘制任何图形。这就是多态最基本的思想。

在提到多态时，不得不提到抽象类和接口，因为多态的实现并不依赖具体类，而是依赖抽象类和接口。

再回到"绘制图形"的实例中。作为所有图形的父类的图形类具有绘制图形的能力，这个方法可以称为"绘制图形"。但如果执行这个"绘制图形"方法，没有人知道会画出什么形状的图形；如果要在图形类中抽象出一个图形对象，没有人能说清这个图形究竟是什么图形，所以使用"抽象"这个词来描述图形类。在 C#中，这样的类称为抽象类，抽象类不能实例化对象。在多态的机制中，父类通常会被定义为抽象类，在抽象类中给出一个方法的标准，而不给出实现方法的具体流程。实质上这个方法也是抽象的，如图形类中的"绘制图形"方法只提供了一个绘制图形的标准，并没有提供具体绘制图形的流程，因为没有人知道究竟需要绘制什么形状的图形。

在多态机制中，由抽象方法组成的集合就是接口。接口的概念在现实中极为常见，如从不同的五金商店买来螺丝帽和螺丝钉，可能这些螺丝帽和螺丝钉的厂家不同，但螺丝帽都可以被很轻松地拧在螺丝钉上。这是因为生产螺丝帽和螺丝钉的厂家都遵循着一个标准，这个标准在 C#中就是接口。依然以"绘制图形"为例来说明，可以将"绘制图形"作为一个接口的抽象方法，然后让图形类实现这个接口，同时实现"绘制图形"这个抽象方法。当需要绘制三角形时，三角形类就可以继承图形类并重写其中的"绘制图形"方法，改写这个方法为"绘制三角形"，这样就可以通过这个方法绘制三角形了。

3.2　类

类（Class）是一种数据结构，它可以包含数据成员（常量和域）、函数成员（方法、属性、事件、索引器）和嵌套类型。

类实际上是对某种类型的对象定义变量和方法的原型，它表示对现实生活中一类具有共同特征的事物进行抽象，是面向对象编程的基础。本节将对类进行详细讲解。

3.2.1 类的概念

类是对象概念在面向对象编程语言中的反映，是相同对象的集合。类描述了一系列在概念上有相同含义的对象，为这些对象统一定义了属性和方法，并且类支持继承。比如，水果就可以看作一个类，苹果、梨、葡萄等都是该类的子类（派生类）。苹果的产地、品种、价格、运输途径相当于

类的概念

类的属性，苹果的种植方法相当于类的方法。果汁也可以看作一个类，包含苹果汁、葡萄汁、草莓汁等。如果想要知道苹果汁是用什么地方的苹果制作而成的，可以查看水果类中关于苹果的相关属性，这时就用到了类的继承，也就是说果汁类可以继承水果类。简而言之，类是 C#中功能最为强大的数据类型，像结构类型一样，类也定义了数据和行为。在程序开发过程中，开发人员可以创建类的实例对象。

3.2.2 类的声明

C#中，类是使用 class 关键字来声明的，语法格式如下：

```
类修饰符 class 类名
{
}
```

下面以汽车为例声明一个类，代码如下：

类的声明

```
public class Car
{
    public int number;         //编号
    public string color;       //颜色
    private string brand;      //厂家
}
```

其中，public 是类的修饰符，下面介绍几个常用的类修饰符。

- □ public：不限制对该类的访问。
- □ protected：只能从其所在类和所在类的子类中进行访问。
- □ internal：只有在包含该类的程序集中才能访问。
- □ private：只能从其所在类中进行访问。
- □ abstract：抽象类，不允许建立该类的实例。
- □ sealed：密封类，不允许被继承。

📖 **说明**：类的定义可以进行拆分，分别放在不同源文件中。

3.2.3 类的成员

类的定义包括类头和类体两部分。其中，类头就是使用 class 关键字定义类名的语句，而类体是用一对大括号{}括起来的语句块。在类体中主要定义类的成员，包括字段、属性、方法、事件、索引器等。本小节将对类的字段和属性进行讲解。

类的成员

1．字段

字段就是程序开发中常见的常量或变量，它是类的一个构成部分，它使得类和结构可以封装数据。

例如，在控制台应用程序中定义一个字段，再在构造函数中为其赋值并输出，代码如下：

```
class Program
{
    string sentence;                            //定义字段
    public Program(string strsentence)          //定义构造函数
    {
        sentence = strsentence;                 //为变量赋初始值
        Console.WriteLine(sentence);            //输出字段
    }
    static void Main(string[] args)
    {
        //创建类的实例
        Program english = new Program("English people speak:\"My name is UK.\"");
        Program chinese = new Program("中国人说：“我的名字叫"+"中国！”");
    }
}
```

如果在定义字段时，在字段的类型前面使用了 readonly 关键字，那么该字段就被定义为只读字段。如果程序中定义了一个只读字段，那么它只能在以下两个位置被赋值：

❑ 在定义字段时被赋值；

❑ 在类的构造函数内被赋值，或传递到方法中被改变，在构造函数中可以被多次赋值。

例如，在类中定义一个只读字段，并在定义时为其赋值，代码如下：

```
class TestClass
{
    readonly string strName = "中华有为";
}
```

只读字段的值在除上面介绍之外的其他位置中都是不可以改变的，那么，它与常量有何区别呢？

❑ 只读字段可以在定义时或在构造函数内赋值，它的值不能在编译时确定，而只能在运行时确定；常量只能在定义时赋值，而且常量的值在编译时就已经确定。

❑ 只读字段的类型可以是任何类型，而常量的类型只能是下列类型之一：sbyte、byte、short、ushort、int、uint、long、ulong、char、float、double、decimal、bool、string或枚举类型。

> 📋 **说明**：字段属于类级别的变量，未自定义初始值时，C#会自动将其初始化为默认值，但不会将局部变量初始化为默认值。

2．枚举

枚举是一种独特的字段，它是值类型数据，主要用于声明一组具有相同性质的常量。编写与日期相关的应用程序时，经常需要使用年、月、日、星期等日期数据，可以将这些数据组织成多个不同名称的枚举类型。使用枚举类型可以增加程序的可读性和可维护性，同时可以避免类型错误。

> 📋 **说明**：在定义枚举类型时，如果不对其进行赋值，默认情况下，第一个枚举数的值为0，后面每个枚举数的值依次递增1。

在 C#中使用关键字 enum 声明枚举，语法格式如下：

```
enum 枚举名
{
    list1=value1,
    list2=value2,
```

```
        list3=value3,
        …
        listN=valueN,
}
```

其中，大括号{}中的内容为枚举值列表，每个枚举值均对应一个枚举值名称。value1～valueN 为整数类型，list1～listN 则为枚举值的标识名称。下面通过一个实例来演示如何使用枚举类型。

例如，声明一个表示用户权限的枚举，代码如下：

```
enum POP                    //使用 enum 创建枚举
{
    Admin,                  //管理员权限
    User,                   //普通用户权限
    Suser,                  //高级用户权限
}
```

3. 属性

属性是对现实实体特征的抽象，提供对类或对象的访问。类的属性描述的是状态信息，在类的实例中，属性的值表示对象的状态值，而不表示具体的存储位置，属性有访问器，这些访问器指定在属性的值被读取或写入时需要执行的语句。所以属性提供了一种机制，把读取和写入属性的值与一些操作关联起来，程序员可以像使用公共字段一样使用属性的值，属性的声明格式如下：

```
【修饰符】【类型】【属性名】
{
    get  {get 访问器体;}
    set  {set 访问器体;}
}
```

□ 修饰符：指定属性的访问级别。
□ 类型：指定属性的类型，可以是任何的预定义或自定义类型。
□ 属性名：一种标识符，命名规则与字段相同。但是，属性名的第一个字母通常是大写字母。
□ get 访问器：相当于一个具有属性类型返回值的无参数方法。当在表达式中引用属性时，将调用该属性的 get 访问器计算并返回属性的值。get 访问器必须使用 return 语句来返回，并且所有的 return 语句都必须返回一个可隐式转换为属性类型的值。
□ set 访问器：相当于一个具有单个属性类型参数且返回值类型为 void 的方法。set 访问器的隐式参数始终命名为 value，当一个属性作为赋值的目标被引用时就会调用 set 访问器，所传递的参数将提供新值。不允许在 set 访问器的 return 语句中指定任何一个值。由于 set 访问器存在隐式参数 value，所以在 set 访问器中不能使用名称为 value 的局部变量或常量。

根据是否存在 get 和 set 访问器，属性可以分为以下几种。
□ 可读可写属性：包含 get 和 set 访问器。
□ 只读属性：只包含 get 访问器。
□ 只写属性：只包含 set 访问器。

📖 **说明：** 属性定义在类级别上，主要用途是控制外部类对类中成员的访问。

例如，自定义一个 TradeCode 属性表示商品编号，要求该属性为可读可写属性，并设

置其访问级别为 public，代码如下：

```
private string tradecode = "";
public string TradeCode
{
    get { return tradecode; }
    set { tradecode = value; }
}
```

属性的 set 访问器中可以包含大量的语句，因此可以对属性的值进行检查。如果值不安全或者不符合要求，可以进行提示，这样就能避免因为给属性设置了错误的值而出现问题。

【例 3-1】 创建一个控制台应用程序，在默认的 Program 类中定义一个 Age 属性，设置访问级别为 public。该属性提供了 get 和 set 访问器，因此它是可读可写属性。然后在该属性的 set 访问器中对属性的值进行判断。主要代码如下：

```
private int age;                              //定义字段
public int Age                                //定义属性
{
    get                                       //设置get访问器
    {
        return age;
        Console.WriteLine("输入正确! \n字段age={0}", age);
    }
    set                                       //设置set访问器
    {
        if (value > 0 && value < 130)         //如果数据合理，则将值赋给字段
        {
            age = value;
        }
        else
        {
            Console.WriteLine("输入数据不合理! ");
        }
    }
}
```

运行结果如图 3-6 所示。

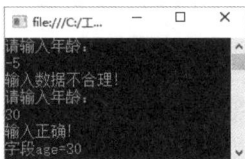

图 3-6　用 set 访问器对年龄进行判断

3.2.4　构造函数和析构函数

构造函数和析构函数是类中比较特殊的两种成员函数，主要用来初始化对象和回收对象资源。一般来说，对象的生命周期从构造函数处开始，在析构函数处结束。如果一个类含有构造函数，在创建该类的对象时就会调用该函数；如果含有析构函数，则会在销毁对象时调用该函数。构造函数和析构函数的名字与类名相同，但析构函数要在名字前加一个波浪号（~）。当对象不再被使用时，析构函数将完成清理和释放资源等工作。

构造函数和
析构函数

1．构造函数

构造函数是在创建对象时执行的类方法，它具有与类相同的名称，通常初始化新对象

的数据成员。

【例 3-2】 创建一个控制台应用程序。先在 Program 类中定义 3 个 int 类型的变量，分别用来表示加数、被加数和加法运算的结果；然后声明 Program 类的一个构造函数，并在该构造函数中为和赋值；最后在 Main 方法中实例化 Program 类的对象，并输出加法运算的结果。代码如下：

```csharp
class Program
{
    public int x = 3;                          //定义 int 类型变量，作为加数
    public int y = 5;                          //定义 int 类变量，作为被加数
    public int z = 0;                          //定义 int 类型变量，记录加法运算的结果（即加数与被加数的和）
    public Program()
    {
        z = x + y;                             //在构造函数中为和赋值
    }
    static void Main(string[] args)
    {
        Program program = new Program();       //使用构造函数实例化 Program 对象
        Console.WriteLine("结果: " + program.z);//使用实例化的 Program 对象输出加法运算的结果
    }
}
```

按【Ctrl+F5】快捷键查看运行结果，如图 3-7 所示。

图 3-7　使用构造函数的运行结果

⚠ **注意：** 不带参数的构造函数称为"默认构造函数"。无论何时，只要使用 new 关键字创建对象，并且不提供任何参数，就会调用默认构造函数。另外，用户可以自定义构造函数，并在构造函数中设置参数。

2．析构函数

析构函数是以~加类名来命名的。.NET Framework 类库有垃圾回收功能，当某个类的实例被认为不再有效并符合析构条件时，.NET Framework 类库的垃圾回收功能就会调用该类的析构函数来实现回收。

例如，为控制台应用程序的 Program 类定义一个析构函数，代码如下：

```csharp
~Program()                                     //析构函数
{
    Console.WriteLine("析构函数自动调用");        //输出一个字符串
}
```

📄 **说明：** .NET 提供了垃圾回收（Garbage Collection，GC）机制来自动释放资源。因此，没有必要仅为了释放对象由系统管理的资源而编写析构函数。而在释放非系统管理的资源时，可以使用析构函数。

3.2.5　对象的创建及使用

C#是面向对象的编程语言，对象是由类抽象出来的，所有的问题都通过对象来处理。对象可以操作类的属性和方法解决相应的问题，所以了解对象的创建、操作和销毁对学习 C#是十分必要的。本小节就来讲解对象在

对象的创建
及使用

C#中的应用。

1．对象的创建

对象可以被认为是在一类事物中抽象出的某一个特例，通过这个特例来处理这类事物出现的问题。在讲解构造函数时介绍过，每实例化一个对象就会自动调用一次构造函数，实质上，这个过程就是创建对象的过程。准确地说，可以在 C#中使用 new 关键字调用构造函数来创建对象。

语法格式如下：

```
Test test=new Test();
Test test=new Test("a");
```

参数说明如表 3-1 所示。

表 3-1　创建对象语法中的参数说明

参数	描述
Test	类名
test	Test 类的对象
new	创建对象的关键字
"a"	构造函数的参数

test 对象被创建时，就是对一个对象的引用，这个引用在内存中为对象分配了存储空间。另外，可以在构造函数中初始化成员变量。当创建对象时，自动调用构造函数，也就是说，在 C#中，初始化与创建对象是被捆绑在一起的。

每个对象都是相互独立的，在内存中占据独立的内存空间，并且每个对象都具有自己的生命周期。当一个对象的生命周期结束时，该对象就会变成"垃圾"，由.NET 自带的垃圾回收机制处理。

> 说明：在 C#中，对象和实例可以通用。

在项目中创建 cStockInfo 类，表示库存商品类，在该类中创建构造函数并在主方法中创建对象，代码如下：

```
public class cStockInfo
{
    public cStockInfo()                      //构造函数
    {
        Console.WriteLine("获取库存商品信息");
    }
    public static void Main(String[] args)   //主方法
    {
        new cStockInfo();                    //创建对象
    }
}
```

上述示例的主方法中使用 new 关键字创建对象，在创建对象的同时，自动调用构造函数中的代码。

2．访问对象的属性和行为

当用户使用 new 关键字创建一个对象后，可以使用"对象.类成员"来获取对象的属性和行为。对象的属性和行为在类中是通过类的成员变量和成员方法来表示的，所以当对象获取类成员时，也就相应地获取了对象的属性和行为。

【例3-3】 创建一个控制台应用程序。先创建一个 cStockInfo 类，表示库存商品类；在该类中定义一个 FullName 属性和 ShowGoods 方法；然后在 Program 类中创建 cStockInfo 类的对象，并使用该对象调用属性和方法，代码如下：

```csharp
class Program
{
    static void Main(string[] args)
    {
        cStockInfo stockInfo = new cStockInfo();        //创建 cStockInfo 对象
        stockInfo.FullName = "笔记本计算机";              //使用对象调用类的属性
        stockInfo.ShowGoods();                          //使用对象调用类的方法
        Console.ReadLine();
    }
}
public class cStockInfo
{
    private string fullname = "";
    ///<summary>
    ///商品名称
    ///</summary>
    public string FullName
    {
        get { return fullname; }
        set { fullname = value; }
    }
    public void ShowGoods()
    {
        Console.WriteLine("库存商品名称：");
        Console.WriteLine(FullName);
    }
}
```

运行程序，结果如图 3-8 所示。

3. 对象的引用

在 C#中，尽管一切都可以看作对象，但实质上，用户实际操作的是该对象的引用。那么，引用在 C#中究竟是如何体现的呢？来看下面的语法：

图 3-8 获取对象的
属性和行为

```
类名 对象引用名称
```

例如，一个 Book 类的引用可以使用以下代码：

```
Book book;
```

通常一个引用不一定需要有一个对象与之相关联，引用与对象相关联的语法格式如下：

```
Book book=new Book();
```

❑ Book：类名。

❑ book：对象。

❑ new：创建对象的关键字。

⚠️注意：引用只是存放一个对象的内存地址，并非存放一个对象。严格地说，引用和对象是不同的，但是可以将这种区别忽略。简单地说，book 是 Book 类的一个对象，但事实上，book 是 Book 类的一个对象的引用。

4. 对象的销毁

每个对象都有生命周期，当对象的生命周期结束时，分配给该对象的内存地址会被回收。在其他语言中需要手动回收废弃的对象，但是 C#拥有一套完整的垃圾回收机制，用户不必担心废弃的对象占用内存，垃圾回收器将回收无用的且占用内存的资源。

在谈垃圾回收机制之前，首先需要了解何种对象会被.NET 垃圾回收器视为"垃圾"。主要包括以下两种情况。

□ 对象引用超过其作用范围，则这个对象将被视为"垃圾"，如图 3-9 所示。

□ 将对象赋值为 null，如图 3-10 所示。

```
{
    Example e=new Example();
}
对象引用e超过其作用范围，将被销毁
```

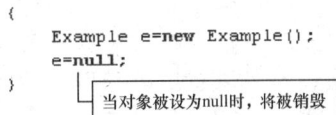

```
{
    Example e=new Example();
    e=null;
}
当对象被设为null时，将被销毁
```

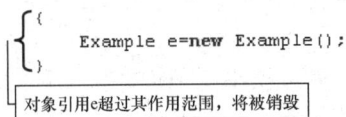

图 3-9　对象引用超过作用范围将被销毁　　　图 3-10　对象被设为 null 时将被销毁

3.2.6　this 关键字

先来看下面这段代码。在项目中创建一个类文件，该类中定义了 setName 方法，将该方法的参数值赋给类的成员变量。

```
private void setName(String name)     //定义一个 setName 方法
{
    this.name=name;                   //将参数值赋给类的成员变量
}
```

this 关键字

在上述代码中可以看到，成员变量与 setName 方法中的形式参数名称相同，都为 name。那么，该如何在类中区分使用的是哪一个变量呢？在 C#中可以使用 this 关键字来代表当前对象的引用，this 关键字被显式或隐式地用于引用对象的成员变量和成员方法。如在上述代码中，this.name 指的是当前对象的 name 成员变量，而 this.name=name 语句中的第二个 name 则指的是形参 name。实质上 setName 方法实现的功能就是将形参 name 的值赋给成员变量 name。

在这里，可知 this 可以调用成员变量和成员方法，但 C#中最常规的调用方式是使用"对象.成员变量"或"对象.成员方法"进行调用。

既然 this 关键字和对象都可以调用成员变量和成员方法，那么 this 关键字与对象具有怎样的关系呢？

事实上，this 引用的就是本类的一个对象。在局部变量或方法参数覆盖了成员变量时，如上面代码的情况，就要添加 this 关键字以明确引用的是成员变量还是局部变量或方法参数。

如果省略 this 关键字直接写成 name=name，那么只是把参数 name 的值赋给参数变量本身而已，成员变量 name 的值并没有改变，因为参数 name 在方法的作用域中覆盖了成员变量 name。

其实，this 除了可以调用成员变量、成员方法之外，还可以用作方法的返回值。

例如，在项目中创建一个类文件，在该类中定义 Book 类的方法，并通过 this 关键字进行返回，代码如下：

```
public Book getBook()
{
    return this;       //返回 Book 类引用
}
```

在 getBook 方法中，返回值的类型为 Book 类，所以方法体中使用 return this 这种形式将 Book 类的对象返回。

3.2.7　类与对象的关系

类是一种抽象的数据类型，而对象是一个类的实例。例如，将农民看作一个类，张三和李四可以各为一个对象。

张三和李四有很多共同点，他们都在某个地方生活，早上都要出门务农，晚上都会回家。可以将这些相似的对象抽象成一个数据类型，此处抽象为农民。因此，只要将农民这个数据类型编写好，在程序中就可以更方便地创建像张三和李四这样的对象。在代码需要更改时，只需要对农民类型进行修改。

综上所述，可以看出类与对象的区别：类是具有相同或相似结构、操作和约束规则的对象组成的集合，而对象是某一个类的具体实例，每一个类都是具有某些共同特征的对象的抽象。

类与对象的关系

3.3　方法

方法用来定义类可执行的操作，它是由一系列语句组成的代码块。本质上，方法就是和类相关联的动作，是类的外部界面，可以通过外部界面操作类的所有字段。

3.3.1　方法的声明

方法在类或结构中声明，声明时需要指定访问级别、返回值类型、方法名和方法参数。方法参数放在括号中，并用逗号隔开。如果方法后面的括号中没有内容，表示该方法没有参数。

方法的声明

声明方法的语法格式如下：

```
修饰符 返回值类型 方法名(参数列表)
{
        //方法的具体实现
}
```

其中，修饰符可以是 private、public、protected、internal 这 4 个中的任意一个。返回值类型指定方法返回数据的类型，可以是任何类型，如果方法不需要返回任何值，则使用 void 关键字。参数列表是由用逗号分隔的类型加标识符组成的，如果方法中没有参数，那么参数列表为空。

另外，在方法声明中，还可以包含 new、static、virtual、override、sealed、abstract 和 extern 等修饰符，但在使用这些修饰符时，应该遵循以下规则。

❑ 方法声明中最多包含下列修饰符中的一个：new 和 override。

❑ 如果声明包含 abstract 修饰符，则不能包含下列任何修饰符：static、virtual、sealed 或 extern。

❑ 如果声明包含 private 修饰符，则不能包含下列任何修饰符：virtual、override 或 abstract。

❑ 如果声明包含 sealed 修饰符，则还应包含 override 修饰符。

一个方法的名称、修饰符和形参列表定义了该方法的签名。具体来讲，一个方法的签名由它的名称以及它的形参的个数、修饰符和形参类型组成。返回值类型不是方法签名的组成部分，形参的名称也不是方法签名的组成部分。

例如，定义一个 ShowGoods 方法，用来输出库存商品信息，代码如下：

```
public void ShowGoods()
{
    Console.WriteLine("库存商品名称: ");
    Console.WriteLine(FullName);
}
```

> 说明：方法必须定义在某个类中。定义方法时如果没有声明访问修饰符，方法的默认
> 访问权限为 private。

3.3.2 方法的参数

调用方法时可以给该方法传递一个或多个值，传递给方法的值叫作实参；在方法内部，接收实参的变量叫作形参。形参在紧跟着方法名的括号中声明，形参的声明语法与变量的声明语法一样。形参只在大括号内部有效。

方法的参数

方法的参数主要有 4 种，分别为值参数、ref 参数、out 参数和 params 参数，下面分别进行讲解。

1．值参数

值参数就是在声明时不加修饰的参数，它表明实参与形参之间按值传递。当声明了值参数的方法被调用时，编译器为形参分配存储单元，然后将对应的实参的值复制到形参中。由于是值类型的传递方式，所以，在方法中对形参所做的修改并不会影响实参。

【例 3-4】 定义一个 Add 方法，用来计算两个数的和；该方法中有两个形参，在方法体中，对其中的一个形参 x 执行加 y 操作，并返回 x；在 Main 方法中调用 Add 方法，为该方法传入定义好的实参；分别输出调用 Add 方法计算之后 x 的值和实参 x 的值。代码如下：

```
private int Add(int x, int y)                           //计算两个数的和
{
    x = x + y;                                         //对 x 执行加 y 操作
    return x;                                          //返回 x
}
static void Main(string[] args)
{
    Program pro = new Program();                        //创建 Program 对象
    int x = 30;                                        //定义实参变量 x
    int y = 40;                                        //定义实参变量 y
    Console.WriteLine("运算结果: " + pro.Add(x, y));     //输出运算结果
    Console.WriteLine("实参 x 的值: "+x);                //输出实参 x 的值
    Console.ReadLine()
}
```

按【Ctrl+F5】快捷键查看运行结果，如图 3-11 所示。

从图 3-11 中可以看出，在方法中对形参 x 的值所做的修改并没有改变实参 x 的值。

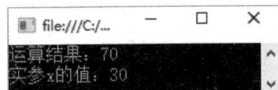

图 3-11　值参数的使用

2．ref 参数

ref 参数使形参和实参之间按引用传递，在方法中对形参所做的任何更改都将反映到实参中。如果要使用 ref 参数，则方法声明和方法调用都必须显式地使用 ref 参数。

【例 3-5】 修改【例 3-4】，将形参 x 定义为 ref 参数，再输出调用 Add 方法之后 x 的值和实参 x 的值。代码如下：

```
private int Add(ref int x, int y)                          //计算两个数的和
{
    x = x + y;                                             //对 x 执行加 y 操作
    return x;                                              //返回 x
}
static void Main(string[] args)
{
    Program pro = new Program();                           //创建 Program 对象
    int x = 30;                                            //定义实参变量 x
    int y = 40;                                            //定义实参变量 y
    Console.WriteLine("运算结果: " + pro.Add(ref x, y));    //输出运算结果
    Console.WriteLine("实参 x 的值: " + x);                  //输出实参 x 的值
    Console.ReadLine();
}
```

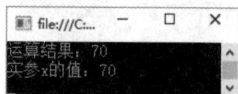

图 3-12　ref 参数的使用

按【Ctrl+F5】快捷键查看运行结果，如图 3-12 所示。

对比图 3-11 和图 3-12 可以看出：在形参 x 前面加 ref 之后，在方法体中对形参 x 的修改最终影响了实参 x 的值。

使用 ref 参数时，需要注意以下几点。

- ref 只对跟在它后面的参数有效，而不是应用于整个参数列表。
- 调用方法时，必须使用 ref 修饰实参，而且实参和形参的数据类型一定要完全匹配。
- 实参只能是变量，不能是常量或表达式。
- ref 参数在调用之前一定要进行赋值。

3．out 参数

out 参数用来定义输出参数，它会导致参数通过引用来传递，这与 ref 类似。不同之处在于 ref 要求实参必须在传递之前进行赋值，而使用 out 定义的实参无须进行赋值即可使用。如果要使用 out 参数，则方法声明和方法调用都必须显式地使用 out 参数。

【例 3-6】 修改【例 3-4】，在 Add 方法中添加一个 out 参数 z，并在 Add 方法中使用 z 记录 x 与 y 相加的结果；在 Main 方法中调用 Add 方法时，为其传入一个未赋值的实参变量 z；输出实参变量 z 的值。代码如下：

```
private int Add(int x, int y,out int z)                    //计算两个数的和
{
    z = x + y;                                             //记录 x+y 的结果
    return z;                                              //返回 z
}
static void Main(string[] args)
{
    Program pro = new Program();                           //创建 Program 对象
    int x = 30;                                            //定义实参变量 x
    int y = 40;                                            //定义实参变量 y
    int z;                                                 //定义实参变量 z
    Console.WriteLine("运算结果: " + pro.Add(x, y,out z));  //输出运算结果
    Console.WriteLine("实参 z 的值: " + z);                  //输出实参 z 的值
    Console.ReadLine();
}
```

按【Ctrl+F5】快捷键查看运行结果，如图 3-13 所示。

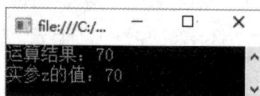

图 3-13　out 参数的使用

4．params 参数

声明方法时，如果有多个相同类型的参数，可以定义为 params 参数。params 参数是一个一维数组，主要用来指定在参数数目可变时所采用的方法参数。

【例 3-7】 定义一个 Add 方法，用来计算多个 int 类型数据的和。在具体声明时，将参数定义为 int 类型并指定为 params 参数；在 Main 方法中调用该方法，为该方法传入一个 int 类型的一维数组，输出计算结果。代码如下：

```
private int Add(params int[] x)                    //定义 Add 方法，并声明 params 参数
{
    int result = 0;                                //记录运算结果
    for (int i = 0; i < x.Length; i++)             //遍历参数数组
    {
        result += x[i];                            //执行相加操作
    }
    return result;                                 //返回运算结果
}
static void Main(string[] args)
{
    Program pro = new Program();                   //创建 Program 对象
    int[] x = { 20,30,40,50,60};                   //定义一维数组，用来作为参数
    Console.WriteLine("运算结果: " + pro.Add(x));  //输出运算结果
    Console.ReadLine();
}
```

按【Ctrl+F5】快捷键查看运行结果，如图 3-14 所示。

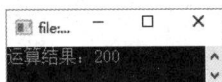

图 3-14　params 参数的使用

3.3.3　静态方法与实例方法

方法分为静态方法和实例方法。如果一个方法声明中含有 static 修饰符，则称该方法为静态方法；如果没有 static 修饰符，则称该方法为实例方法。下面分别对静态方法和实例方法进行介绍。

静态方法与
实例方法

1．静态方法

静态方法不对特定实例进行操作，在静态方法中引用 this 会导致编译错误。调用静态方法时，使用类名直接调用。

【例 3-8】 创建一个控制台应用程序，先定义一个静态方法 Add，计算两个整型变量的和，然后在 Main 方法中直接使用类名调用静态方法，代码如下：

```
class Program
{
    public static int Add(int x, int y)            //定义静态方法计算两个整型变量的和
    {
        return x + y;
    }
    static void Main(string[] args)
    {
        Console.WriteLine("{0}+{1}={2}", 23, 34, Program.Add(23, 34));
        Console.ReadLine();
    }
}
```

运行结果为：

```
23+34=57
```

2. 实例方法

实例方法是对类的某个给定的实例进行操作。使用实例方法时，需要使用类的对象调用，而且可以使用 this 来访问对象。

【例 3-9】 创建一个控制台应用程序，先定义一个实例方法 Add，计算两个整型变量的和，然后在 Main 方法中使用类的对象调用实例方法，代码如下：

```
class Program
{
    public int Add(int x, int y)                //定义实例方法计算两个整型变量的和
    {
        return x + y;
    }
    static void Main(string[] args)
    {
        Program pro = new Program();            //创建类的对象
        Console.WriteLine("{0}+{1}={2}", 23, 34, pro.Add(23, 34));
        Console.ReadLine();
    }
}
```

运行结果为：

```
23+34=57
```

📖 **说明：** 静态方法属于类，实例方法属于对象；静态方法使用类来调用，实例方法使用对象来调用。

3.3.4 方法的重载

方法重载是指在同一个类中，方法名相同但参数的数据类型、个数或顺序不同的多个方法。在类中有两个及两个以上同名方法的情况下，只要方法使用的参数类型、个数或顺序不同，调用时，编译器就可判断出在哪种情况下调用哪种方法。

方法的重载

【例 3-10】 创建一个控制台应用程序。先定义 3 个重载方法 Add，分别用来计算两个 int 类型数据的和、计算一个 int 类型和一个 double 类型数据的和、计算 3 个 int 类型数据的和；然后在 Main 方法中分别调用这 3 种方法，并输出计算结果。代码如下：

```
class Program
{
    //定义静态方法 Add，返回值为 int 类型，有两个 int 类型的参数
    public static int Add(int x, int y)
    {
        return x + y;
    }
    //重新定义方法 Add，它的返回值类型及参数类型与第一个方法不同
    public double Add(int x, double y)
    {
        return x + y;
    }
    public int Add(int x, int y, int z)         //重新定义方法 Add，它的参数个数与第一个方法不同
    {
        return x + y + z;
    }
    static void Main(string[] args)
```

```
    {
        Program program = new Program();              //创建类对象
        int x = 3;
        int y = 5;
        int z = 7;
        double y2 = 5.5;
        //根据传入的参数类型及参数个数调用不同的 Add 重载方法
        Console.WriteLine(x + "+" + y + "=" + Program.Add(x, y));
        Console.WriteLine(x + "+" + y2 + "=" + program.Add(x, y2));
        Console.WriteLine(x + "+" + y + "+" + z + "=" + program.Add(x, y, z));
        Console.ReadLine();
    }
}
```

运行结果如图 3-15 所示。

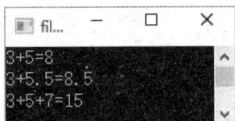

图 3-15　重载方法的应用

3.4　AI 辅助编程——基础编程

3.4.1　优化使用重载方法实现的计算和的实例

在程序设计和代码优化的过程中，可以利用 AI 来改进和优化程序，以下是一个可能的对话示例。

【问题】

优化 3.3.4 小节中的代码，使其能够计算任意多个数字的和。

【AI 建议】

为了使代码能够计算任意多个数字的和，我们可以使用 C#中的可变参数列表（要用到 params 关键字）。这样可以允许方法接收任意数量的参数。下面是优化后的代码：

```
using System;
class Program
{
    //定义静态方法 Add，返回值为 double 类型，可以接收任意数量的 double 类型参数
    public static double Add(params double[] numbers)
    {
        double sum = 0;
        foreach (var number in numbers)
        {
            sum += number;
        }
        return sum;
    }
    static void Main(string[] args)
    {
        int x = 3;
        int y = 5;
        int z = 7;
        double y2 = 5.5;
        //调用 Add 方法，传入不同数量的参数
```

```
            Console.WriteLine(x + "+" + y + "=" + Add(x, y));
            Console.WriteLine(x + "+" + y2 + "=" + Add(x, y2));
            Console.WriteLine(x + "+" + y + "+" + z + "=" + Add(x, y, z));
            Console.WriteLine(x + "+" + y + "+" + z + "+" + y2 + "=" + Add(x, y, z, y2));
            Console.ReadLine();
        }
    }
```

【测试结果】

假设输入的变量值分别为 x = 3、y = 5、z = 7、y2 = 5.5，程序的输出将会如下。

```
3+5=8
3+5.5=8.5
3+5+7=15
3+5+7+5.5=20.5
```

3.4.2　实现学生基本信息管理

在学习 C#面向对象编程的过程中，可以利用 AI 来帮助我们巩固本章所学的知识，设计相应的实例。以下是在 AI 工具中的一个可能的对话示例。

【问题】

编写一个实例，帮助我巩固 C#中类及方法的使用方法。

【AI 建议】

下面是一个简单的 C#示例程序，用于巩固类和方法的使用。这个示例程序将创建一个Student 类，包含学生的基本信息（如姓名、年龄和成绩），并提供一些方法来操作这些信息。

```
using System;
class Program
{
    static void Main(string[] args)
    {
        //创建 Student 对象
        Student student1 = new Student("张三", 20, 85);
        Student student2 = new Student("李四", 22, 90);
        //输出学生的初始信息
        Console.WriteLine("学生信息: ");
        student1.DisplayInfo();
        student2.DisplayInfo();
        //修改学生的成绩
        student1.SetGrade(92);
        student2.SetGrade(88);
        //输出修改后的学生信息
        Console.WriteLine("\n 修改后的学生信息: ");
        student1.DisplayInfo();
        student2.DisplayInfo();
        //获取学生的成绩
        int grade1 = student1.GetGrade();
        int grade2 = student2.GetGrade();
        Console.WriteLine($"\n{student1.Name} 的成绩是: {grade1}");
        Console.WriteLine($"{student2.Name} 的成绩是: {grade2}");
        //判断学生是否及格
        bool isPass1 = student1.IsPassing();
        bool isPass2 = student2.IsPassing();
        Console.WriteLine($"{student1.Name} 是否及格: {(isPass1 ? "是" : "否")}");
        Console.WriteLine($"{student2.Name} 是否及格: {(isPass2 ? "是" : "否")}");
        Console.ReadLine();
    }
}
//定义 Student 类
class Student
```

```
{
    //字段
    private string name;
    private int age;
    private int grade;
    //构造函数
    public Student(string name, int age, int grade)
    {
        this.name = name;
        this.age = age;
        this.grade = grade;
    }
    //属性
    public string Name
    {
        get { return name; }
        set { name = value; }
    }
    public int Age
    {
        get { return age; }
        set { age = value; }
    }
    public int Grade
    {
        get { return grade; }
        set { grade = value; }
    }
    //方法
    public void DisplayInfo()
    {
        Console.WriteLine($"姓名：{name}，年龄：{age}，成绩：{grade}");
    }
    public void SetGrade(int newGrade)
    {
        if (newGrade >= 0 && newGrade <= 100)
        {
            grade = newGrade;
        }
        else
        {
            Console.WriteLine("成绩输入无效，必须在 0 到 100 之间。");
        }
    }
    public int GetGrade()
    {
        return grade;
    }
    public bool IsPassing()
    {
        return grade >= 60;
    }
}
```

【测试结果】

创建 Student 对象并输出初始信息：

```
//创建 Student 对象
Student student1 = new Student("张三", 20, 85);
Student student2 = new Student("李四", 22, 90);

//输出学生的初始信息
```

```
Console.WriteLine("学生信息: ");
student1.DisplayInfo();
student2.DisplayInfo();
```
输出：
```
学生信息:
姓名：张三，年龄：20，成绩：85
姓名：李四，年龄：22，成绩：90
```
通过该示例，我们可以巩固如何在 C#中定义类，如何使用构造函数、属性和方法，以及如何在 Main 方法中创建对象并调用方法等面向对象编程的基础知识。

3.5 小结

本章主要对面向对象编程的基础知识进行了详细讲解。具体讲解时，首先介绍了对象、类与实例化这 3 个基本概念，以及面向对象程序设计语言的三大特性；然后重点对类、对象以及方法的使用进行了详细的讲解。学习本章内容时，读者一定要重点掌握类与对象的创建及使用，并熟练掌握常见的几种方法和参数类型，以及静态方法与实例方法的主要区别。

3.6 上机指导

在进销存管理系统中，商品的库存信息有很多种，比如商品型号、商品名称、商品库存量等。在面向对象编程中，这些商品信息可以存储到属性中，当需要使用这些信息时，再从对应的属性中读取出来。本次上机要求定义库存商品信息的结构，并输出库存商品的信息。程序运行结果如图 3-16 所示。

图 3-16　输出库存商品的信息

程序开发步骤如下。

（1）创建一个控制台应用程序，命名为 GoodsStruct。

（2）打开 Program.cs 文件，在其中编写 cStockInfo 类，作为商品的库存信息结构，代码如下：

```
public class cStockInfo
{
    private string tradecode = "";
    private string fullname = "";
    private string tradetype = "";
    private string standard = "";
    private string tradeunit = "";
    private string produce = "";
    private float qty = 0;
    private float price = 0;
    private float averageprice = 0;
    private float saleprice = 0;
    private float check = 0;
    private float upperlimit = 0;
    private float lowerlimit = 0;
    public string TradeCode                    //商品编号
    {
        get { return tradecode; }
        set { tradecode = value; }
    }
```

```csharp
    public string FullName                          //商品名称
    {
        get { return fullname; }
        set { fullname = value; }
    }
    public string TradeType                          //商品型号
    {
        get { return tradetype; }
        set { tradetype = value; }
    }
    public string Standard                           //商品规格
    {
        get { return standard; }
        set { standard = value; }
    }
    public string Unit                               //商品单位
    {
        get { return tradeunit; }
        set { tradeunit = value; }
    }
    public string Produce                            //商品产地
    {
        get { return produce; }
        set { produce = value; }
    }
    public float Qty                                 //库存数量
    {
        get { return qty; }
        set { qty = value; }
    }
    public float Price                               //最后一次进价
    {
        get { return price; }
        set { price = value; }
    }
    public float AveragePrice                        //加权平均价
    {
        get { return averageprice; }
        set { averageprice = value; }
    }
    public float SalePrice                           //最后一次销价
    {
        get { return saleprice; }
        set { saleprice = value; }
    }
    public float Check                               //盘点数量
    {
        get { return check; }
        set { check = value; }
    }
    public float UpperLimit                          //存货报警上限
    {
        get { return upperlimit; }
        set { upperlimit = value; }
    }
    public float LowerLimit                          //存货报警下限
    {
        get { return lowerlimit; }
        set { lowerlimit = value; }
    }
}
```

（3）在 cStockInfo 类中定义一个 ShowInfo 方法，该方法无返回值，主要用来输出库存商品的信息，代码如下：

```
public void ShowInfo()
{
    Console.WriteLine("仓库中存有{0}型号{1}{2}台", TradeType, FullName, Qty);
}
```

（4）在 Main 方法中，创建 cStockInfo 类的两个实例，并对其中的部分属性赋值；然后调用 cStockInfo 类中的 ShowInfo 方法在控制台中输出商品信息，代码如下：

```
static void Main(string[] args)
{
    Console.WriteLine("库存盘点信息如下：");
    cStockInfo csi1 = new cStockInfo();        //实例化 cStockInfo 类
    csi1.FullName = "空调";                      //设置商品名称
    csi1.TradeType = "TYPE-1";                  //设置商品型号
    csi1.Qty = 2000;                            //设置库存数量
    csi1.ShowInfo();                            //输出商品信息
    cStockInfo csi2 = new cStockInfo();        //实例化 cStockInfo 类
    csi2.FullName = "空调";                      //设置商品名称
    csi2.TradeType = "TYPE-2";                  //设置商品型号
    csi2.Qty = 3500;                            //设置库存数量
    csi2.ShowInfo();                            //输出商品信息
    Console.ReadLine();
}
```

3.7 习题

3-1　简述对象、类和实例化的概念。

3-2　面向对象程序设计语言的三大特性是什么？

3-3　构造函数和析构函数的主要作用是什么？

3-4　简述 this 关键字的作用。

3-5　方法有几种参数？分别是什么？

3-6　简述静态方法与实例方法的区别。

3-7　什么是重载方法？

第4章 面向对象编程进阶

本章要点

- 类的继承与多态
- 结构与接口的区别
- 接口的使用方法
- 集合与索引器
- 程序中的异常处理
- 委托和匿名方法的应用
- 事件的实现
- 泛型的应用

面向对象程序设计是非常重要的一种编程思想，第 3 章对面向对象编程的基础知识进行了讲解，本章将进一步对面向对象编程进行讲解。

4.1 类的继承与多态

4.1.1 继承

继承是面向对象编程最重要的特性之一。任何类都可以继承另外一个类，也就是说，这个类会拥有它继承的类的所有成员。在面向对象编程中，被继承的类称为父类或基类。C#提供了类的继承机制，但只支持单继承而不支持多重继承，即在 C#中一次只允许继承一个类，不能同时继承多个类。

继承

1．使用继承

继承的基本思想是基于某个基类创建一个新的派生类（子类），派生类可以继承基类原有的属性和方法，也可以增加基类所不具备的属性和方法，或者直接重写基类中的某些方法。例如，平行四边形是特殊的四边形，也就是说平行四边形类继承了四边形类，那么平行四边形类会将四边形类具有的一般属性和方法都保留下来，并基于四边形类扩展一些平行四边形类特有的属性和方法。

下面演示一下类之间的继承。创建一个基类 Test，然后创建另一个类 Test2 继承 Test

类，其中包括重写的基类成员方法及新增的成员方法等。图 4-1 描述了 Test 类与 Test2 类的结构，以及两者之间的关系。

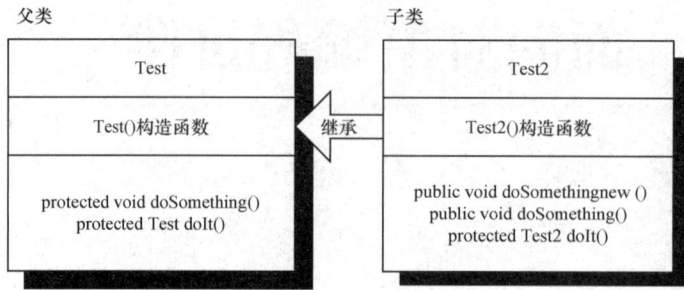

图 4-1　Test 类与 Test2 类之间的继承关系

在 C# 中使用 ":" 来标识两个类的继承关系。继承一个类时，基类成员的可访问性是一个重要的问题。派生类不能访问基类的私有成员，但是可以访问其公有成员。也就是说，只要使用 public 声明类成员，就可以让这个类成员被基类和派生类同时访问，并且也可以被外部的代码访问。

为了解决基类成员的访问问题，C# 还提供了另外一种访问修饰符——protected。只有派生类和基类本身才能访问基类的 protected 成员，外部代码不能访问 protected 成员。

> 📖 说明：派生类不能继承基类中定义的 private 成员，只能继承基类的 public 成员和 protected 成员。

【例 4-1】　创建一个控制台应用程序，模拟存储和输出进销存管理系统的进货信息。自定义一个 Goods 类，该类中定义两个公有属性，表示商品的编号和名称；然后自定义 JHInfo 类，继承 Goods 类，在该子类中定义进货编号属性，以及输出进货信息的方法；最后在 Program 类的 Main 方法中创建派生类 JHInfo 的对象，并使用该对象调用基类 Goods 中定义的公有属性。代码如下：

```csharp
class Goods
{
    public string TradeCode{ get; set; }        //定义商品编号
    public string FullName { get; set; }        //定义商品名称
}
class JHInfo : Goods
{
    public string JHID { get; set; }            //定义进货编号
    public void showInfo()                      //输出进货信息
    {
        Console.WriteLine("进货编号: {0},商品编号: {1},商品名称: {2}", JHID, TradeCode, FullName);
    }
}
class Program
{
    static void Main(string[] args)
    {
        JHInfo jh = new JHInfo();               //创建 JHInfo 对象
        jh.TradeCode = "T100001";               //设置基类中的 TradeCode 属性
        jh.FullName = "笔记本计算机";            //设置基类中的 FullName 属性
        jh.JHID = "JH00001";                    //设置 JHID 属性
        jh.showInfo();                          //输出商品的信息
```

```
        Console.ReadLine();
    }
}
```

程序运行结果如图 4-2 所示。

图 4-2　输出进货信息

2．base 关键字

base 关键字用于在派生类中访问基类的成员，它主要有以下两种使用方式。

- 调用基类中已被派生类重写的方法。
- 指定在创建派生类实例时应调用的基类构造函数。

⚠ **注意**：使用 base 关键字访问基类成员只能在构造函数、实例方法或实例属性访问器中进行。因此，在静态方法中使用 base 关键字是错误的。

例如，修改【例 4-1】，在基类 Goods 中定义一个构造函数，用来为属性赋初始值，代码如下：

```
public Goods(string tradecode, string fullname)
{
    TradeCode = tradecode;
    FullName = fullname;
}
```

在派生类 JHInfo 中定义构造函数时，即可使用 base 关键字调用基类的构造函数，代码如下：

```
public JHInfo(string jhid, string tradecode, string fullname) : base(tradecode, fullname)
{
    JHID = jhid;
}
```

3．继承中的构造函数与析构函数

在进行类的继承时，派生类的构造函数会隐式地调用基类的无参构造函数。但是，如果基类也是从其他类派生的，那么 C# 会根据层次结构找到顶层的基类，并调用该基类的构造函数，然后按照层次结构依次调用各级派生类的构造函数。析构函数的执行顺序正好与构造函数相反。继承中的构造函数和析构函数的执行顺序示意图如图 4-3 所示。

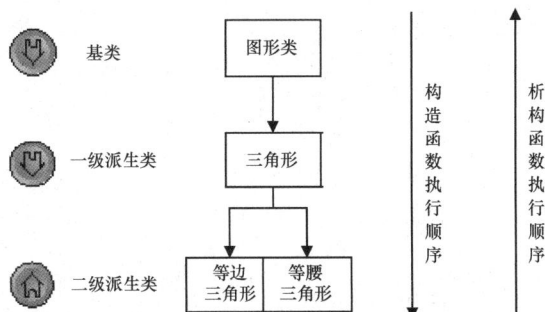

图 4-3　继承中的构造函数和析构函数的执行顺序示意

面向对象编程进阶　第 4 章

4.1.2 多态

多态

多态是面向对象编程语言的基本特性之一，它使得派生类的实例可以直接赋给基类的对象，然后通过这个对象调用派生类的方法。在C#中，类的多态是通过在派生类中重写基类的虚方法来实现的。

1．虚方法的重写

在类的方法前面加上关键字 virtual，则称该方法为虚方法。对虚方法的重写可以确定在程序运行过程中应该调用哪一种方法。重写（还可以称为覆盖）就是在派生类中将基类的成员方法的名称保留，重写该成员方法的实现内容，更改成员方法的存储权限，或者修改成员方法的返回值类型。

【例4-2】 创建一个控制台应用程序，自定义一个 Vehicle 类作为基类，在该类中自定义一个虚方法 Move；然后自定义 Train 类和 Car 类，都继承 Vehicle 类，在这两个派生类中分别重写基类中的虚方法 Move，输出不同交通工具的特点；最后，在 Program 类的 Main 方法中，使用基类和派生类的对象创建一个 Vehicle 类型的数组，使用数组中的每个对象调用 Move 方法，比较它们的输出信息。代码如下：

```csharp
class Vehicle
{
    string name;                              //定义字段
    public string Name                        //定义属性为字段赋值
    {
        get { return name; }
        set { name = value; }
    }
    public virtual void Move()                //定义Move方法输出交通工具的特点
    {
        Console.WriteLine("{0}都可以移动", Name);
    }
}
class Train : Vehicle
{
    public override void Move()               //重写Move方法输出交通工具的特点
    {
        Console.WriteLine("{0}在铁轨上行驶",Name);
    }
}
class Car : Vehicle
{
    public override void Move()               //重写Move方法输出交通工具的特点
    {
        Console.WriteLine("{0}在公路上行驶",Name);
    }
}
class Program
{
    static void Main(string[] args)
    {
        Vehicle vehicle = new Vehicle();       //创建Vehicle类的实例
        Train train = new Train();             //创建Train类的实例
        Car car = new Car();                   //创建Car类的实例
        //使用基类和派生类对象创建Vehicle类型数组
        Vehicle[] vehicles = { vehicle,train, car};
        vehicle.Name = "交通工具";               //设置交通工具的名字
```

```
        train.Name = "火车";                        //设置交通工具的名字
        car.Name = "汽车";                          //设置交通工具的名字
        vehicles[0].Move();                         //调用 Move 方法输出交通工具的特点
        vehicles[1].Move();                         //调用 Move 方法输出交通工具的特点
        vehicles[2].Move();                         //调用 Move 方法输出交通工具的特点
        Console.ReadLine();
    }
}
```

程序运行结果如图 4-4 所示。

2．抽象类与抽象方法

图 4-4　虚方法的重写

如果一个类不与具体的事物相联系，只是表达一种抽象的概念或行为，仅作为其派生类的一个基类，这样的类就可以声明为抽象类。在抽象类中声明方法时，如果加上 abstract 关键字，则该方法为抽象方法。例如，"去商场买衣服"这句话描述的就是一个抽象的行为。到底去哪个商场买衣服？买什么样的衣服，是短衫、裙子，还是其他衣服？"去商场买衣服"这句话并没有对"买衣服"这个抽象行为指明一个确定的信息。如果要将"去商场买衣服"这个动作封装为一个行为类，那么这个类就是一个抽象类。

> 📖 说明：C#中规定，类中只要有一个方法声明为抽象方法，这个类也必须声明为抽象类。

抽象类主要用来提供可被多个派生类共享的基类的公共定义，它与非抽象类的主要区别如下。

- 抽象类不能直接实例化。
- 抽象类可以包含抽象成员，但非抽象类不可以。
- 抽象类不能被封装。

C#中声明抽象类时需要使用 abstract 关键字，具体语法格式如下：

```
访问修饰符 abstract class 类名 : 基类或接口
{
    //类成员
}
```

> ⚠ 注意：声明抽象类时，除 abstract 关键字、class 关键字和类名外，其他的都是可选项。

在抽象类中定义的方法，如果加上 abstract 关键字，就是一个抽象方法，抽象方法不提供具体的实现。引入抽象方法的原因是抽象类本身是一个抽象的概念，在本类中，有的方法并不需要具体的实现，而是留给派生类来重写。声明抽象方法时需要注意以下两点。

- 抽象方法必须声明在抽象类中。
- 声明抽象方法时，不能使用 virtual、static 和 private 修饰符。

例如，声明一个抽象类，在该抽象类中声明一个抽象方法。代码如下：

```
public abstract class TestClass
{
    public abstract void AbsMethod();              //抽象方法
}
```

当从抽象类派生一个非抽象类时，需要在非抽象类中重写抽象方法，以提供具体的实现。重写抽象方法时需使用 override 关键字。

【例 4-3】创建一个控制台应用程序，主要通过重写抽象方法输出进货信息和销售信息。声明一个抽象类 Information，在该抽象类中主要定义两个属性和一个抽象方法，其中，抽象方法用来输出信息，但具体输出什么信息是不确定的；然后声明两个派生类 JHInfo 和 XSInfo，这两个类继承 Information，用来表示进货类和销售类，在这两个类中分别重写 Information 抽象类中的抽象方法，输出进货信息和销售信息；最后在 Program 类的 Main 方法中分别创建 JHInfo 类和 XSInfo 类的对象，并使用这两个对象调用重写的方法输出相应的信息。代码如下：

```csharp
public abstract class Information
{
    public string Code { get; set; }               //编号属性及实现
    public string Name { get; set; }               //名称属性及实现
    public abstract void ShowInfo();               //抽象方法，用来输出信息
}
public class JHInfo : Information                   //继承抽象类，定义进货类
{
    public override void ShowInfo()                //重写抽象方法，输出进货信息
    {
        Console.WriteLine("进货信息：\n" + Code + " " + Name);
    }
}
public class XSInfo : Information                   //继承抽象类，定义销售类
{
    public override void ShowInfo()                //重写抽象方法，输出销售信息
    {
        Console.WriteLine("销售信息：\n" + Code + " " + Name);
    }
}
class Program
{
    static void Main(string[] args)
    {
        JHInfo jhInfo = new JHInfo();              //创建进货类对象
        jhInfo.Code = "JH0001";                    //使用进货类对象访问基类中的编号属性
        jhInfo.Name = "笔记本计算机";              //使用进货类对象访问基类中的名称属性
        jhInfo.ShowInfo();                         //输出进货信息
        XSInfo xsInfo = new XSInfo();              //创建销售类对象
        xsInfo.Code = "XS0001";                    //使用销售类对象访问基类中的编号属性
        xsInfo.Name = "华为 Pura70";               //使用销售类对象访问基类中的名称属性
        xsInfo.ShowInfo();                         //输出销售信息
        Console.ReadLine();
    }
}
```

程序运行结果如图 4-5 所示。

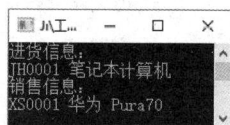

图 4-5　抽象类和抽象方法的使用

3．密封类与密封方法

为了避免滥用继承，C#中提出了密封类的概念，它可以用来限制扩展。如果密封了某个类，则其他类不能继承该类；如果密封了某个成员，则派生类不能重写该成员的实现。密封类的语法格式如下：

```
访问修饰符 sealed class 类名 ： 基类或接口
{
    //密封类的成员
}
```

例如，声明一个密封类，代码如下：

```csharp
public sealed class SealedTest                                //声明密封类
{
}
```

如果类的方法声明中包含 sealed 修饰符，则称该方法为密封方法。密封方法只能

对基类的虚方法进行重写，因此，在声明密封方法时，sealed 修饰符总是与 override 修饰符同时使用。

【例 4-4】 修改【例 4-3】，将基类 Information 修改为普通的类，并将其中的抽象方法 ShowInfo 修改为虚方法；然后将派生类 JHInfo 修改为密封类，并在其中将基类的虚方法重写为一个密封方法；最后在 Program 类的 Main 方法中，使用派生类对象调用其重写的方法输出进货信息。代码如下：

```
public class Information
{
    public string Code { get; set; }              //编号属性及实现
    public string Name { get; set; }              //名称属性及实现
    public virtual void ShowInfo() { }            //虚方法，用来输出信息
}
public sealed class JHInfo : Information          //定义进货类，并设置为密封类
{
    //将基类的虚方法重写，并设置为密封方法
    public sealed override void ShowInfo()
    {
        Console.WriteLine("进货信息：\n" + Code + " " + Name);
    }
}
class Program
{
    static void Main(string[] args)
    {
        JHInfo jhInfo = new JHInfo();             //创建进货类对象
        jhInfo.Code = "JH0001";                   //使用进货类对象访问基类中的编号属性
        jhInfo.Name = "笔记本计算机";              //使用进货类对象访问基类中的名称属性
        jhInfo.ShowInfo();                        //输出进货信息
        Console.ReadLine();
    }
}
```

程序运行结果如图 4-6 所示。

如果在【例 4-4】中再定义一个类，使其继承 JHInfo 类，将会出现图 4-7 所示的错误提示。因为 JHInfo 类是一个密封类，密封类是不能被继承的。

图 4-6 密封类和密封方法的使用

图 4-7 继承密封类时的错误提示

4.2 结构与接口

4.2.1 结构

结构是一种值类型，通常用来封装一组相关的变量。结构中可以包含字段、方法、属性、事件和嵌套类型等，但如果要同时包含上述几种成员，则应该考虑使用类。

结构实际是将多个相关的变量包装成一个整体来使用，其中的变量可以是相同、部分相同或完全不同的数据类型。结构具有以下特点。

结构

- 结构是值类型。
- 向方法传递结构时，结构是按值传递的，而不是按引用传递的。
- 结构的实例化可以不使用 new 关键字。
- 结构可以声明构造函数，但它们必须带参数。
- 一个结构不能继承另一个结构或类。所有结构都直接继承 System.ValueType，而 System.ValueType 又继承 System.Object。
- 结构可以实现接口。
- 在结构中不能初始化实例字段。

C#中使用 struct 关键字来声明结构，语法格式如下：

```
访问修饰符 struct 结构名
{
}
```

结构通常用于轻量级的数据类型，下面通过一个实例说明如何在程序中使用结构。

例如，定义一个结构，在结构中存储职工的信息；然后在结构中定义一个构造函数，用来初始化职工信息；最后定义一个 Information 方法，输出职工的信息，代码如下：

```csharp
public struct Employee                  //定义一个结构，用来存储职工信息
{
    public string name;                 //职工的姓名
    public string sex;                  //职工的性别
    public int age;                     //职工的年龄
    public string duty;                 //职工的职务
    public Employee(string n, string s, string a, string d)//职工信息
    {
        name = n;                       //设置职工的姓名
        sex = s;                        //设置职工的性别
        age =Convert .ToInt16 (a);      //设置职工的年龄
        duty = d;                       //设置职工的职务
    }
    public void Information()           //输出职工的信息
    {
        Console.WriteLine("{0} {1} {2} {3}", name, sex, age, duty);
    }
}
```

4.2.2　接口

接口

C#中的类不支持多重继承，但是客观世界出现多重继承的情况又比较多。为了避免传统的多重继承给程序带来的高复杂性等问题，同时保留多重继承带来的诸多好处，C#提出了接口的概念，通过接口可以实现多重继承的功能。

1．接口的概念及声明

接口提出了一种契约（或者说规范），使用接口的程序员必须严格遵守这种规范。举个例子来说明，在组装计算机时，主板与机箱之间就存在一种事先约定。不管什么型号或品牌的机箱，什么种类或品牌的零配件，都必须遵照一定的标准来设计制造，所以在组装计算机时，计算机的零配件可以安装在大多数机箱上。可以将接口看作这种标准，它强制性地要求派生类必须实现接口的所有成员，以保证派生类拥有某些特性。

接口可以将方法、属性、索引器和事件作为成员，但是并不能设置这些成员的具体值。

📖 **说明**：接口可以继承其他接口，类可以通过其继承的基类（或接口）多次继承同一个接口。

接口具有以下特征。

- 接口类似于抽象基类：继承接口的任何非抽象类型都必须实现接口的所有成员。
- 不能直接实例化接口。
- 接口可以包含事件、索引器、方法和属性。
- 接口不包含方法的具体实现。
- 类和结构可继承多个接口。
- 接口自身可继承多个其他接口。

在 C#中声明接口时要使用 interface 关键字，其语法格式如下：

```
修饰符 interface 接口名称 : 继承的接口列表
{
    接口内容;
}
```

例如，使用 interface 关键字定义一个 Information 接口。在该接口中声明 Code 和 Name 两个属性，分别表示编号和名称；声明一个方法 ShowInfo，用来输出信息。代码如下：

```
interface Information                    //定义接口
{
    string Code { get; set; }           //编号属性及实现
    string Name { get; set; }           //名称属性及实现
    void ShowInfo();                     //用来输出信息
}
```

说明：接口中的成员默认是公有的，因此，不允许指定访问修饰符。

2. 接口的实现与继承

接口的实现通过继承了该接口的类来完成，一个类虽然只能继承一个基类，但可以继承任意多个接口。声明实现接口的类时，需要在继承列表中列出该类所实现的接口名称。

【例 4-5】 修改【例 4-3】，通过继承接口实现输出进货信息和销售信息的功能，代码如下：

```
interface Information                            //定义接口
{
    string Code { get; set; }                   //编号属性及实现
    string Name { get; set; }                   //名称属性及实现
    void ShowInfo();                             //用来输出信息
}
public class JHInfo : Information                //继承接口，定义进货类
{
    string code = "";
    string name = "";
    public string Code                          //实现编号属性
    {
        get
        {
            return code;
        }
        set
        {
            code = value;
        }
    }
    public string Name                          //实现名称属性
    {
        get
        {
```

```
            return name;
        }
        set
        {
            name = value;
        }
    }
    public void ShowInfo()                                        //实现方法，输出进货信息
    {
        Console.WriteLine("进货信息: \n" + Code + " " + Name);
    }
}
public class XSInfo : Information                                  //继承接口，定义销售类
{
    string code = "";
    string name = "";
    public string Code                                            //实现编号属性
    {
        get
        {
            return code;
        }
        set
        {
            code = value;
        }
    }
    public string Name                                            //实现名称属性
    {
        get
        {
            return name;
        }
        set
        {
            name = value;
        }
    }
    public void ShowInfo()                                        //实现方法，输出销售信息
    {
        Console.WriteLine("销售信息: \n" + Code + " " + Name);
    }
}
class Program
{
    static void Main(string[] args)
    {
        Information[] Infos = { new JHInfo(), new XSInfo() };//定义接口数组
        Infos[0].Code = "JH0001";                             //使用接口对象设置编号属性
        Infos[0].Name = "笔记本计算机";                        //使用接口对象设置名称属性
        Infos[0].ShowInfo();                                  //输出进货信息
        Infos[1].Code = "XS0001";                             //使用接口对象设置编号属性
        Infos[1].Name = "华为 Pura70";                        //使用接口对象设置名称属性
        Infos[1].ShowInfo();                                  //输出销售信息
        Console.ReadLine();
    }
}
```

程序运行结果如图 4-5 所示。

📖 **说明：** 上面实例中的类只继承了一个接口，接口还可以多重继承。使用多重继承时，要继承的接口之间用逗号（,）分隔。

3．显式接口成员实现

如果类实现两个接口，并且这两个接口包含具有相同签名的成员，那么在类中实现某一同名成员将导致两个接口都使用该成员作为它们的实现；如果同名的接口成员想要实现不同的功能，可能会导致其中一个接口成员的实现不正确或两个接口成员的实现都不正确。这时可以显式地实现一个接口成员，即创建一个仅通过该接口调用并且特定于该接口的类成员。显式接口成员实现是指使用接口名称和一个句点来命名该类成员。

【例 4-6】 创建一个控制台应用程序。声明两个接口——ICalculate1 和 ICalculate2，在这两个接口中声明一个同名方法 Add；然后定义一个类 Compute，该类继承上述两个接口，在 Compute 类中实现接口的方法时，由于 ICalculate1 和 ICalculate2 接口中声明的方法的签名相同，因此这里使用显式接口成员实现；最后在主程序类 Program 的 Main 方法中使用接口对象调用接口中定义的方法。代码如下：

```
interface ICalculate1
{
    int Add();                              //求和方法
}
interface ICalculate2
{
    int Add();                              //求和方法
}
class Compute : ICalculate1, ICalculate2    //继承接口
{
    int ICalculate1.Add()                   //显式接口成员实现
    {
        int x = 10;
        int y = 40;
        return x + y;
    }
    int ICalculate2.Add()                   //显式接口成员实现
    {
        int x = 10;
        int y = 40;
        int z = 50;
        return x + y + z;
    }
}
class Program
{
    static void Main(string[] args)
    {
        Compute compute = new Compute();        //创建接口继承类的对象
        ICalculate1 Cal1 = compute;             //使用接口继承类的对象实例化接口
        Console.WriteLine(Cal1.Add());          //使用接口对象调用接口中的方法
        ICalculate2 Cal2 = compute;             //使用接口继承类的对象实例化接口
        Console.WriteLine(Cal2.Add());          //使用接口对象调用接口中的方法
        Console.ReadLine();
    }
}
```

程序运行结果如下：

```
50
100
```

> 📝 **说明**：显式接口成员实现中不能包含访问修饰符、abstract、virtual、override 和 static 等修饰符。

4．抽象类与接口的区别

抽象类和接口都包含可以由派生类继承的成员。抽象类和接口都不能直接实例化，但可以声明它们的类型变量。可以使用多态性把继承这两种类型的对象指定给这些变量，然后通过这些变量来使用抽象类或接口中的成员，但不能直接访问派生类中的其他成员。

抽象类和接口的区别主要有以下几点。

- 一个类只能继承一个基类，即只能直接继承一个抽象类，但可以继承多个接口。
- 抽象类中可以定义成员的实现，但接口中不可以。
- 抽象类中可以包含字段、构造函数、析构函数、静态成员等，但接口中不可以。
- 抽象类中的成员可以是私有的（只要它们不是抽象的）、受保护的、内部的或受保护的内部成员（受保护的内部成员只能在同一个项目的代码或派生类中访问）。但接口中的成员只能是公有的，定义时不能加修饰符。

4.3 集合与索引器

4.3.1 集合

.NET 提供了一种称为集合的类型。集合类似于数组，将一组相同类型的对象组合在一起，可以通过遍历获取其中的每个元素。

1．自定义集合

集合

自定义集合需要通过 System.Collections 命名空间提供的集合接口来实现，System.Collections 命名空间提供的常用接口及其说明如表 4-1 所示。

表 4-1　System.Collections 命名空间提供的常用接口及其说明

接口	说明
ICollection	定义所有非泛型集合的大小、枚举数和同步方法
IComparer	公开一种比较两个对象的方法
IDictionary	表示键/值对的非泛型集合
IDictionaryEnumerator	枚举非泛型字典的元素
IEnumerable	公开枚举数，该枚举数支持在非泛型集合上进行简单迭代
IEnumerator	支持对非泛型集合的简单迭代
IList	表示可按照索引单独访问的对象的非泛型集合

下面以继承 IEnumerable 接口为例，讲解如何自定义集合。

IEnumerable 接口用来公开枚举数，该枚举数可以在非泛型集合上进行简单迭代，该接口的定义如下：

```
public interface IEnumerable
```

IEnumerable 接口中有一个 GetEnumerator 方法，因此在实现该接口时，需要定义 GetEnumerator 方法的实现。GetEnumerator 方法定义如下：

```
IEnumerable GetEnumerator()
```

在实现 IEnumerable 接口的同时，也需要实现 IEnumerator 接口。该接口中有 3 个成员，分别是 Current 属性、MoveNext 方法和 Reset 方法，它们的定义如下：

```
Object Current { get; }
bool MoveNext()
void Reset()
```

【例 4-7】 创建一个控制台应用程序，通过继承 IEnumerable 和 IEnumerator 接口自定义一个集合，用来存储进销存管理系统中的商品信息，使用遍历的方式输出自定义集合中存储的商品信息。代码如下：

```
public class Goods                                //定义集合中的元素类，表示商品信息
{
    public string Code;                           //编号
    public string Name;                           //名称
    public Goods(string code, string name)        //定义构造函数，赋初始值
    {
        this.Code = code;
        this.Name = name;
    }
}
public class JHClass : IEnumerable, IEnumerator   //定义集合类
{
    private Goods[] _goods;                        //初始化 Goods 类型的集合
    public JHClass(Goods[] gArray)                //使用带参构造函数赋值
    {
        _goods = new Goods[gArray.Length];
        for (int i = 0; i < gArray.Length; i++)
        {
            _goods[i] = gArray[i];
        }
    }
     //实现 IEnumerable 接口中的 GetEnumerator 方法
    IEnumerator IEnumerable.GetEnumerator()
    {
        return (IEnumerator)this;
    }
    int position = -1;                            //记录索引位置
    object IEnumerator.Current                    //实现 IEnumerator 接口中的 Current 属性
    {
        get
        {
            return _goods[position];
        }
    }
    public bool MoveNext()                        //实现 IEnumerator 接口中的 MoveNext 方法
    {
        position++;
        return (position < _goods.Length);
    }
    public void Reset()                           //实现 IEnumerator 接口中的 Reset 方法
    {
        position = -1;                            //指向第一个元素
    }
}
class Program
{
    static void Main()
    {
        Goods[] goodsArray = new Goods[3]
        {
        new Goods("T0001", "笔记本计算机"),
        new Goods("T0002", "华为 Pura70"),
        new Goods("T0003", "荣耀 Magic6"),
        };                                        //初始化 Goods 类型的集合
```

　　　面向对象编程进阶／

```
            JHClass jhList = new JHClass(goodsArray);      //使用集合创建对象
            foreach (Goods g in jhList)                     //遍历集合
                Console.WriteLine(g.Code + " " + g.Name);
            Console.ReadLine();
        }
    }
}
```

程序运行结果如图 4-8 所示。

2．使用集合类

.NET Framework 中定义了很多的集合类，包括 ArrayList、Queue、
Stack、Hashtable 等，下面以 ArrayList 类为例介绍集合类的使用方法。

图 4-8　自定义集合
输出商品信息

ArrayList 类是一种非泛型集合类，它可以动态地添加和删除元
素。ArrayList 类相当于一种高级的动态数组，它是数组的升级版本，但它并不等同于数组。

与数组相比，ArrayList 类为开发人员提供了以下功能。

- □ 数组的容量是固定的，而 ArrayList 的容量可以根据需要自动扩充。
- □ ArrayList 提供添加、删除和插入某一范围的元素的方法，但在数组中，一次只能获
  取或设置一个元素的值。
- □ ArrayList 提供把只读或大小固定的其他类型数据转换成集合的方法，而数组不
  提供。
- □ ArrayList 只能是一维形式，而数组可以是多维的。

ArrayList 类提供了 3 种构造函数，分别如下：

```
public ArrayList();
public ArrayList(ICollection arryName);
public ArrayList(int n);
```

- □ arryName：要添加元素到 ArrayList 对象中的集合对象。
- □ n：ArrayList 对象的空间大小。

例如，声明一个具有 10 个元素的 ArrayList 对象，代码如下：

```
ArrayList List = new ArrayList(10);
```

ArrayList 集合类的常用属性及其说明如表 4-2 所示。

表 4-2　ArrayList 集合类的常用属性及其说明

属性	说明
Capacity	获取或设置 ArrayList 可包含的元素数
Count	获取 ArrayList 中实际包含的元素数
IsFixedSize	获取一个值，该值指示 ArrayList 是否具有固定大小
IsReadOnly	获取一个值，该值指示 ArrayList 是否为只读
IsSynchronized	获取一个值，该值指示是否同步对 ArrayList 的访问
Item	获取或设置指定索引处的元素
SyncRoot	获取可用于同步访问 ArrayList 的对象

ArrayList 集合类的常用方法及其说明如表 4-3 所示。

表 4-3　ArrayList 集合类的常用方法及其说明

方法	说明
Add	将对象添加到 ArrayList 的末尾
AddRange	将一个集合的所有元素添加到 ArrayList 的末尾

方法	说明
Clear	移除 ArrayList 中的所有元素
Contains	确定某元素是否在 ArrayList 中
CopyTo	将 ArrayList 中的所有或一部分元素复制到现有的一维数组中
GetEnumerator	返回一个可以循环访问 ArrayList 的枚举数
IndexOf	返回指定元素在 ArrayList 中的第一个匹配项的索引
Insert	将元素插入 ArrayList 的指定索引处
InsertRange	将集合中的所有元素插入 ArrayList 的指定索引处
LastIndexOf	返回指定元素在 ArrayList 中的最后一个匹配项的索引
Remove	从 ArrayList 中移除特定对象的第一个匹配项
RemoveAt	移除 ArrayList 的指定索引处的元素
RemoveRange	从 ArrayList 中移除一定范围的元素
Reverse	将 ArrayList 中的所有元素或一部分元素的顺序反转
Sort	对 ArrayList 中的所有元素或一部分元素进行排序
ToArray	将 ArrayList 的所有元素复制到新数组中

【例 4-8】 使用 ArrayList 集合存储商品名称列表并输出，代码如下：

```
static void Main(string[] args)
{
    ArrayList list = new ArrayList();          //创建 ArrayList 集合
    //向集合中添加商品列表
    list.Add("笔记本计算机");
    list.Add("华为 Pura70");
    list.Add("荣耀 Magic6");
    foreach (string name in list)              //遍历集合
        Console.WriteLine(name);               //输出遍历到的集合元素
    Console.ReadLine();
}
```

程序运行结果如图 4-9 所示。

图 4-9　使用 ArrayList 集合存储商品名称列表并输出

4.3.2　索引器

C#支持一种名为索引器的特殊"属性"，它能够通过类似引用数组元素的方式来引用对象中的数据。

索引器的声明方式与属性比较相似，这二者的一个重要区别是索引器在声明时需要定义参数，而属性在定义时不需要定义参数。索引器的声明格式如下：

```
【修饰符】【类型】this[【参数列表】]
{
    get  {get 访问器体;}
    set  {set 访问器体;}
}
```

索引器与属性除了在定义参数方面不同之外，它们之间的区别主要还有以下两点。

□ 索引器的名称必须是关键字 this，this 后面一定要跟一对中括号[ ]，在中括号中指定
索引的参数列表，必须至少有一个参数。

□ 索引器不能被定义为静态的，而只能是非静态的。

索引器的修饰符有 new、public、protected、internal、private、virtual、sealed、override、
abstract 和 extern。当索引器声明包含 extern 修饰符时，称为外部索引器。外部索引器声明
不提供任何实现，所以它的每个索引器声明都由一个分号组成。

索引器的使用方式不同于属性的使用方式，需要使用中括号并在其中指定索引来访问
元素。

【例 4-9】 定义一个类 CollClass，在该类中声明一个用于操作字符串数组的索引器；
然后在 Main 方法中创建 CollClass 类的对象，并通过索引器为数组中的元素赋值；最后使
用 for 循环通过索引器获取数组中的所有元素并输出。代码如下：

```csharp
class CollClass
{
    public const int intMaxNum = 3;                //表示数组的长度
    private string[] arrStr;                        //声明数组
    public CollClass()                             //构造函数
    {
        arrStr = new string[intMaxNum];            //设置数组的长度
    }
    public string this[int index]                  //定义索引器
    {
        get
        {
            return arrStr[index];                  //通过索引器取值
        }
        set
        {
            arrStr[index] = value;                 //通过索引器赋值
        }
    }
}
class Program
{
    static void Main(string[] args)                //主方法
    {
        CollClass cc = new CollClass();            //创建 CollClass 类的对象
        cc[0] = "CSharp";                          //通过索引器给数组元素赋值
        cc[1] = "ASP.NET";                         //通过索引器给数组元素赋值
        cc[2] = "Visual Basic";                    //通过索引器给数组元素赋值
        for (int i = 0; i < CollClass.intMaxNum; i++)  //遍历所有的元素
        {
            Console.WriteLine(cc[i]);              //通过索引器取值
        }
        Console.Read();
    }
}
```

程序运行结果如图 4-10 所示。

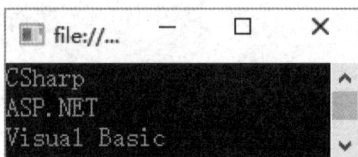

图 4-10　索引器的定义及使用

4.4 异常处理

在编写程序时，不仅要关心程序是否能正常运行，还要检查错误代码，以及准备能够应对可能发生的各类不可预期的事件的对策。在现代编程语言中，异常处理是解决问题的主要方法。异常处理是一种功能强大的机制，用于处理应用程序可能产生的错误或其他会中断程序执行的异常情况，通过异常处理可以有效、快速地编写各种用来处理程序异常情况的代码。

4.4.1 异常处理类

.NET 类库提供了针对各种异常情况所设计的异常类，这些类包含异常的相关信息。配合异常处理语句，应用程序能够轻易地避免程序执行时可能中断应用程序的各种错误。.NET Framework 中公共异常类及其说明如表 4-4 所示，这些异常类都是 System.Exception 的直接或间接派生类。

异常处理类

表 4-4 公共异常类及其说明

异常类	说明
System.ArithmeticException	在算术运算期间发生的异常
System.ArrayTypeMismatchException	当存储一个数组时，如果被存储的元素的实际类型与数组的实际类型不兼容而导致存储失败，就会引发此异常
System.DivideByZeroException	在试图用 0 作为除数时引发此异常
System.IndexOutOfRangeException	在试图使用小于 0 或超出数组界限的索引访问数组时引发此异常
System.InvalidCastException	当进行不合法的类型转换时就会引发此异常
System.NullReferenceException	试图访问为 null 的对象成员就会引发此异常
System.OutOfMemoryException	尝试分配内存失败时引发此异常
System.OverflowException	在选中的上下文中进行算术运算、类型转换操作时发生溢出引发的异常
System.StackOverflowException	在方法调用过多而导致执行堆栈溢出时引发此异常
System.TypeInitializationException	在静态构造函数引发异常并且没有可以捕捉到它的 catch 子句时引发此异常

4.4.2 异常处理语句

在 C#程序中，可以使用异常处理语句处理异常，主要的异常处理语句有 try...catch 语句、try...catch...finally 语句和 throw 语句。这 3 个异常处理语句可以对可能产生异常的代码进行监控，下面将对这 3 个异常处理语句进行详细讲解。

异常处理语句

1．try...catch 和 try...catch...finally 语句

try...catch 语句允许在 try 后面的大括号{}中放置可能发生异常情况的代码，对这些代码进行监控；在 catch 后面的大括号{}中放置处理异常的代码，以解决程序发生的异常情况。try...catch 语句的语法格式如下：

```
try
{
    被监控的代码；
}
```

```
catch(异常类名　异常变量名)
{
        异常处理;
}
```

在 catch 子句中,异常类名必须为 System.Exception 或从 System.Exception 派生的类型。当 catch 子句指定了异常类名和异常变量名后,就相当于声明了一个具有给定名称和类型的异常变量,此异常变量表示在 try 子句中监控到的异常。

另外,将 finally 语句与 try...catch 语句结合,可以形成 try...catch...finally 语句。finally 语句以语句块的形式存在,它被放在所有 try...catch 语句的最后面。当程序执行完毕时,会执行 finally 语句块中的代码。语法格式如下:

```
try
{
        被监控的代码;
}
catch(异常类名　异常变量名)
{
        异常处理;
}
…
finally
{
        语句块;
}
```

说明:无论是否引发了异常,都可以使用 finally 语句清理代码。如果分配了昂贵或有限的资源(如数据库连接或流),则应将释放这些资源的代码放置在 finally 语句块中。

【例 4-10】 创建一个控制台应用程序,使用 try...catch...finally 语句捕获除数为 0 的异常信息并输出。代码如下:

```
static void Main(string[] args)
{
    try
    {
        int i = 50;                          //声明一个 int 类型的变量 i
        int j = 0;                           //声明一个 int 类型的变量 j
        int num;                             //声明一个 int 类型的变量 num
        num = i / j;                         //执行除法运算
    }
    catch (Exception ex)                     //捕获异常
    {
        Console.WriteLine("捕获异常: " + ex); //输出异常
    }
    finally
    {
        Console.WriteLine("执行完毕! ");
    }
    Console.ReadLine();
}
```

程序的运行结果如图 4-11 所示。

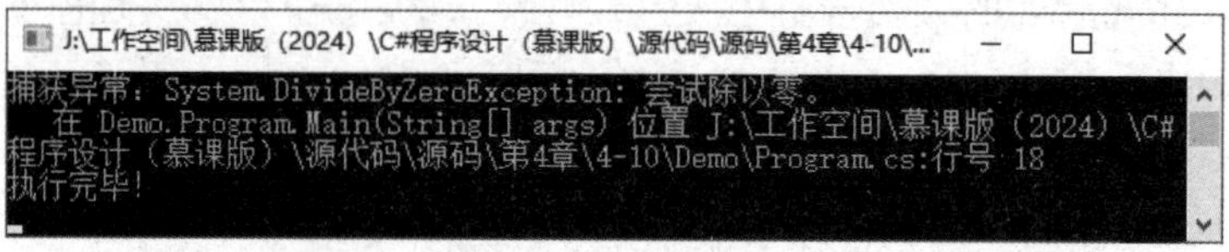

图 4-11　使用 try…catch…finally 语句捕获除数为 0 的异常

说明： 在调试程序或查找错误代码时，可以通过 AI 大模型工具来帮助自己更快、更方便地找到问题所在。比如，在百度文心一言大模型工具中输入上面的代码，让文心一言找到这段代码的问题，如图 4-12 所示。

AI 大模型工具会快速地对这段代码进行分析，并给出修改后的代码，如图 4-13 所示。

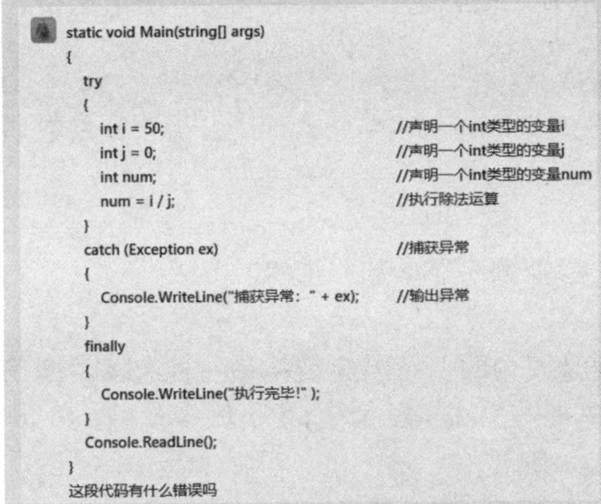

图 4-12　在 AI 大模型工具中输入代码

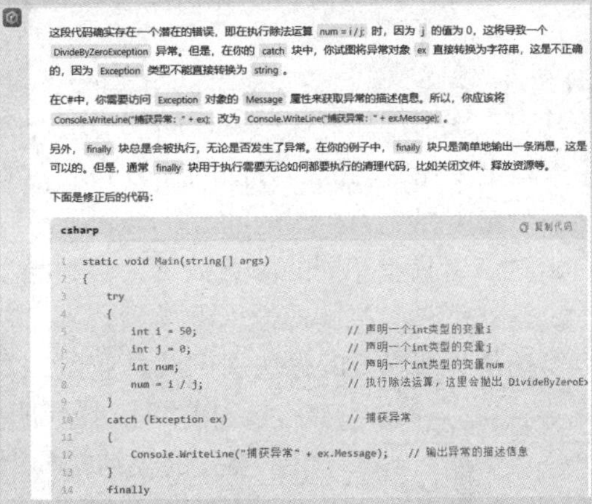

图 4-13　AI 大模型工具快速分析代码并给出修改方案

2. throw 语句

throw 语句用于主动引发一个异常，使用 throw 语句可以在特定的情形下，自行抛出异常。throw 语句的语法格式如下：

```
throw  ExObject;
```

参数 ExObject 表示要抛出的异常对象，这个异常对象是派生自 System.Exception 类的对象。

说明： 通常 throw 语句与 try...catch 或 try...catch...finally 语句一起使用。当引发异常时，程序查找并处理此异常的 catch 语句。也可以用 throw 语句重新引发已捕获的异常。

例如，使用 throw 语句抛出除数为 0 时的异常信息，代码如下：

```
int i=50;                                  //声明一个 int 类型的变量 i
int j=0;                                   //声明一个 int 类型的变量 j
int num;                                   //声明一个 int 类型的变量 num
if (j == 0)                                //判断 j 是否等于 0，若等于 0，则抛出异常
{
    throw new DivideByZeroException();     //抛出 DivideByZeroException 异常
}
num = i / j;                               //计算 i 除以 j 的值
```

4.5 委托和匿名方法

为了实现方法的参数化，C#提出了委托的概念。委托是一种引用方法的类型，即委托是方法的引用，一旦为委托分配了方法，委托将与该方法具有完全相同的行为。另外，.NET 中为了简化委托方法的定义，提出了匿名方法的概念。本节将对委托和匿名方法进行讲解。

4.5.1　委托

委托

C#中的委托（Delegate）是一种引用类型，该引用类型与其他引用类型有所不同。在委托对象中存放的不是对数据的引用，而是对方法的引用，即在委托的内部包含一个指向某个方法的指针。通过使用委托把方法的引用封装在委托对象中，然后将委托对象传递给调用该方法的代码。委托类型的声明语法格式如下：

> 【修饰符】 delegate 【返回值类型】 【委托名称】（【参数列表】）

其中，修饰符是可选项；返回值类型、关键字 delegate 和委托名称是必需项；参数列表用来指定委托所匹配的方法的参数列表，所以是可选项。

一个与委托类型相匹配的方法必须满足以下两个条件。

❑ 这二者具有相同的参数数目、参数类型、参数顺序、参数修饰符。

❑ 这二者具有相同的返回值类型。

委托是类型安全的方法引用，之所以说委托是安全的，是因为委托是一种数据类型，并且任何委托对象都是 System.Delegate 类的某个派生类的一个对象。委托的类结构如图 4-14 所示。

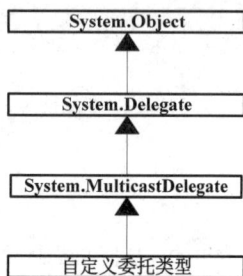

图 4-14　委托的类结构

从图 4-14 中可以看出，任何自定义委托类型都继承 System.Delegate 类型。下面通过一个具体的例子来说明委托的定义及应用。

【例 4-11】　创建一个控制台应用程序。首先定义一个实例方法 Add，该方法将作为自定义委托类型 MyDelegate 的匹配方法；然后在控制台应用程序的默认类 Program 中定义一个委托类型 MyDelegate；接着在应用程序的主方法 Main 中创建该委托类型的实例 md 并与 Add 方法绑定。代码如下：

```csharp
public class TestClass
{
    public int Add(int x,int y)
    {
        return x+y;
    }
}
class Program
{
    public delegate int MyDelegate(int x, int y);   //定义一个委托类型
    static void Main(string[] args)
    {
        TestClass tc = new TestClass();
        MyDelegate md = tc.Add;                      //创建委托类型的实例md，并绑定到Add方法
        int intSum = md(2, 3);                       //委托的调用
        Console.WriteLine("运算结果是: "+intSum.ToString());
        Console.Read();
    }
}
```

上面代码中的自定义委托类型 MyDelegate 继承 System.MulticastDelegate，并且该自定义委托类型包含一个名为 Invoke 的方法，该方法接收两个整型参数并返回一个整数值。也就是说，Invoke 方法的参数及返回值类型与 Add 方法完全相同。实际上程序在进行委托调用时就是调用了 Invoke 方法，所以上面的委托调用完全可以写成下面的形式：

```csharp
int intSum = md.Invoke(2, 3);                        //委托的调用
```

其实，上面的这种形式更有利于初学者理解。本实例的运行结果为"运算结果是：5"。

4.5.2 匿名方法

匿名方法

为了提高委托的可操作性，C#提出了匿名方法的概念，它在一定程度上减少了代码量，并简化了委托引用方法的过程。

匿名方法允许将与委托关联的代码内联地写入使用委托的位置，这使得委托的实例化更直接。除了这种便利外，匿名方法还可以访问其所在作用域的本地变量和函数成员。匿名方法的语法格式如下：

```
delegate(【参数列表】)
{
    【代码块】;
}
```

【例 4-12】 创建一个控制台应用程序。首先定义一个无返回值且其参数为字符串的委托 DelOutput；然后在控制台应用程序的默认类 Program 中定义一个静态方法 NamedMethod，使该方法与委托 DelOutput 相匹配；接着在 Main 方法中定义一个匿名方法 delegate(string j)，并创建委托 DelOutput 的对象 del；最后通过委托对象 del 调用匿名方法和命名方法（NamedMethod）。代码如下：

```
delegate void DelOutput(string s);            //自定义委托类型
class Program
{
    static void NamedMethod(string k)         //与委托匹配的命名方法
    {
        Console.WriteLine(k);
    }
    static void Main(string[] args)
    {
        //委托的引用指向匿名方法 delegate(string j){}
        DelOutput del = delegate(string j)
        {
            Console.WriteLine(j);
        };
        del.Invoke("匿名方法被调用");           //委托对象 del 调用匿名方法
        //del("匿名方法被调用");                //委托也可使用这种方式调用匿名方法
        Console.Write("\n");
        del = NamedMethod;                     //委托绑定命名方法 NamedMethod
        del("命名方法被调用");                  //委托对象 del 调用命名方法
        Console.ReadLine();
    }
}
```

程序运行结果为：

```
匿名方法被调用

命名方法被调用
```

4.6 事件

C#中的事件是指某个类的对象在运行过程中遇到的特定事情，而这些特定事情有必要通知给这个对象的使用者。当发生与某个对象相关的事件时，类会将这一事件通知给用户，这种通知称为"引发事件"。引发事件的对象称为事件的源或发送者。对象引发事件的原因很多，例如响应对象数据的更改、长时间运行的进程完成或服务中断等。

对于事件的相关理论和实现技术细节，本节将从委托的发布和订阅、事件的发布和订阅、EventHandler 类和 Windows 事件概述这 4 个方面进行讲解。

4.6.1　委托的发布和订阅

委托能够引用方法，而且能够链接和删除其他委托对象，所以可以通过委托来实现"发布和订阅"这两个必要的过程。委托实现事件处理通常需要以下 4 个步骤。

（1）定义委托类型，并在发布者类中定义一个委托类型的公有成员。

（2）在订阅者类中定义事件处理方法。

（3）订阅者对象将事件处理方法链接到发布者对象的委托成员（公有成员）上。

（4）发布者对象在特定的情况下"激发"委托操作，从而自动调用订阅者对象的事件处理方法。

委托的发布
和订阅

下面以学校铃声为例。通常，学生会对上下课铃声做出相应的动作响应。例如，打上课铃，学生开始学习；打下课铃，学生开始休息。下面就通过委托的发布和订阅来实现这个功能。

【例 4-13】　创建一个控制台应用程序，通过委托来实现学生对铃声所做出的响应，具体步骤如下。

（1）定义一个委托类型 RingEvent，其整型参数 ringKind 表示铃声种类（1 表示上课铃声，2 表示下课铃声），具体代码如下：

```
public delegate void RingEvent(int ringKind); //声明一个委托类型
```

（2）定义委托发布者类 SchoolRing。在该类中定义一个 RingEvent 类型的公有成员（即委托成员，用来进行委托发布），再定义一个成员方法 Jow，用来激发委托操作，代码如下：

```
public class SchoolRing                          //定义发布者类
{
    public RingEvent OnBellSound;                //委托发布
    public void Jow(int ringKind)                //实现打铃操作
    {
        if (ringKind == 1 || ringKind == 2)      //判断打铃参数是否合法
        {
            Console.Write(ringKind == 1 ? "上课铃声响了，" : "下课铃声响了，");
            if (OnBellSound != null)             //如果不等于空，则说明它已经订阅了具体的方法
            {
                OnBellSound(ringKind);           //回调 OnBellSound 委托所订阅的具体方法
            }
        }
        else
        {
            Console.WriteLine("这个铃声参数不正确！");
        }
    }
}
```

（3）由于学生会对铃声做出相应的动作响应，所以这里定义一个 Students 类。在该类中定义一个铃声事件的处理方法 SchoolJow，并在某个时刻或状态下链接到 SchoolRing 类的对象的 OnBellSound 委托上。另外，在订阅完毕之后，还可以通过 CancelSubscribe 方法删除订阅，具体代码如下：

```
public class Students                                   //定义订阅者类
{
    public void SubscribeToRing(SchoolRing schoolRing)  //学生订阅铃声
```

```
    {
        schoolRing.OnBellSound += SchoolJow;        //通过委托的链接操作进行订阅
    }
    public void SchoolJow(int ringKind)             //事件的处理方法
    {
        if (ringKind == 2)                          //打下课铃
        {
            Console.WriteLine("学生开始课间休息！");
        }
        else if (ringKind == 1)                     //打上课铃
        {
            Console.WriteLine("学生开始认真学习！");
        }
    }
    public void CancelSubscribe(SchoolRing schoolRing)   //取消订阅铃声
    {
        schoolRing.OnBellSound -= SchoolJow;
    }
}
```

（4）当发布者类 SchoolRing 的对象调用 Jow 方法进行打铃时，就会自动调用 Students 类的对象的 SchoolJow 事件处理方法，代码如下：

```
class Program
{
    static void Main(string[] args)
    {
        SchoolRing sr = new SchoolRing();                   //创建一个事件发布者实例
        Students student = new Students();                  //创建一个事件订阅者实例
        student.SubscribeToRing(sr);                        //学生订阅学校铃声
        Console.Write("请输入打铃参数（1：表示打上课铃；2：表示打下课铃）：");
        sr.Jow(Convert.ToInt32(Console.ReadLine()));        //开始打铃动作
        Console.ReadLine();
    }
}
```

本例运行结果如图 4-15 所示。

图 4-15　委托发布和订阅铃声

4.6.2　事件的发布和订阅

委托可以进行发布和订阅，从而使不同的对象对特定的情况做出反应。但这种机制存在一个问题，即外部对象可以任意修改已发布的委托（因为这个委托仅是一个普通的类的公有成员），这会影响到其他对象对委托的订阅（使委托丢掉了其他的订阅）。比如，在进行委托的订阅时，使用"="运算符而不是"+="运算符，或者设置委托指向一个空引用，这些都会对委托的安全造成严重的威胁。

事件的发布和订阅

例如，使用"="运算符进行委托的订阅，或者设置委托指向一个空引用，代码如下：

```
    public void SubscribeToRing(SchoolRing schoolRing)      //学生订阅铃声
    {
        //通过赋值运算符进行订阅，使委托 OnBellSound 丢掉了其他的订阅
        schoolRing.OnBellSound = SchoolJow;
    }
```

或

```
public void SubscribeToRing(SchoolRing schoolRing)          //学生订阅铃声
{
    schoolRing.OnBellSound = null;                          //取消委托订阅的所有内容
}
```

为了解决这个问题，C#提供了专门的事件处理机制，以保证事件订阅的可靠性。其做法是在发布委托的定义中加上 event 关键字，其他代码不变。例如：

```
public event RingEvent OnBellSound;                         //事件发布
```

经过这个简单的修改后，再使用 OnBellSound 委托时，就只能将其放在赋值运算符"+="或"–="的左侧。而直接使用"="运算符，编译系统会报错，例如下面的代码是错误的：

```
schoolRing.OnBellSound = SchoolJow;                         //系统会报错
schoolRing.OnBellSound = null;                              //系统会报错
```

这样就解决了上面出现的安全隐患。通过这个分析可以看出事件是一种特殊的类型，发布者在发布一个事件之后，订阅者对它只能进行自身的订阅或取消，而不能干涉其他订阅者。

> 说明：事件是类的一种特殊成员，即使是公有事件，除了其所属类之外，其他类只能对其进行订阅或取消订阅，别的任何操作都是不被允许的，因此事件具有特殊的封装性。和一般委托成员不同，某个类型的事件只能由自身触发。例如，在 Students 类的成员方法中，使用 schoolRing.OnBellSound 直接调用 SchoolRing 类的对象的 OnBellSound 事件是不被允许的，因为 OnBellSound 这个事件只能在包含其自身定义的发布者类中被调用。

4.6.3 EventHandler 类

在事件发布和订阅的过程中，定义事件的类型（即委托类型）是一件重复性的工作。为此，.NET 类库定义了一个 EventHandler 类，应尽量使用该类作为事件的委托类型。该委托类型的定义为：

EventHandler 类

```
public delegate void EventHandler(object sender,EventArgs e);
```

其中，object 类型的参数 sender 表示引发事件的对象，由于事件成员只能由类本身（即事件的发布者）触发，因此在触发时传递给该参数的值通常为 this。例如，可将 SchoolRing 类的 OnBellSound 事件定义为 EventHandler 委托类型，那么触发该事件的代码就是"OnBellSound(this,null);"。

事件的订阅者可以通过 sender 参数来了解是哪个对象触发的事件（这里当然是事件的发布者），不过在访问对象时通常要进行强制类型转换。例如，Students 类对 OnBellSound 事件的处理方法可以修改为：

```
public void SchoolJow(object sender , EventArgs e)
{
    if (((RingEventArgs)e).RingKind == 2)                   //将 e 强制转化为 RingEventArgs 类型
    {
        Console.WriteLine("学生开始课间休息! ");
    }
    else if (((RingEventArgs)e).RingKind==1)                //将 e 强制转化为 RingEventArgs 类型
    {
        Console.WriteLine("学生开始认真学习! ");
    }
}
public void CancelSubscribe(SchoolRing schoolRing)  //取消订阅铃声
{
    schoolRing.OnBellSound -= SchoolJow;
}
```

EventHandler 委托类型的第二个参数 e 表示事件中包含的数据。如果发布者还要向订阅者传递事件数据，就需要定义 EventArgs 类的派生类。例如，要把打铃参数（1 或 2）传入事件中，则可以定义如下的 RingEventArgs 类：

```
public class RingEventArgs : EventArgs
{
    private int ringKind;                       //描述铃声种类的字段
    public int RingKind
    {
        get { return ringKind; }                //获取打铃参数
    }
    public RingEventArgs(int ringKind)
    {
        this.ringKind = ringKind;               //在构造函数中初始化铃声参数
    }
}
```

而 SchoolRing 的实例在触发 OnBellSound 事件时，就可以将 RingEventArgs 类的对象作为参数传递给 EventHandler 委托类型，下面是触发 OnBellSound 事件的主要代码：

```
public event EventHandler OnBellSound;          //事件发布
public void Jow(int ringKind)                   //打铃方法
{
    if (ringKind == 1 || ringKind == 2)
    {
        Console.Write(ringKind == 1 ? "上课铃声响了，" : "下课铃声响了，");
        if (OnBellSound != null)                //如果不等于空，则说明它已经订阅了具体的方法
        {
            //为了安全，事件成员只能由类本身触发（this）
            OnBellSound(this,new RingEventArgs(ringKind));//回调事件所订阅的方法
        }
    }
    else
    {
        Console.WriteLine("这个铃声参数不正确！");
    }
}
```

由于 EventHandler 原始定义中的参数类型是 EventArgs，因此订阅者在读取参数内容时需要进行强制类型转换，例如：

```
public void SchoolJow(object sender,EventArgs e)
{
    if (((RingEventArgs)e).RingKind == 2)       //打了下课铃
    {
        Console.WriteLine("学生开始课间休息！");
    }
    else if (((RingEventArgs)e).RingKind==1)    //打了上课铃
    {
        Console.WriteLine("学生开始认真学习！");
    }
}
```

4.6.4　Windows 事件概述

事件在 Windows 图形界面程序中有着极其广泛的应用，事件响应是程序与用户交互的基础。用户的绝大多数操作，如移动鼠标、单击按钮、改变光标位置、选择菜单项等都可以触发相关的控件事件。以 Button 控件为例，其成员 Click 就是一个 EventHandler 类的事件：

Windows 事件
概述

```
public event EventHandler Click;
```
用户单击按钮时，Button 对象就会调用其受保护的成员方法 OnClick（它包含了触发

Click 事件的代码），并通过该方法来触发 Click 事件。

例如，Form1 窗体包含一个名为 button1 的按钮，那么可以在该窗体的构造函数中关联事件处理方法，并在事件处理方法中执行所需要的功能，代码如下：

```
public Form1()
{
    InitializeComponent();
    button1.Click+= new EventHandler(button1_Click);         //关联事件处理方法
}
private void button1_Click(object sender,EventArgs e)
{
    this.Close();
}
```

4.7 泛型

泛型是用于处理算法、数据结构的一种编程方法，它的目标是采用广泛适用和可交互的形式来表示算法和数据结构，以使它们能够直接用于软件构造中。泛型类、泛型结构、泛型接口、泛型委托和泛型方法可以根据它们存储和操作的数据的类型来进行参数化。泛型能在编译时提供强大的类型检查，减少了显式的类型转换、装箱操作和运行时的类型检查。泛型通常用在集合和在集合上运行的方法中。

4.7.1 类型参数 T

泛型的类型参数 T 可以看作一个占位符，它不是一种类型，它仅代表某种可能的类型。在定义泛型时，T 可以用任何类型来代替。类型参数 T 的命名准则如下。

- 使用描述性名称命名泛型的类型参数，除非单个字母名称就可以让人了解它表示的含义。例如，使用代表一定意义的单词作为类型参数 T 的名称，代码如下：

```
public interface IStudent<TStudent>
public delegate void ShowInfo<TKey, TValue>
```

- 将 T 作为类型参数名，代码如下：

```
public interface IStudent<T>
{
    T Sex { get; }
}
```

4.7.2 泛型接口

泛型接口的声明形式如下：

```
interface 【接口名】<T>
{
    【接口体】;
}
```

声明泛型接口时，与声明一般接口的唯一区别是增加了一个<T>。一般来说，声明泛型接口与声明非泛型接口遵循相同的规则。泛型类型声明所实现的接口必须对所有可能的构造类型都保持唯一，否则就无法确定它为某些构造类型调用哪个方法。

例如，定义一个泛型接口 ITest<T>，在该接口中声明 CreateIObject 方法。然后定义 ITest<T>接口的派生类 Test<T, TI>，并在此类中实现该接口的 CreateIObject 方法。代码如下：

```
public interface ITest<T>                              //创建一个泛型接口
{
    T CreateIObject();                                 //在接口中定义 CreateIObject 方法
}
//实现上面泛型接口的泛型类
//派生约束 where T : TI（T 要继承 TI）
//构造函数约束 where T : new()（T 可以实例化）
public class Test<T, TI> : ITest<TI> where T : TI, new()
{
    public TI CreateIObject()                          //实现接口中的 CreateIObject 方法
    {
        return new T();                                //返回 T 类型的对象
    }
}
```

4.7.3 泛型方法

泛型方法的声明形式如下：

```
【修饰符】void【方法名】<类型参数 T>
{
    【方法体】;
}
```

泛型方法

泛型方法是声明中包含类型参数 T 的方法。泛型方法可以在类、结构或接口中声明，这些类、结构或接口本身可以是泛型或非泛型的。如果在泛型类中声明泛型方法，则泛型方法可以同时引用该方法的类型参数 T 和泛型类中的类型参数 T。

【例 4-14】 创建一个控制台应用程序，通过泛型方法实现计算商品销售额的功能。在具体实现时，首先定义 Sale 类，表示销售类，在该类中定义一个泛型方法 CaleMoney<T>(T[] items)，用来计算商品销售额（单位：元）；在 Program 类的 Main 方法中，定义存储每月销售数据的数组，然后调用 Sale 类中的泛型方法计算每月的总销售额并输出。代码如下：

```
public class Sale                                      //创建 Sale 类，表示销售类
{
    public static double CaleMoney<T>(T[] items)       //定义泛型方法
    {
        double sum = 0;
        foreach (T item in items)                      //遍历泛型参数数组
        {
            sum += Convert.ToDouble(item);
        }
        return sum;                                    //返回计算结果
    }
}
class Program
{
    static void Main(string[] args)
    {
        //创建数组，用来存储 1～6 月每月的销售数据
        double[] dbJan = { 3500, 999, 3288, 1999, 12888 };
        double[] dbFeb = { 1499, 1699 };
        double[] dbMar = { 3288, 1998, 1999.9, 49 };
        double[] dbApr = { 98, 1298, 298, 298, 69,1999,1699 };
        double[] dbMay = { 4500, 5288, 1698, 2188, 2999,3999,6088,298 };
        double[] dbJun = { 1280, 99, 399, 998, 5288,5288,1298 };
        Console.WriteLine("———上半年销售数据———\n");
        //调用泛型方法计算每月的总销售额并输出
        Console.WriteLine("1月商品总销售额: " + Sale.CaleMoney<double>(dbJan));
        Console.WriteLine("2月商品总销售额: " + Sale.CaleMoney<double>(dbFeb));
```

```
        Console.WriteLine("3 月商品总销售额: " + Sale.CaleMoney<double>(dbMar));
        Console.WriteLine("4 月商品总销售额: " + Sale.CaleMoney<double>(dbApr));
        Console.WriteLine("5 月商品总销售额: " + Sale.CaleMoney<double>(dbMay));
        Console.WriteLine("6 月商品总销售额: " + Sale.CaleMoney<double>(dbJun));
        Console.ReadLine();
    }
}
```

程序的运行结果如图 4-16 所示。

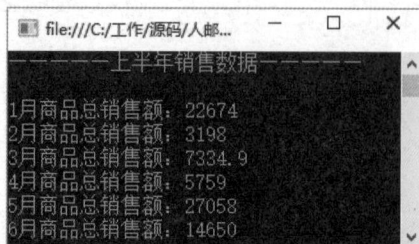

图 4-16　通过泛型方法实现计算商品销售额的功能

4.8　AI 辅助编程——简易学校管理系统

在学习 C#面向对象编程的过程中，可以利用 AI 来帮助我们巩固本章所学的知识，设计相应的实例。以下是在 AI 工具中的一个可能的对话示例。

【问题】

编写一个实例，帮助我巩固 C#中面向对象编程知识，包括接口、继承、多态、委托和泛型等内容。

【AI 建议】

下面是一个综合性的 C#示例程序，涵盖面向对象编程的核心概念，包括接口、继承、多态、委托和泛型。这个示例程序将创建一个简单的学校管理系统，其中包括教师、学生和课程等实体：

```
using System;
using System.Collections.Generic;
//定义一个接口 ITeachable，表示可以教授的实体
public interface ITeachable
{
    void Teach(string subject);
}
//定义一个基类 Person，表示人的基本信息
public abstract class Person
{
    public string Name { get; set; }
    public int Age { get; set; }
    public Person(string name, int age)
    {
        Name = name;
        Age = age;
    }
    public abstract void DisplayInfo();
}
//定义一个 Teacher 类，继承 Person 类并实现 ITeachable 接口
public class Teacher : Person, ITeachable
{
    public string Subject { get; set; }
    public Teacher(string name, int age, string subject) : base(name, age)
```

```
        {
            Subject = subject;
        }
        public override void DisplayInfo()
        {
            Console.WriteLine($"姓名：{Name}，年龄：{Age}，教授科目：{Subject}");
        }
        public void Teach(string subject)
        {
            Console.WriteLine($"{Name} 正在教授 {subject}");
        }
    }
    //定义一个 Student 类，继承 Person 类
    public class Student : Person
    {
        public List<string> Subjects { get; set; } = new List<string>();
        public Student(string name, int age) : base(name, age)
        {
        }
        public void EnrollInSubject(string subject)
        {
            Subjects.Add(subject);
        }
        public override void DisplayInfo()
        {
            Console.WriteLine($"姓名：{Name}，年龄：{Age}，学习科目：{string.Join(", ", Subjects)}");
        }
    }
    //定义一个 Course 类，表示课程
    public class Course
    {
        public string Name { get; set; }
        public List<Person> Participants { get; set; } = new List<Person>();
        public void AddParticipant(Person participant)
        {
            Participants.Add(participant);
        }
        public void DisplayParticipants()
        {
            Console.WriteLine($"课程名称：{Name}");
            Console.WriteLine("参与者：");
            foreach (var participant in Participants)
            {
                participant.DisplayInfo();
            }
        }
    }
    //定义一个委托，表示教学行为
    public delegate void TeachingDelegate(string subject);
    class Program
    {
        static void Main(string[] args)
        {
            //创建教师对象
            Teacher teacher1 = new Teacher("张老师", 35, "数学");
            //创建学生对象
            Student student1 = new Student("小明", 15);
            Student student2 = new Student("小红", 16);
            //学生报名课程
            student1.EnrollInSubject("数学");
            student2.EnrollInSubject("数学");
            //创建课程对象
            Course mathCourse = new Course { Name = "数学课程" };
```

```
    mathCourse.AddParticipant(teacher1);
    mathCourse.AddParticipant(student1);
    mathCourse.AddParticipant(student2);
    //显示课程参与者信息
    mathCourse.DisplayParticipants();
    //使用委托调用教师的教学方法
    TeachingDelegate teachMath = new TeachingDelegate(teacher1.Teach);
    teachMath("数学");
    //使用泛型方法处理课程参与者
    ProcessParticipants(mathCourse.Participants);
    Console.ReadLine();
}
//泛型方法，处理课程参与者
public static void ProcessParticipants<T>(List<T> participants) where T : Person
{
    Console.WriteLine("\n 处理课程参与者: ");
    foreach (var participant in participants)
    {
        participant.DisplayInfo();
    }
}
}
```

【测试结果】

课程名称：数学课程
参与者：
姓名：张老师，年龄：35，教授科目：数学
姓名：小明，年龄：15，学习科目：数学
姓名：小红，年龄：16，学习科目：数学

张老师 正在教授 数学

处理课程参与者：
姓名：张老师，年龄：35，教授科目：数学
姓名：小明，年龄：15，学习科目：数学
姓名：小红，年龄：16，学习科目：数学

该示例展示了如何在 C#程序中使用接口、继承、多态、委托和泛型等面向对象编程的知识。示例程序构建了一个简易学校管理系统，涵盖教师、学生和课程等实体，并展示了如何使用委托和泛型方法来处理这些实体。

4.9 小结

本章对面向对象编程的进阶知识进行了详细讲解。在学习本章内容时，读者需要重点掌握类的继承与多态、接口的使用方法、集合及泛型的应用。本章的难点是委托和事件的应用。另外，对于结构、索引器、异常处理等知识点，读者熟悉它们的使用方法即可。

上机指导

4.10 上机指导

模拟输出进销存管理系统中的每月（1~3 月）销售明细。运行程序，输入要查询的月份。如果输入的月份正确，则显示该月销售明细和销售额（单位：元）；如果输入的月份不存在，则提示"该月没有销售数据或者输入的月份有误！"信息；如果输入的不是数字，则显示异常信息。程序运行结果如图 4-17 所示。

程序开发步骤如下。

（1）创建一个控制台应用程序，命名为 SaleManage。

（2）打开 Program.cs 文件，定义一个 Information 接口。在其中定义两个属性 Code 和 Name，分别表示商品的编号和名称，同时定义一个 ShowInfo 方法，用来输出信息。代码如下：

```
interface Information                  //定义接口
{
    string Code { get; set; }         //编号属性及实现
    string Name { get; set; }         //名称属性及实现
    void ShowInfo();                  //用来输出信息
}
```

图 4-17 输出进销存管理
系统中的每月销售明细

（3）定义一个 Sale 类，继承 Information 接口。首先实现接口中的成员；然后定义一个有两个参数的构造函数，用来为属性赋初始值；定义一个 ShowInfo 重载方法，用来输出销售的商品的信息；定义一个泛型方法 CaleMoney<T>(T[ ] items)，用来计算每月总销售额。代码如下：

```
public class Sale : Information                      //继承接口，定义销售类
{
    string code = "";
    string name = "";
    public string Code                              //实现编号属性
    {
        get
        {
            return code;
        }
        set
        {
            code = value;
        }
    }
    public string Name                              //实现名称属性
    {
        get
        {
            return name;
        }
        set
        {
            name = value;
        }
    }
    public Sale(string code, string name)           //定义构造函数，为属性赋初始值
    {
        Code = code;
        Name = name;
    }
    public void ShowInfo(){ }                        //实现接口方法
    public static void ShowInfo(Sale[] sales)        //定义 ShowInfo 方法，输出销售的商品的信息
    {
        foreach (Sale s in sales)
            Console.WriteLine("商品编号："+s.Code + " 商品名称:  " + s.Name);
    }
    public static double CaleMoney<T>(T[] items)     //定义泛型方法
    {
        double sum = 0;
        foreach (T item in items)                    //遍历泛型参数数组
            sum += Convert.ToDouble(item);
```

面向对象编程进阶 | 第 4 章

```
        return sum;                          //返回计算结果
    }
}
```

（4）在 Program 类的 Main 方法中，创建 Sale 类型的数组，用来存储每月销售的商品的信息；创建 double 类型的数组，用来存储每月的销售数据；然后根据用户的输入，调用 Sale 类中的方法，输出指定月份的销售明细。代码如下：

```
static void Main(string[] args)
{
    Console.WriteLine("———销售明细———");
    //创建 Sale 数组，用来存储 1～3 月份每月销售的商品的信息
    Sale[] salesJan = { new Sale("T0001", "笔记本计算机"), new Sale("T0002", "手机"), new
Sale("T0003", "平板计算机"), new Sale("T0004", "5G手机"), new Sale("T0005", "台式计算机") };
    Sale[] salesFeb = { new Sale("T0006", "机箱"), new Sale("T0007", "显示器") };
    Sale[] salesMar = { new Sale("T0003", "平板计算机"), new Sale("T0004", "5G手机"), new
Sale("T0008", "组装计算机"), new Sale("T0009", "充电宝") };
    //创建数组，用来存储 1～3 月份每月的销售数据
    double[] dbJan = { 3500, 999, 3288, 1999, 12888 };
    double[] dbFeb = { 1499, 1699 };
    double[] dbMar = { 3288, 1999, 1999.9, 49 };
    while (true)
    {
        Console.Write("\n请输入要查询的月份（比如1、2、3）: ");
        try
        {
            int month = Convert.ToInt32(Console.ReadLine());
            switch (month)
            {
                case 1:
                    Console.WriteLine("1月份的商品销售明细如下：");
                    Sale.ShowInfo(salesJan);              //调用方法输出销售的商品的信息
                    Console.WriteLine("\n1月商品总销售额: " + Sale.CaleMoney<double>(dbJan));
                                                         //调用泛型方法计算每月的总销售额并输出
                    break;
                case 2:
                    Console.WriteLine("2月份的商品销售明细如下：");
                    Sale.ShowInfo(salesJan);
                    Console.WriteLine("\n2月商品总销售额: " + Sale.CaleMoney<double>(dbFeb));
                    break;
                case 3:
                    Console.WriteLine("3月份的商品销售明细如下：");
                    Sale.ShowInfo(salesJan);
                    Console.WriteLine("\n3月商品总销售额: " + Sale.CaleMoney<double>(dbMar));
                    break;
                default:
                    Console.WriteLine("该月没有销售数据或者输入的月份有误! ");
                    break;
            }
        }
        catch (Exception ex)                          //捕获可能出现的异常信息
        {
            Console.WriteLine(ex.Message);            //输出异常信息
        }
    }
}
```

4.11 习题

4-1 简述继承的主要作用。

4-2 base 关键字有什么作用？

4-3 实现多态有几种方法？分别进行描述。

4-4　结构和类有什么区别？

4-5　简述接口的主要作用，以及其与抽象类的区别。

4-6　列举.NET 中包含的 3 种集合类。

4-7　为什么要在委托中使用匿名方法？

4-8　委托和事件有什么关系？

4-9　描述泛型中类型参数 T 的主要作用。

第5章 Windows 应用程序开发

本章要点

- 开发 Windows 应用程序的步骤
- Windows 窗体的属性、方法和事件
- 常用 Windows 控件的使用方法
- 菜单、工具栏和状态栏的设计
- 对话框的使用方法
- 多文档界面的应用

Windows 环境中主流的应用程序是窗体应用程序，Windows 应用程序比命令行应用程序要复杂得多，理解它的结构的基础是理解窗体，所以深刻认识 Windows 窗体变得尤为重要。控件是开发 Windows 应用程序最基本的部分，每一个 Windows 应用程序的操作窗体都是由各种控件组合而成的。因此，熟练掌握控件是合理、有效地进行 Windows 应用程序开发的重要前提。本章将对 Windows 应用程序开发进行详细讲解。

5.1 开发 Windows 应用程序的步骤

使用 C#开发 Windows 应用程序时，一般包括创建项目、设计界面、设置属性、编写代码、保存项目、运行程序等 6 个步骤。

开发 Windows 应用
程序的步骤

【例 5-1】 下面以进销存管理系统的登录窗体为例，说明开发 Windows 应用程序的具体步骤。

1．创建项目

在开始菜单中打开 VS 2022，进入 VS 2022 的开始使用界面，选择"创建新项目"选项，进入"创建新项目"界面，在右侧选择"Windows 窗体应用（.NET Framework）"选项，并单击"下一步"按钮，如图 5-1 所示。

进入"配置新项目"界面，在该界面中，输入项目的名称，选择保存位置，然后选择"将解决方案和项目放在同一目录中"复选框，并选择.NET Framework 版本，单击"创建"按钮，如图 5-2 所示。

创建的 Windows 窗体应用程序如图 5-3 所示。

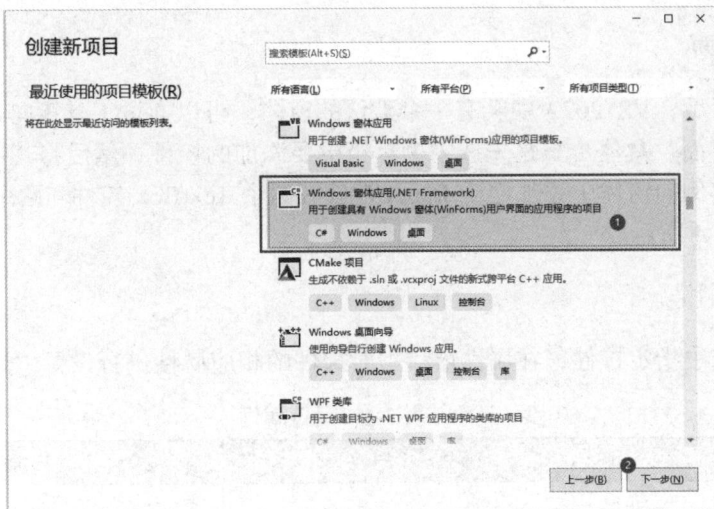

图 5-1 "创建新项目"界面

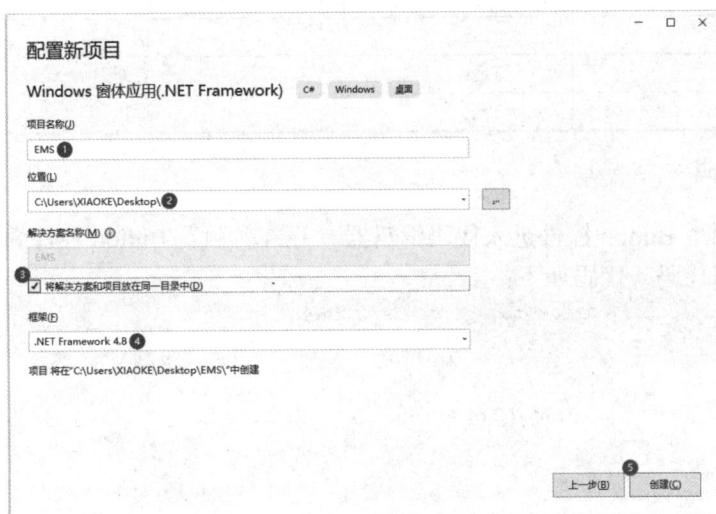

图 5-2 "配置新项目"界面

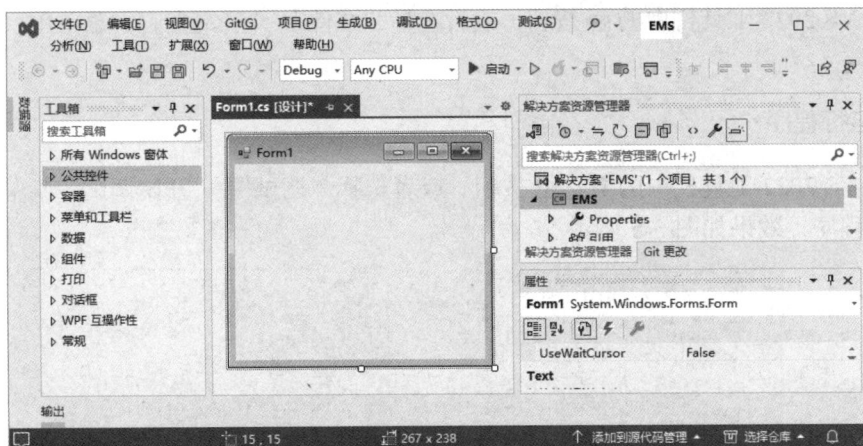

图 5-3 Windows 窗体应用程序

2．设计界面

创建完项目后，VS 2022 中会有一个默认的窗体，可以通过工具箱向其中添加各种控件来设计窗体界面。具体步骤是先选中工具箱中要添加的控件，然后将其拖放到窗体中的指定位置。本实例向窗体中添加两个 Label 控件、两个 TextBox 控件和两个 Button 控件，设计效果如图 5-4 所示。

3．设置属性

在窗体中选中指定控件，在属性窗口中对控件的相应属性进行设置，如表 5-1 所示。

表 5-1　设置属性

名称	属性	属性值
label1	Text	用户名：
label2	Text	密　码：
textBox1	Text	空
textBox2	Text	空
button1	Text	登录
button2	Text	退出

4．编写代码

分别双击两个 Button 控件进入代码编辑器，并自动触发 Button 控件的 Click 事件，可在该事件中编写代码，代码如下：

```
private void button1_Click(object sender, EventArgs e)
{

}
private void button2_Click(object sender, EventArgs e)
{

}
```

5．保存项目

单击 VS 2022 工具栏中的 🖫 按钮，或者选择"文件"/"全部保存"菜单项，即可保存当前项目。

6．运行程序

单击 VS 2022 工具栏中的 ▶ 启动 按钮，或者选择"调试"/"开始调试"菜单项，即可运行当前程序，效果如图 5-5 所示。

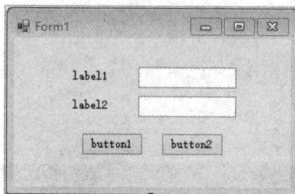

图 5-4　界面设计效果

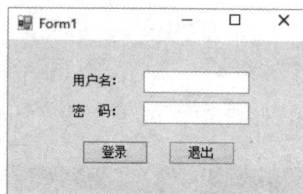

图 5-5　程序运行效果

5.2 Windows 窗体介绍

在 Windows 窗体应用程序中，窗体是向用户展示信息的可视界面，它是 Windows 窗体应用程序的基本单元。窗体也是对象，窗体类定义了生成窗体的模板，每实例化一个窗体类，就产生一个窗体。.NET Framework 类库的 System.Windows.Forms 命名空间中定义的 Form 类是所有窗体类的基类。

5.2.1 添加窗体

如果要向项目中添加一个新窗体，可以在解决方案资源管理器窗口中的项目名称上单击鼠标右键，在弹出的快捷菜单中选择"添加"/"窗体（Windows 窗体）"命令或者"添加"/"新建项"命令，打开"添加新项"对话框，选择"窗体（Windows 窗体）"选项，输入窗体名称后，单击"添加"按钮，向项目中添加一个新的窗体，如图 5-6 所示。

添加窗体

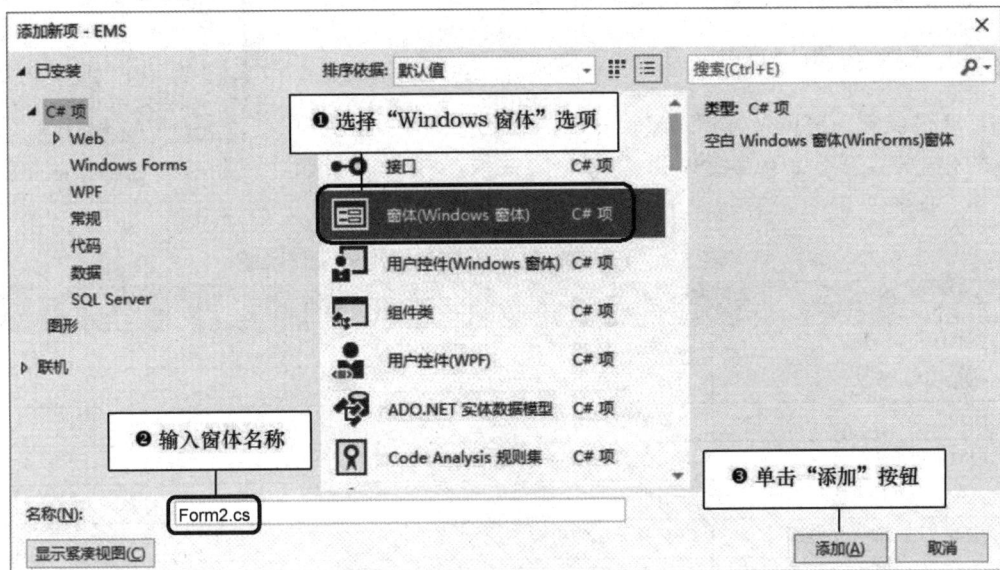

图 5-6 "添加新项"对话框

5.2.2 设置启动窗体

向项目中添加了多个窗体以后，如果要调试程序，必须要设置首先运行的窗体，这时就需要设置项目的启动窗体。项目的启动窗体是在 Program.cs 文件中设置的，在 Program.cs 文件中改变 Run 方法的参数，即可实现启动窗体的设置。

Run 方法用于在当前线程上运行标准应用程序，并使指定窗体可见。其语法格式如下：

设置启动窗体

```
public static void Run(Form mainForm)
```

其中，mainForm 代表要设为启动窗体的窗体。

例如，要将 Form1 窗体设置为项目的启动窗体，可以通过下面的代码实现：

5.2.3　设置窗体属性

Windows 窗体中包含一些基本的组成要素，比如图标、标题、位置和背景等。这些要素可以通过窗体的属性窗口进行设置，也可以通过代码实现，但是为了快速开发 Windows 窗体应用程序，通常都通过属性窗口进行设置。下面介绍 Windows 窗体的常用属性设置。

设置窗体属性

1．更换窗体的图标

添加一个新的窗体后，窗体的图标是系统默认的图标。如果想更换窗体的图标，可以在属性窗口中设置窗体的 Icon 属性，具体操作方法如下。

选中窗体，在窗体的属性窗口中选中 Icon 属性，会出现⌐按钮，如图 5-7 所示。单击⌐按钮，打开选择图标文件的对话框，在其中选择新的窗体图标文件，再单击"打开"按钮，即可完成窗体图标的更换。

图 5-7　窗体的 Icon 属性

2．隐藏窗体的标题栏

通过设置窗体的 FormBorderStyle 属性为 None，隐藏窗体的标题栏。FormBorderStyle 有 7 个属性值，相关说明如表 5-2 所示。

表 5-2　FormBorderStyle 的属性值及其说明

属性值	说明
Fixed3D	固定的三维边框
FixedDialog	固定的对话框样式的粗边框
FixedSingle	固定的单行边框
FixedToolWindow	不可调整大小的工具窗口边框
None	无边框
Sizable	可调整大小的边框
SizableToolWindow	可调整大小的工具窗口边框

3．控制窗体的显示位置

可以通过设置窗体的 StartPosition 属性来设置窗体的显示位置。StartPosition 有 5 个属性值，相关说明如表 5-3 所示。

表 5-3　StartPosition 的属性值及其说明

属性值	说明
CenterParent	窗体在其父窗体中居中
CenterScreen	窗体在当前的显示窗口中居中，其尺寸由 Size 属性指定
Manual	窗体的位置由 Location 属性确定
WindowsDefaultBounds	窗体定位在 Windows 默认位置，其边界也由 Windows 默认决定
WindowsDefaultLocation	窗体定位在 Windows 默认位置，其尺寸由 Size 属性指定

4．修改窗体的大小

在窗体的属性中，通过 Size 属性可以设置窗体的大小。双击窗体属性窗口中的 Size 属性，可以看到其下拉菜单中有 Width 和 Height 两个属性，分别用于设置窗体的宽度和高度。要想修改窗体的大小，只需更改 Width 和 Height 的属性值。窗体的 Size 属性如图 5-8 所示。

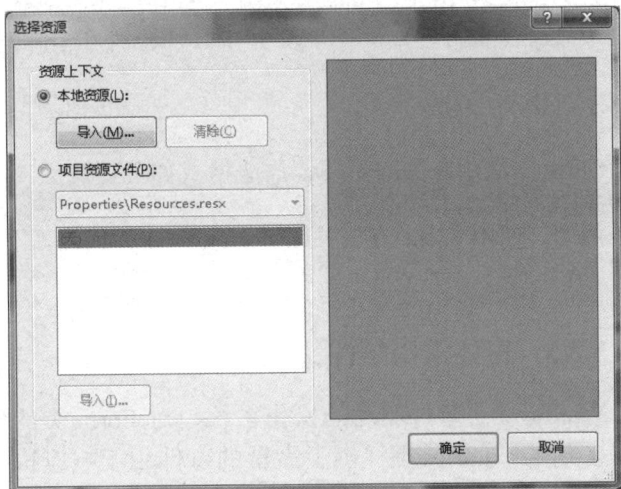

5．设置窗体背景图片

可以通过设置窗体的 BackgroundImage 属性实现设置窗体的背景图片，具体操作如下。

选中窗体属性窗口中的 BackgroundImage 属性，会出现⬚按钮，单击⬚按钮，打开"选择资源"对话框，如图 5-9 所示。"选择资源"对话框中有两个单选项，一个是"本地资源"，另一个是"项目资源文件"。选择"本地资源"单选项后，保存的是所选图片的路径；而选择"项目资源文件"单选项后，会将选择的图片保存到项目资源文件 Resources.resx 中。无论选择哪种方式，都需要单击"导入"按钮，选择背景图片，选择完成后单击"确定"按钮，完成窗体背景图片的设置。

图 5-8　窗体的 Size 属性　　　　　图 5-9　"选择资源"对话框

6．控制窗体总在最前

Windows 桌面允许多个窗体同时显示，但有时候根据实际情况需要将某一个窗体总显示在最前面，在 C#中可以通过设置窗体的 TopMost 属性来实现。该属性主要用来获取或设置一个值，这个值指示窗体是否显示为顶层窗体。设置为 true，表示窗体总在最前；设置为 false，表示窗体为普通窗体。

5.2.4　窗体常用方法

1．Show 方法

Show 方法用来显示窗体，它有两种重载形式，分别如下：

```
public void Show()
public void Show(IWin32Window owner)
```

❑ owner：表示实现 IWin32Window 接口并拥有调用该方法的窗体的顶层窗口的对象。

例如，使用 Show 方法显示 Form1 窗体，代码如下：

```
Form1 frm = new Form1();          //创建窗体对象
frm.Show();                       //调用 Show 方法显示窗体
```

2．Hide 方法

Hide 方法用来隐藏窗体，语法格式如下：

```
public void Hide()
```

例如，使用 Hide 方法隐藏 Form1 窗体，代码如下：

```
Form1 frm = new Form1();          //创建窗体对象
frm.Hide();                       //调用 Hide 方法隐藏窗体
```

📖 **说明：** 使用 Hide 方法隐藏窗体之后，窗体所占用的资源并没有从内存中释放，而是继续存储在内存中。开发人员可以随时调用 Show 方法来显示隐藏的窗体。

3．Close 方法

Close 方法用来关闭窗体，语法格式如下：

```
public void Close()
```

例如，使用 Close 方法关闭 Form1 窗体，代码如下：

```
Form1 frm = new Form1();          //创建窗体对象
frm.Close();                      //调用 Close 方法关闭窗体
```

5.2.5　窗体常用事件

Windows 是事件驱动的操作系统，对 Form 类的任何交互都是基于事件来实现的。Form 类提供了大量的事件用于响应执行窗体的各种操作，下面对窗体的几种常用事件进行介绍。

📖 **说明：** 选择窗体事件时，可以先选中控件，然后单击其属性窗口中的 🗲 按钮。

1．Load 事件

窗体加载时，将触发窗体的 Load 事件，该事件是窗体的默认事件，其语法格式如下：

```
public event EventHandler Load
```

例如，Form1 窗体的默认 Load 事件代码如下：

```
private void Form1_Load(object sender, EventArgs e)     //窗体的 Load 事件
{
}
```

2．FormClosing 事件

窗体关闭时，将触发窗体的 FormClosing 事件，其语法格式如下：

```
public event FormClosingEventHandler FormClosing
```
例如，Form1 窗体的默认 FormClosing 事件代码如下：
```
private void Form1_FormClosing(object sender, FormClosingEventArgs e)
{
}
```

> 📖 说明：开发网络程序或多线程程序时，可以在窗体的 FormClosing 事件中关闭网络连接或多线程，以便释放网络连接或多线程所占用的系统资源。

5.3 常用的 Windows 控件

在 Windows 应用程序开发中，控件的使用非常重要，本节将对常用 Windows 控件进行详细讲解。

5.3.1 Control 基类

Control 基类

1．Control 类概述

Control 类是定义控件的基类，控件是带有可视化表示形式的组件。Control 类实现向用户展示信息的类所需的最基本功能，它处理用户通过键盘和鼠标设备所进行的操作，以及处理消息路由和保障安全。

2．常用控件

Control 类派生的控件类构成了 Windows 应用程序中的控件，常用的 Windows 控件及其说明如表 5-4 所示。

表 5-4　常用 Windows 控件及其说明

控件名称	说明	控件名称	说明
Label	标签	Button	按钮
TextBox	文本框	CheckBox	复选框
RadioButton	单选按钮	RichTextBox	格式文本框
ComboBox	下拉组合框	ListBox	列表框
GroupBox	分组框	ListView	列表视图
TreeView	树	ImageList	图像列表
Timer	计时器	MenuStrip	菜单
ToolStrip	工具栏	StatusStrip	状态栏

3．常用属性

Control 类包含的控件有一些常用属性，它们的说明如表 5-5 所示。

表 5-5　Control 类的常用属性及其说明

属性	说明
BackColor	获取或设置控件的背景色
BackgroundImage	获取或设置在控件中显示的背景图片

属性	说明
BackgroundImageLayout	获取或设置在 ImageLayout 枚举中定义的背景图片布局
CheckForIllegalCrossThreadCalls	获取或设置一个值，该值指示是否捕获对错误线程的调用，这些调用在调试应用程序时访问控件的 Handle 属性
ContextMenu	获取或设置与控件关联的快捷菜单
ContextMenuStrip	获取或设置与控件关联的 ContextMenuStrip 实例
Controls	获取包含在控件内的控件的集合
DataBindings	获取控件的数据绑定
Enabled	获取或设置一个值，该值指示控件是否可以对用户的交互做出响应
Font	获取或设置控件显示的文字的样式
ForeColor	获取或设置控件的前景色
Height	获取或设置控件的高度
Location	获取或设置控件的左上角相对于其容器的左上角的坐标
Name	获取或设置控件的名称
Size	获取或设置控件的高度和宽度
Tag	获取或设置有关控件的数据
Text	获取或设置与此控件关联的文本
Visible	获取或设置一个值，该值指示是否显示该控件及其所有子控件
Width	获取或设置控件的宽度

4．常用事件

Control 类所包含的控件有一些常用事件，它们的说明如表 5-6 所示。

表 5-6　Control 类的常用事件及其说明

事件	说明
Click	在单击控件时发生
DoubleClick	在双击控件时发生
DragDrop	拖动操作完成时发生
DragEnter	在将对象拖入控件的边界时发生
DragLeave	在将对象拖出控件的边界时发生
DragOver	在将对象拖过控件的边界时发生
KeyDown	在控件有焦点的情况下按下某个键时发生
KeyPress	在控件有焦点的情况下按下某个键并抬起时发生
KeyUp	在控件有焦点的情况下释放某个键时发生
LostFocus	在控件失去焦点时发生
MouseClick	用鼠标单击控件时发生
MouseDoubleClick	用鼠标双击控件时发生
MouseDown	在鼠标指针位于控件上并按下鼠标左键时发生
MouseMove	在鼠标指针移到控件上时发生
MouseUp	在鼠标指针位于控件上并释放鼠标左键时发生
Paint	在重绘控件时发生
TextChanged	在控件的 Text 属性值更改时发生

5.3.2 Label 控件

Label 控件又称为标签控件。它主要用于显示用户不能编辑的文本，标识窗体上的对象（例如给文本框、列表框添加描述信息等），可以通过编写代码来设置要显示的文本信息。

Label 控件

1．设置标签文本

可以通过两种方法设置 Label 控件显示的文本：一种是直接在 Label 控件的属性窗口中设置 Text 属性，另一种是通过代码设置 Text 属性。

例如，向窗体中拖入一个 Label 控件，然后将其显示文本设置为"用户名："，代码如下：

```
label1.Text = "用户名：";                    //设置 Label 控件的 Text 属性
```

2．显示/隐藏 Label 控件

通过 Visible 属性来设置显示/隐藏 Label 控件。如果 Visible 的属性值为 true，则显示控件；如果 Visible 的属性值为 false，则隐藏控件。

例如，要通过代码将 Label 控件设置为可见，将其 Visible 属性设置为 true 即可，代码如下：

```
label1.Visible = true;                      //设置 Label 控件的 Visible 属性
```

5.3.3 Button 控件

Button 控件又称为按钮控件，它表示允许用户通过单击 Button 控件来执行操作。Button 控件既可以显示文本，也可以显示图像。当该控件被单击时，它看起来像被按下，然后被释放。Button 控件最常用的是 Text 属性和 Click 事件，Text 属性用来设置 Button 控件显示的文本，Click 事件用来指定单击 Button 控件时执行的操作。

Button 控件

【例 5-2】 创建一个 Windows 应用程序，在默认窗体中添加两个 Button 控件，分别设置它们的 Text 属性为"登录"和"退出"，然后编写它们的 Click 事件执行相应的操作。Click 事件的代码如下：

```
private void button1_Click(object sender, EventArgs e)
{
    MessageBox.Show("系统登录");              //输出信息提示
}
private void button2_Click(object sender, EventArgs e)
{
    Application.Exit();                      //退出当前程序
}
```

程序运行结果如图 5-10 所示。单击"登录"按钮，弹出图 5-11 所示的提示信息；单击"退出"按钮，退出当前程序。

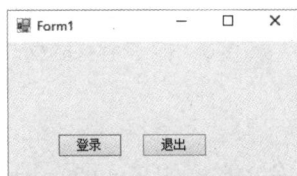

图 5-10　显示 Button 控件

图 5-11　弹出信息提示

5.3.4 TextBox 控件

TextBox 控件又称为文本框控件。它主要用于获取用户输入的数据或者显示文本，也可以设置为只读控件。文本框可以显示多行文本，开发人员能够设置文本自动换行以便符合控件的大小。

下面对 TextBox 控件的一些常见用法进行介绍。

1．创建只读文本框

通过 TextBox 控件的 ReadOnly 属性可以设置文本框是否为只读。如果 ReadOnly 属性为 true，那么不能编辑文本框，只能通过文本框显示数据。

例如，将文本框设置为只读，代码如下：

```
textBox1.ReadOnly = true;                    //将文本框设置为只读
```

2．创建密码文本框

通过设置 TextBox 控件的 PasswordChar 属性或 UseSystemPasswordChar 属性可以将文本框设置成密码文本框，使用 PasswordChar 属性可以设置输入密码时文本框中显示的字符样式（例如将密码显示成"*"或"#"等）。如果将 UseSystemPasswordChar 属性设置为 true，则输入密码时，文本框中的密码将显示成"*"。

【例 5-3】 修改例 5-2，在窗体中添加两个 TextBox 控件，分别用来输入用户名和密码。将第二个 TextBox 控件的 PasswordChar 属性设置为"*"，使密码文本框中的字符显示为"*"，代码如下：

```
private void Form1_Load(object sender, EventArgs e)    //窗体的 Load 事件
{
    textBox2.PasswordChar = '*';                        //设置文本框的 PasswordChar 属性为字符"*"
}
```

密码文本框效果如图 5-12 所示。

3．创建多行文本框

默认情况下，TextBox 控件只允许输入单行数据，如果将其 Multiline 属性设置为 true，TextBox 控件就可以输入多行数据。

例如，将文本框的 Multiline 属性设置为 true，使其能够输入多行数据，代码如下：

```
textBox1.Multiline = true;  //设置文本框的 Multiline 属性
```

多行文本框效果如图 5-13 所示。

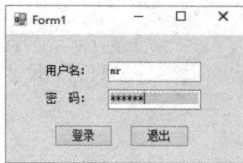

图 5-12　密码文本框　　　　图 5-13　多行文本框

4．响应文本框的文本更改事件

当 TextBox 控件中的文本发生更改时，会触发文本框的 TextChanged 事件。

例如，在文本框的 TextChanged 事件中编写代码，实现当文本框中的文本更改时，Label

控件中显示更改后的文本。代码如下：

```
private void textBox1_TextChanged(object sender, EventArgs e)
{
    label1.Text = textBox1.Text;        //Label 控件显示的文本随文本框中的数据而改变
}
```

5.3.5　CheckBox 控件

CheckBox 控件（即复选框控件）用来表示是否选中了某个选项条件，常用于为用户提供具有是/否值或真/假值的选项。

CheckBox 控件

下面详细介绍 CheckBox 控件的一些常见用法。

1．判断复选框是否被选中

通过 CheckState 属性可以判断复选框是否被选中。CheckState 属性的返回值是 Checked 或 Unchecked，Checked 表示控件处于选中状态，而 Unchecked 表示控件处于取消选中状态。

> 说明：CheckBox 控件指示某个特定条件是处于打开状态还是处于关闭状态，它常用于为用户提供是/否或真/假选项。可以成组使用 CheckBox 控件以显示多重选项，用户可以从中选择一项或多项。

2．响应复选框的选中状态更改事件

当 CheckBox 控件的选择状态发生改变时，将会引发控件的 CheckStateChanged 事件。

【例 5-4】　创建一个 Windows 窗体应用程序，通过复选框的选中状态设置用户的操作权限。在默认窗体中添加 5 个 CheckBox 控件，Text 属性分别设置为"基本信息管理""进货管理""销售管理""库存管理""系统管理"，用来表示要设置的权限。添加一个 Button 控件，用来显示选择的权限。代码如下：

```
private void button1_Click(object sender, EventArgs e)
{
    string strPop = "您选择的权限如下：";
    foreach(Control ctrl in this.Controls)        //遍历窗体中的所有控件
    {
        if (ctrl.GetType().Name == "CheckBox")    //判断是否为 CheckBox
        {
            CheckBox cBox = (CheckBox)ctrl;        //创建 CheckBox 对象
            if (cBox.Checked == true)              //判断 CheckBox 控件是否被选中
            {
                strPop += "\n" + cBox.Text;        //获取 CheckBox 控件的文本
            }
        }
    }
    MessageBox.Show(strPop);
}
```

程序的运行结果如图 5-14 所示。

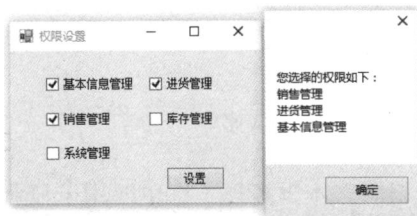

图 5-14　通过复选框的选中状态设置用户权限

5.3.6　RadioButton 控件

RadioButton 控件（即单选按钮控件）为用户提供由两个或两个以上互斥选项组成的选项集。当用户选中某单选项时，同一组中的其他单选项不能同时被选中。

> 🖃 **说明：** 单选按钮必须在同一组中才能实现单选效果。

下面详细介绍 RadioButton 控件的一些常见用法。

1．判断单选项是否被选中

通过 Checked 属性可以判断 RadioButton 控件是否被选中。如果返回值是 true，则控件被选中；如果返回值为 false，则控件的选中状态被取消。

2．响应单选项的选中状态更改事件

当 RadioButton 控件的选中状态发生更改时，会引发该控件的 CheckedChanged 事件。

【例 5-5】　修改【例 5-3】，在窗体中添加两个 RadioButton 控件，用来选择采用管理员方式登录还是普通用户方式登录，它们的 Text 属性分别设置为"管理员"和"普通用户"。然后分别触发这两个 RadioButton 控件的 CheckedChanged 事件，在这两个事件中，通过判断 Checked 属性来确定单选项是否被选中。代码如下：

```
private void radioButton1_CheckedChanged(object sender, EventArgs e)
{
    if (radioButton1.Checked)                        //判断单选项是否被选中
    {
        MessageBox.Show("您选择的是管理员登录");
    }
}
private void radioButton2_CheckedChanged(object sender, EventArgs e)
{
    if (radioButton2.Checked)                        //判断单选项是否被选中
    {
        MessageBox.Show("您选择的是普通用户登录");
    }
}
```

运行程序，选中"管理员"单选项，弹出"您选择的是管理员登录"提示框，如图 5-15 所示；选中"普通用户"单选项，弹出"您选择的是普通用户登录"提示框，如图 5-16 所示。

图 5-15　选中"管理员"单选项

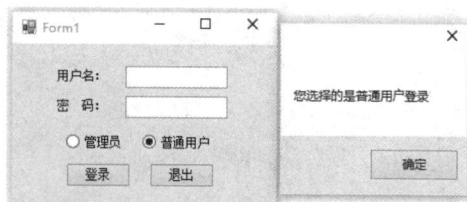

图 5-16　选中"普通用户"单选项

5.3.7　RichTextBox 控件

RichTextBox 控件又称为格式文本框控件。它主要用于显示、输入和操作带有格式的文本，比如它可以实现显示字体、颜色、链接，从文件加

载文本及图片，撤销和重复编辑操作，以及查找指定的字符等功能。

下面详细介绍 RichTextBox 控件的常见用法。

1．在 RichTextBox 控件中显示滚动条

通过设置 RichTextBox 控件的 Multiline 属性，可以控制控件中是否显示滚动条。将 Multiline 属性设置为 true，则显示滚动条；否则，不显示滚动条。默认情况下，此属性被设置为 true。滚动条分为水平滚动条和垂直滚动条，通过 ScrollBars 属性可以设置如何显示滚动条。ScrollBars 的属性值及其说明如表 5-7 所示。

表 5-7　ScrollBars 的属性值及其说明

属性值	说明
Both	只有当文本超过控件的宽度或长度时，才显示水平滚动条或垂直滚动条，或两个滚动条都显示
None	从不显示任何类型的滚动条
Horizontal	只有当文本超过控件的宽度时，才显示水平滚动条。必须将 WordWrap 属性设置为 false，才会出现这种情况
Vertical	只有当文本超过控件的高度时，才显示垂直滚动条
ForcedHorizontal	当 WordWrap 属性设置为 false 时，显示水平滚动条。在文本未超过控件的宽度时，该滚动条显示为浅灰色
ForcedVertical	始终显示垂直滚动条。在文本未超过控件的高度时，该滚动条显示为浅灰色
ForcedBoth	始终显示垂直滚动条。当 WordWrap 属性设置为 false 时，显示水平滚动条。在文本未超过控件的宽度或高度时，两个滚动条均显示为灰色

例如，使 RichTextBox 控件只显示垂直滚动条。首先将 Multiline 属性设置为 true，然后将 ScrollBars 属性设置为 Vertical。代码如下：

```
richTextBox1.Multiline = true;            //将 Multiline 属性设置为 true, 实现多行显示
//设置 ScrollBars 属性实现只显示垂直滚动条
richTextBox1.ScrollBars = RichTextBoxScrollBars.Vertical;
```

2．在 RichTextBox 控件中设置字体属性

设置 RichTextBox 控件中的字体属性时，可以使用 SelectionFont 属性和 SelectionColor 属性，其中 SelectionFont 属性用来设置字体、字号和字样，而 SelectionColor 属性用来设置文本的颜色。

例如，将 RichTextBox 控件中文本的字体设置为楷体、大小设置为 12、字样设置为粗体、文本的颜色设置为蓝色。代码如下：

```
//设置 SelectionFont 属性实现控件中的文本为楷体、大小为 12、字样是粗体
richTextBox1.SelectionFont = new Font("楷体", 12, FontStyle.Bold);
//设置 SelectionColor 属性实现控件中的文本颜色为蓝色
richTextBox1.SelectionColor = System.Drawing.Color.Blue;
```

效果如图 5-17 所示。

3．将 RichTextBox 控件显示为超链接样式

利用 RichTextBox 控件可以将超链接显示为彩色或下画线形式，然后编写代码，在单击超链接时打开浏览器窗口，显示超链接文本中指定的网站。设计思路：首先通过 Text 属性设置控件中含有超链接的文本，然后在控件的 LinkClicked 事件中编写事

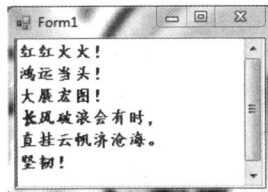

图 5-17　设置控件中
文本的字体属性

件处理程序，将超链接发送到浏览器。

例如，RichTextBox 控件的文本内容中含有超链接（超链接显示为蓝色，并且带有下画线），单击该超链接将打开相应的网站。代码如下：

```csharp
private void Form1_Load(object sender, EventArgs e)
{
    richTextBox1.Text = "欢迎登录https://www.mingrisoft.com明日学院";
}
private void richTextBox1_LinkClicked(object sender, LinkClickedEventArgs e)
{
    //在控件的LinkClicked事件中编写如下代码，实现内容中的网址带下画线
    System.Diagnostics.Process.Start(e.LinkText);
}
```

效果如图 5-18 所示。

4．在 RichTextBox 控件中设置段落格式

RichTextBox 控件具有多个用于设置文本格式的选项，比如可以通过设置 Selection Bullet 属性将段落设置为项目符号列表的格式，也可以使用 SelectionIndent 和 SelectionHangingIndent 属性设置段落相对于控件的左、右边缘的距离。

例如，将 RichTextBox 控件的 SelectionBullet 属性设为 true，使控件中的内容以项目符号列表的格式排列。代码如下：

```csharp
richTextBox1.SelectionBullet = true;
```

向 RichTextBox 控件中输入数据，效果如图 5-19 所示。

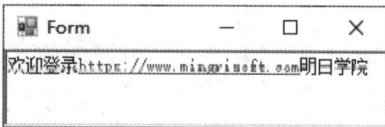

图 5-18　文本中含有超链接　　　　图 5-19　将控件中的内容设置为项目符号列表

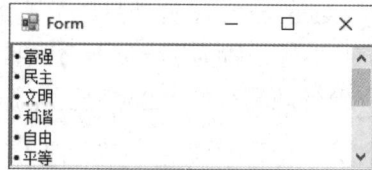

5.3.8　ComboBox 控件

ComboBox 控件又称为下拉组合框控件，该控件主要由两部分组成。第一部分是一个允许用户输入列表项的文本框；第二部分是一个下拉列表，它显示一个选项列表，用户可以从中选择不同的选项。

下面详细介绍 ComboBox 控件的一些常见用法。

ComboBox 控件

1．创建可以选择的下拉组合框

通过设置 ComboBox 控件的 DropDownStyle 属性，可以将其设置成可以选择的下拉组合框。DropDownStyle 属性有 3 个属性值，这 3 个属性值对应不同的样式。

- Simple：使得 ComboBox 控件的下拉列表部分总是可见。
- DropDown：DropDownStyle 属性的默认值，它使得用户可以编辑 ComboBox 控件的文本框部分，只有单击右侧的箭头才能显示下拉列表部分。
- DropDownList：用户不能编辑 ComboBox 控件的文本框部分，只能选择下拉列表中的选项。

2．响应下拉组合框中的选项更改事件

当下拉组合框中的选项发生改变时，将会触发控件的 SelectedIndexChanged 事件。

下面通过一个例子演示如何使用 ComboBox 控件。

【例 5-6】 创建一个 Windows 应用程序，在默认窗体中添加一个 ComboBox 控件和一个 Label 控件。其中 ComboBox 控件用来显示并选择职位，Label 控件用来标识对象和显示选择的职位。代码如下：

```
private void Form1_Load(object sender, EventArgs e)
{
    comboBox1.DropDownStyle = ComboBoxStyle.DropDownList;  //设置 comboBox1 的下拉组合框样式
    string[] str = new string[] { "总经理", "副总经理", "人事部经理", "财务部经理", "部门经理", "
普通员工" };                                            //定义职位数组
    comboBox1.DataSource = str;                              //指定 comboBox1 控件的数据源
    comboBox1.SelectedIndex = 0;                             //指定默认选择第一个选项
}
//触发 comboBox1 控件的选项更改事件
private void comboBox1_SelectedIndexChanged(object sender, EventArgs e)
{
    label2.Text = "您选择的职位为: " + comboBox1.SelectedItem;//获取 comboBox1 中的选项
}
```

程序运行结果如图 5-20 所示。

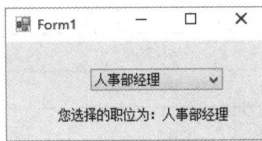

图 5-20　使用 ComboBox 控件选择职位

5.3.9　ListBox 控件

ListBox 控件又称为列表框控件，它主要用于显示一个列表。用户可以从中选择一项或多项，如果选项总数超出可以显示的项数，则控件会自动添加滚动条。

下面详细介绍 ListBox 控件的常见用法。

ListBox 控件

1．在 ListBox 控件中添加和移除项

通过 ListBox 控件的 Items 属性的 Add 方法，可以向 ListBox 控件中添加项目。通过 ListBox 控件的 Items 属性的 Remove 方法，可以将 ListBox 控件中指定的项移除。

例如，向控件中添加和移除项的代码如下：

```
listBox1.Items.Add("品牌计算机");              //添加项
listBox1.Items.Add("品牌手机");
listBox1.Items.Add("引擎耳机");
listBox1.Items.Add("充电宝");
listBox1.Items.Remove("引擎耳机");            //移除项
```

效果如图 5-21 所示。

2．创建总显示滚动条的列表框控件

通过设置 ListBox 控件的 HorizontalScrollbar 属性和 Scroll-AlwaysVisible 属性，可以使列表框控件总显示滚动条。如果将

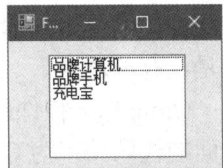

图 5-21　添加和移除项

HorizontalScrollbar 属性设置为 true，则显示水平滚动条；如果将 ScrollAlwaysVisible 属性设置为 true，则显示垂直滚动条。

例如，将 ListBox 控件的 HorizontalScrollbar 属性和 ScrollAlwaysVisible 属性都设置为 true，使其显示水平和垂直方向的滚动条，代码如下：

```
//将 HorizontalScrollbar 属性设置为 true，显示水平方向的滚动条
listBox1.HorizontalScrollbar = true;
//将 ScrollAlwaysVisible 属性设置为 true，显示垂直方向的滚动条
listBox1.ScrollAlwaysVisible = true;
```

效果如图 5-22 所示。

3．在 ListBox 控件中选择多项

通过设置 SelectionMode 的属性值，可以实现在 ListBox 控件中选择多项。SelectionMode 的属性值是 SelectionMode 枚举值之一，默认为 SelectionMode.One。SelectionMode 枚举成员及其说明如表 5-8 所示。

表 5-8　SelectionMode 枚举成员及其说明

枚举成员	说明
MultiExtended	可以选择多项，并且用户可使用【Shift】键+鼠标、【Ctrl】键+鼠标或【Shift】键+箭头键来进行选择
MultiSimple	可以选择多项
None	无法选择选项
One	只能选择一项

例如，通过设置 ListBox 控件的 SelectionMode 属性值为 SelectionMode 枚举成员 MultiExtended，实现在控件中可以选择多项，用户可使用【Shift】键、【Ctrl】键和箭头键来进行选择，代码如下：

```
//SelectionMode 属性值为 SelectionMode 枚举成员 MultiExtended，实现在控件中可以选择多项
listBox1.SelectionMode = SelectionMode.MultiExtended;
```

效果如图 5-23 所示。

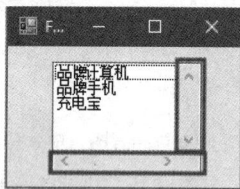

图 5-22　控件总显示滚动条　　　　图 5-23　选择多项

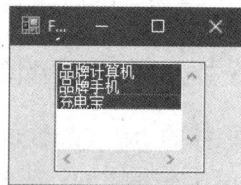

5.3.10　GroupBox 控件

GroupBox 控件又称为分组框控件。它主要为其他控件提供分组，并且按照控件的分组来细分窗体的功能。其总是显示边框，而且可以显示标题，但是没有滚动条。

GroupBox 控件最常用的是 Text 属性，用来设置分组框的标题。例如，下面的代码用来为 GroupBox 控件设置标题"系统登录"：

GroupBox 控件

```
groupBox1.Text = "系统登录";          //设置 groupBox1 控件的标题
```

5.3.11　ListView 控件

ListView 控件又称为列表视图控件，它主要用于显示带图标的项，其中可以显示大图标、小图标和数据。使用 ListView 控件可以创建类似 Windows 资源管理器窗口右边的用户界面。

ListView 控件

1．在 ListView 控件中添加项

向 ListView 控件中添加项时，需要用到其 Items 属性的 Add 方法，该方法主要用于将项添加至集合中。其语法格式如下：

```
public virtual ListViewItem Add(string text)
```

❑ text：要添加的项的文本。

❑ 返回值：已添加到集合中的项。

例如，使用 ListView 控件的 Items 属性的 Add 方法向控件中添加项，代码如下：

```
listView1.Items.Add(textBox1.Text.Trim());
```

2．在 ListView 控件中移除项

移除 ListView 控件中的项时可以使用其 Items 属性的 RemoveAt 方法或 Clear 方法，其中 RemoveAt 方法用于移除指定的项，而 Clear 方法用于移除集合中的所有项。

（1）RemoveAt 方法用于移除集合中指定索引处的项。其语法格式如下：

```
public virtual void RemoveAt(int index)
```

❑ index：从 0 开始的索引。

例如，调用 ListView 控件的 Items 属性的 RemoveAt 方法移除指定的项，代码如下：

```
listView1.Items.RemoveAt(listView1.SelectedItems[0].Index);
```

（2）Clear 方法用于移除集合中的所有项。其语法格式如下：

```
public virtual void Clear()
```

例如，调用 Clear 方法清空所有的项，代码如下：

```
listView1.Items.Clear();                    //使用 Clear 方法移除所有项
```

3．选择 ListView 控件中的项

选择 ListView 控件中的项时可以使用其 Selected 属性，该属性主要用于获取或设置一个值，该值指示是否选中此项。其语法格式如下：

```
public bool Selected { get; set; }
```

属性值：如果选中此项，则为 true；否则为 false。

例如，将 ListView 控件中的第三项的 Selected 属性设置为 true，即选中第三项，代码如下：

```
listView1.Items[2].Selected = true;          //使用 Selected 方法选中第 3 项
```

4．为 ListView 控件中的项添加图标

如果要为 ListView 控件中的项添加图标，需要使用 ImageList 控件设置 ListView 控件中项的图标。ListView 控件可显示 3 个图像列表中的图标，其中 List 视图、Details 视图和 SmallIcon 视图显示 SmallImageList 属性指定的图像列表里的图像；LargeIcon 视图显示 LargeImageList 属性指定的图像列表里的图像；在大图标或小图标旁显示 StateImageList 属性中的一组附加图标。实现的步骤如下。

（1）将相应的属性（SmallImageList、LargeImageList 或 StateImageList）设置为想要使

用的现有 ImageList 控件。

（2）为每个关联了图标的列表项设置 ImageIndex 属性或 StateImageIndex 属性，这些属性可以在代码中设置，也可以在"ListViewItem 集合编辑器"中设置。若要在"ListViewItem 集合编辑器"中设置，则可在属性窗口中单击 Items 属性旁边的⊡按钮。

设置 ListView 控件的 LargeImageList 属性和 SmallImageList 属性为 imageList1 控件，然后设置 ListView 控件中的前两项的 ImageIndex 属性分别为 0 和 1。代码如下：

```
listView1.LargeImageList = imageList1;          //设置控件的 LargeImageList 属性
listView1.SmallImageList = imageList1;          //设置控件的 SmallImageList 属性
listView1.Items[0].ImageIndex = 0;              //控件中第一项的图标索引为 0
listView1.Items[1].ImageIndex = 1;              //控件中第二项的图标索引为 1
```

5. 在 ListView 控件中启用平铺视图

通过启用 ListView 控件的平铺视图功能，可以在图形信息和文本信息之间提供一种视觉平衡。在 ListView 控件中，平铺视图、分组功能和插入标记功能可以结合使用。如果要启用平铺视图功能，需要将 ListView 控件的 View 属性设置为 Tile。另外，还可以通过设置 TileSize 属性来调整平铺视图的大小。

6. 为 ListView 控件中的项分组

利用 ListView 控件的分组功能可以分组形式显示相关的项。显示时，各组由包含组标题的水平组标头分隔。可以按字母顺序、日期或任何其他逻辑对项进行分组，从而简化大型列表的导航。若要启用分组，首先必须在窗体设计器窗口中或以编程方式创建一个或多个组，这需要用到 ListView 控件的 Groups 集合，该集合本质上是一个 ListViewGroup 类，它表示一个分组，其包含一个标题（Header）和一组 ListViewItem，然后即可向组中分配项。另外，可以用编程的方式将一个组中的项移至另一个组。下面介绍对 ListView 控件中的项分组的步骤。

（1）添加组

使用 Groups 集合的 Add 方法可以向 ListView 控件中添加指定的组，其语法格式如下：

```
public int Add(ListViewGroup group)
```

❑ group：要添加到集合中的组。

❑ 返回值：该组在集合中的索引，如果集合中已存在该组，则为-1。

例如，使用 Groups 集合的 Add 方法向控件 listView1 中添加一个组，标题为"测试"，排列方式为左对齐。代码如下：

```
listView1.Groups.Add(new ListViewGroup("测试",HorizontalAlignment.Left));
```

（2）移除组

使用 Groups 集合的 RemoveAt 方法或 Clear 方法，可以移除指定的组或移除所有的组。

RemoveAt 方法：用来移除集合中指定索引位置的组。其语法格式如下：

```
public void RemoveAt(int index)
```

❑ index：要移除的组在集合中的索引。

Clear 方法：用于移除集合中的所有组。其语法格式如下：

```
public void Clear()
```

例如，使用 Groups 集合的 RemoveAt 方法移除索引为 1 的组，再使用 Clear 方法移除所有的组。代码如下：

```
listView1.Groups.RemoveAt(1);                   //移除索引为 1 的组
listView1.Groups.Clear();                       //使用 Clear 方法移除所有的组
```

（3）向组分配项或在组之间移动项

通过设置 ListView 控件中各个项的 Group 属性，可以向组分配项或在组之间移动项。

例如，将 ListView 控件的第一项分配到第一个组中，代码如下：

```
listView1.Items[0].Group = listView1.Groups[0];
```

ListView 控件中的项分组效果如图 5-24 所示。

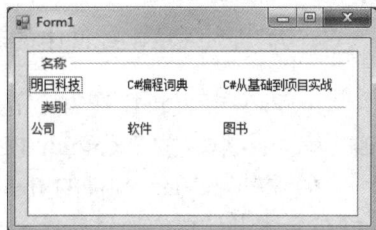

图 5-24　ListView 控件中的项分组效果

> **说明：** ListView 控件是一种列表控件，在实现显示文件详细信息这样的功能时，推荐使用该控件；另外，ListView 控件有多种显示样式，在实现类似 Windows 操作系统的"缩略图""平铺""图标""列表""详细信息"等功能时，经常需要使用 ListView 控件。

5.3.12　TreeView 控件

TreeView 控件又称为树控件。它可以为用户显示节点层次结构，而每个节点又可以包含子节点，包含子节点的节点叫父节点。其效果就像 Windows 资源管理器窗口左侧显示的文件夹和文件一样。

TreeView 控件

> **说明：** TreeView 控件经常用来设计导航菜单。

1．添加和删除树节点

向 TreeView 控件中添加节点时，需要用到其 Nodes 属性的 Add 方法，语法格式如下：

```
public virtual int Add(TreeNode node)
```

❑ node：要添加到集合中的树节点。

❑ 返回值：添加到集合中的树节点的索引值。

例如，使用 TreeView 控件的 Nodes 属性的 Add 方法向控件中添加两个节点，代码如下：

```
TreeNode tn1 = treeView1.Nodes.Add("名称");
TreeNode tn2 = treeView1.Nodes.Add("类别");
```

从 TreeView 控件中移除指定的树节点时，需要使用其 Nodes 属性的 Remove 方法，其语法格式如下：

```
public void Remove(TreeNode node)
```

❑ node：要移除的树节点。

例如，通过 TreeView 控件的 Nodes 属性的 Remove 方法删除指定的树节点，代码如下：

```
treeView1.Nodes.Remove(treeView1.SelectedNode);
```

> **说明：** SelectedNode 属性用来获取 TreeView 控件中选中的节点。

2．获取 TreeView 控件中选中的节点

要获取 TreeView 控件中选中的节点，可以在该控件的 AfterSelect 事件中使用 Tree View EventArgs 对象，通过检查该对象包含的与事件有关的数据来确定选中了哪个节点。

例如，在 TreeView 控件的 AfterSelect 事件中获取该控件中选中节点的文本，代码如下：

```
private void treeView1_AfterSelect(object sender, TreeViewEventArgs e)
{
    label1.Text = "当前选中的节点：" + e.Node.Text;        //获取选中节点显示的文本
}
```

3．为 TreeView 控件中的节点设置图标

TreeView 控件可以在每个节点的文本左侧显示图标，但必须使 TreeView 控件与 Image List 控件相关联。为 TreeView 控件中的节点设置图标的步骤如下。

（1）将 TreeView 控件的 ImageList 属性设置为想要使用的现有 ImageList 控件，该属性既可在窗体设计器中通过属性窗口进行设置，也可在代码中设置。

例如，设置 treeView1 控件的 ImageList 属性为 imageList1，代码如下：

```
treeView1.ImageList = imageList1;
```

（2）设置树节点的 ImageIndex 和 SelectedImageIndex 属性，其中 ImageIndex 属性用来确定未选中状态下的节点显示的图像，而 SelectedImageIndex 属性用来确定选中状态下的节点显示的图像。

例如，设置 treeView1 控件的 ImageIndex 属性，确定未选中状态下的节点图像的索引为 0；设置 SelectedImageIndex 属性，确定选中状态下的节点图像的索引为 1。代码如下：

```
treeView1.ImageIndex = 0;
treeView1.SelectedImageIndex = 1;
```

下面通过一个实例讲解如何使用 TreeView 控件。

【例 5-7】 创建一个 Windows 应用程序，在默认窗体中添加一个 TreeView 控件、一个 ImageList 控件和一个 ContextMenuStrip 控件。其中，TreeView 控件用来显示部门结构，ImageList 控件用来存储 TreeView 控件中用到的图片文件，ContextMenuStrip 控件用来作为 TreeView 控件的快捷菜单。代码如下：

```
private void Form1_Load(object sender, EventArgs e)
{
    treeView1.ContextMenuStrip = contextMenuStrip1;      //设置 treeView1 控件的快捷菜单
    TreeNode TopNode = treeView1.Nodes.Add("公司");        //建立一个顶级节点
    //建立 4 个基础节点，分别表示 4 个大的部门
    TreeNode ParentNode1 = new TreeNode("人事部");
    TreeNode ParentNode2 = new TreeNode("财务部");
    TreeNode ParentNode3 = new TreeNode("基础部");
    TreeNode ParentNode4 = new TreeNode("软件开发部");
    //将 4 个基础节点添加到顶级节点中
    TopNode.Nodes.Add(ParentNode1);
    TopNode.Nodes.Add(ParentNode2);
    TopNode.Nodes.Add(ParentNode3);
    TopNode.Nodes.Add(ParentNode4);
    //建立 6 个子节点，分别表示 6 个子部门
    TreeNode ChildNode1 = new TreeNode("C#部门");
    TreeNode ChildNode2 = new TreeNode("ASP.NET 部门");
    TreeNode ChildNode3 = new TreeNode("VB 部门");
    TreeNode ChildNode4 = new TreeNode("VC 部门");
    TreeNode ChildNode5 = new TreeNode("Java 部门");
    TreeNode ChildNode6 = new TreeNode("PHP 部门");
    //将 6 个子节点添加到对应的基础节点中
    ParentNode4.Nodes.Add(ChildNode1);
    ParentNode4.Nodes.Add(ChildNode2);
    ParentNode4.Nodes.Add(ChildNode3);
    ParentNode4.Nodes.Add(ChildNode4);
    ParentNode4.Nodes.Add(ChildNode5);
    ParentNode4.Nodes.Add(ChildNode6);
    //设置 imageList1 控件中显示的图像
    imageList1.Images.Add(Image.FromFile("1.png"));
    imageList1.Images.Add(Image.FromFile("2.png"));
    //设置 treeView1 的 ImageList 属性为 imageList1
    treeView1.ImageList = imageList1;
    imageList1.ImageSize = new Size(16, 16);
```

```
            //设置 treeView1 控件节点的图标在 imageList1 控件中的索引是 0
            treeView1.ImageIndex = 0;
            //设置选中节点显示的图标在 imageList1 控件中的索引是 1
            treeView1.SelectedImageIndex = 1;
        }
        private void treeView1_AfterSelect(object sender, TreeViewEventArgs e)
        {
            //在 AfterSelect 事件中获取控件中选中节点显示的文本
            label1.Text = "选择的部门: " + e.Node.Text;
        }
        private void 全部展开ToolStripMenuItem_Click(object sender, EventArgs e)
        {
            treeView1.ExpandAll();                              //展开所有树节点
        }
        private void 全部折叠ToolStripMenuItem_Click(object sender, EventArgs e)
        {
            treeView1.CollapseAll();                            //折叠所有树节点
        }
```

程序运行结果如图 5-25 所示。

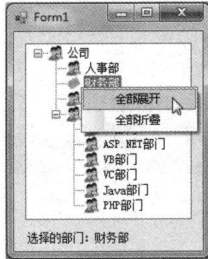

图 5-25　使用 TreeView 控件显示部门结构

📖说明：实现本实例时，首先需要确保项目的 bin 文件夹中的 Debug 文件夹中存在 1.png 和 2.png 这两个图片文件，这两个文件用来设置 TreeView 控件显示的图标。

5.3.13　ImageList 控件

ImageList 控件又称为图像列表控件。它主要用于存储图像资源，然后在控件上显示出来，这样就简化了对图像的管理。ImageList 控件的主要属性是 Images，它包含关联控件要使用的图像，每个单独的图像可以通过其索引值或键值来访问。另外，ImageList 控件中的所有图像都将以同样的大小显示，该大小由其 ImageSize 属性设置，例如将较大的图像缩小至适当的尺寸。

ImageList 控件的常用属性及其说明如表 5-9 所示。

表 5-9　ImageList 控件的常用属性及其说明

属性	说明
ColorDepth	获取图像列表的颜色深度
Images	获取图像列表的图像集合
ImageSize	获取或设置图像列表中的图像大小
ImageStream	获取与此图像列表关联的数据部分

📖说明：一些会用到图像或图标的控件经常与 ImageList 控件一起使用。比如在使用 ToolStrip 控件、TreeView 控件和 ListBox 控件等控件时，经常使用 ImageList 控件存储它们需要用到的一些图像或图标，然后在程序中通过 ImageList 控件的索引值来方

便地获取这些图像或图标。

5.3.14　Timer 控件

Timer 控件又称为计时器控件，它可以定期引发事件，引发事件间隔的
时间由其 Interval 属性定义，该属性值以毫秒为单位。若启用了该控件，则
每隔一段时间引发一次 Tick 事件，开发人员可以在 Tick 事件中添加要执行操作的代码。

Timer 控件的常用属性及其说明如表 5-10 所示。

表 5-10　Timer 控件的常用属性及其说明

属性	说明
Enabled	获取或设置计时器是否正在运行
Interval	获取或设置引发 Tick 事件间隔的时间（以毫秒为单位）

Timer 控件的常用方法及其说明如表 5-11 所示。

表 5-11　Timer 控件的常用方法及其说明

方法	说明
Start	启动计时器
Stop	停止计时器

Timer 控件的常用事件及其说明如表 5-12 所示。

表 5-12　Timer 控件的常用事件及其说明

事件	说明
Tick	当指定的时间间隔已过去且计时器处于启用状态时发生

下面通过一个例子演示如何使用 Timer 控件实现一个简单的倒计时程序。

【例 5-8】　创建一个 Windows 应用程序，在默认窗体中添加两个 Label 控件、3 个
NumericUpDown 控件、一个 Button 控件和两个 Timer 控件。其中 Label 控件用来显示系统
当前时间和倒计时，NumericUpDown 控件用来选择时、分、秒，Button 控件用来停止计时，
Timer 控件用来实时显示系统当前时间和实时显示倒计时。代码如下：

```
//定义两个 DateTime 类型的变量，分别用来记录当前时间和设置的到期时间
DateTime dtNow, dtSet;
private void Form1_Load(object sender, EventArgs e)
{
    //设置 timer1 计时器的执行时间间隔
    timer1.Interval = 1000;
    timer1.Enabled = true;                          //启动 timer1 计时器
    numericUpDown1.Value = DateTime.Now.Hour;       //显示当前时
    numericUpDown2.Value = DateTime.Now.Minute;     //显示当前分
    numericUpDown3.Value = DateTime.Now.Second;     //显示当前秒
}
private void button1_Click(object sender, EventArgs e)
{
    if (button1.Text == "设置")                     //判断文本是否为"设置"
    {
        button1.Text = "停止";                      //设置按钮的文本为"停止"
        timer2.Start();                             //启动 timer2 计时器
    }
    else if (button1.Text == "停止")                //判断文本是否为"停止"
    {
```

```
            button1.Text = "设置";                                //设置按钮的文本为"设置"
            timer2.Stop();                                        //停止 timer2 计时器
            label2.Text = "倒计时已取消";
        }
    }
    private void timer1_Tick(object sender, EventArgs e)
    {
        Label1.Text = DateTime.Now.ToLongTimeString();           //显示系统时间
        dtNow = Convert.ToDateTime(label1.Text);                 //记录系统时间
    }
    private void timer2_Tick(object sender, EventArgs e)
    {
        //记录设置的到期时间
        dtSet = Convert.ToDateTime(numericUpDown1.Value + ":" + numericUpDown2.Value + ":" +
numericUpDown3.Value);
        //计算倒计时
        long countdown = DateAndTime.DateDiff(DateInterval.Second, dtNow, dtSet, FirstDayOf
Week.Monday, FirstWeekOfYear.FirstFourDays);
        if (countdown > 0)                                       //判断倒计时时间是否大于 0
            label2.Text = "倒计时已设置，剩余" + countdown + "秒";   //显示倒计时
        else
            label2.Text = "倒计时已到";
    }
```

> 说明：由于本程序中用到了 DateAndTime 类，所以需要引入 Microsoft.VisualBasic 命名空间。这里需要注意的是，在引入 Microsoft.VisualBasic 命名空间之前，需要在"引用管理器"对话框中的"程序集"选项卡中添加 Microsoft.VisualBasic 组件引用，因为 Microsoft.VisualBasic 命名空间位于 Microsoft.VisualBasic 组件中。

程序运行结果如图 5-26 所示。

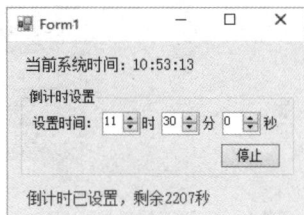

图 5-26　使用 Timer 控件实现倒计时

5.4　菜单、工具栏与状态栏

除了前面介绍的常用控件之外，在开发 Windows 应用程序时，还需要使用菜单控件（MenuStrip 控件）、工具栏控件（ToolStrip 控件）和状态栏控件（StatusStrip 控件），本节将对这 3 种控件进行详细讲解。

5.4.1　MenuStrip 控件

菜单控件使用 MenuStrip 控件来表示，它主要用来设计程序的菜单栏。MenuStrip 控件 C#中的 MenuStrip 控件支持多文档界面、菜单合并、工具提示和溢出等功能，开发人员可以通过添加访问键、快捷键、选中标记、图像和分隔条来增强菜单的可用性和可读性。

下面以"文件"菜单为例演示如何使用 MenuStrip 控件设计菜单栏，具体操作步骤如下。

（1）从工具箱中将 MenuStrip 控件拖曳到窗体中，如图 5-27 所示。

（2）在输入菜单名称时，系统会自动产生输入同级和子级下一个菜单名称的提示，如图5-28所示。

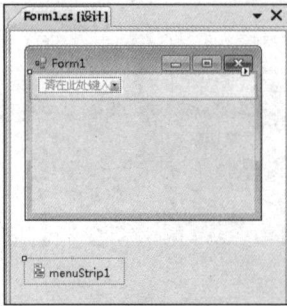

图 5-27　将 MenuStrip 控件拖曳到窗体中

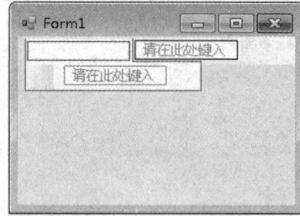

图 5-28　输入菜单名称

（3）在图 5-28 所示的输入框中输入"新建（&N）"后，菜单中会自动显示"新建（N）"，此处"&"被识别为标记访问键的字符，"新建（N）"菜单项就可以通过按【Alt+N】快捷键打开。同理，在"新建（N）"菜单项的下方创建"打开（O）""关闭（C）""保存（S）"等菜单项。

（4）菜单设置完成后，运行程序，效果如图 5-29 所示。

> 📖 **说明**：开发人员可以通过菜单控件的快捷菜单为菜单项设置样式，或者添加其他的菜单项，如图 5-30 所示。

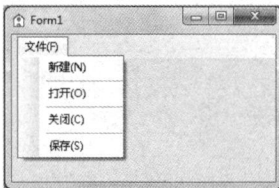

图 5-29　菜单效果

图 5-30　设置菜单项样式

5.4.2　ToolStrip 控件

工具栏控件使用 ToolStrip 控件来表示，该控件可以创建具有 Windows XP、Office、Internet Explorer 或自定义的外观和行为的工具栏及其他用户界面元素。

ToolStrip 控件

使用 ToolStrip 控件创建工具栏的具体步骤如下。

（1）从工具箱中将 ToolStrip 控件拖曳到窗体中，如图 5-31 所示。

（2）单击工具栏中的下拉按钮，如图 5-32 所示。

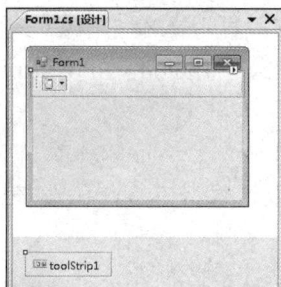

图 5-31　将 ToolStrip 控件拖曳到窗体中

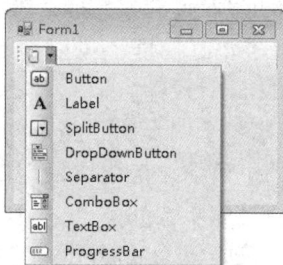

图 5-32　工具栏项

从图中可以看到，单击工具栏中的下拉按钮后，下拉列表中有 8 种不同的工具栏项，下面分别介绍。

- ❑ Button：包含文本和图像的项，可让用户选择。
- ❑ Label：包含文本和图像的项，不可以让用户选择，可以显示超链接。
- ❑ SplitButton：在 Button 控件的基础上增加了一个下拉按钮。
- ❑ DropDownButton：用于设置下拉列表中的选项。
- ❑ Separator：分隔符。
- ❑ ComboBox：显示一个 ComboBox 控件的项。
- ❑ TextBox：显示一个 TextBox 控件的项。
- ❑ ProgressBar：显示一个 ProgressBar 控件的项。

（3）添加相应的工具栏按钮后，可以设置其要显示的图像，具体方法：选中要设置图像的工具栏按钮，单击鼠标右键，在弹出的快捷菜单中选择"设置图像"命令，如图 5-33 所示。

（4）工具栏中的按钮默认只显示图像。如果要以其他方式（比如只显示文本、同时显示图像和文本等）显示工具栏按钮，可以选中工具栏按钮，单击鼠标右键，在弹出的快捷菜单中选择"DisplayStyle"子菜单中的命令。

（5）工具栏设计完成后，运行程序，效果如图 5-34 所示。

图 5-33　设置按钮的图像

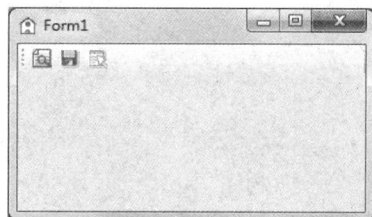

图 5-34　程序运行结果

5.4.3　StatusStrip 控件

状态栏控件使用 StatusStrip 控件来表示，它通常放置在窗体的底部，用于显示窗体上一些对象的相关信息，或者显示应用程序的信息。StatusStrip 控

StatusStrip 控件

件由 ToolStripStatusLabel 对象组成，每个这样的对象都可以显示文本、图像，或同时显示这二者。另外，StatusStrip 控件还可以包含 ToolStripDropDown Button、ToolStripSplitButton 和 ToolStripProgressBar 等控件。

【例 5-9】 修改【例 5-3】，在【例 5-3】的基础上添加一个 Windows 窗体，用来作为进销存管理系统的主窗体。该窗体使用 StatusStrip 控件设计状态栏，并在其中显示登录用户名及登录时间，具体步骤如下。

（1）从工具箱中将 StatusStrip 控件拖到窗体中，如图 5-35 所示。

（2）在状态栏上单击鼠标右键，选择"插入"命令，弹出子菜单，如图 5-36 所示。

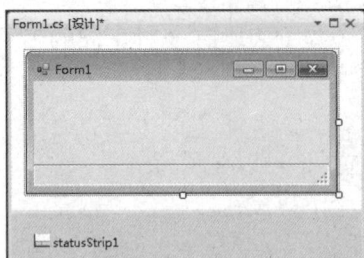

图 5-35　将 StatusStrip 控件拖到窗体中

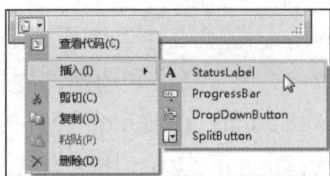

图 5-36　状态栏项

从图中可以看到，当选择"插入"命令时，子菜单中有 4 种不同的状态栏项，下面分别介绍。

❑ StatusLabel：包含文本和图像的项，不可以让用户选择，可以显示超链接。

❑ ProgressBar：显示进度条。

❑ DropDownButton：用于设置下拉列表中的选项。

❑ SplitButton：在 Button 控件的基础上增加了一个下拉按钮。

图 5-37　状态栏设计效果

（3）在图 5-36 中选择需要的项添加到状态栏中。这里添加两个 StatusLabel，状态栏设计效果如图 5-37 所示。

（4）打开登录窗体（Form1），在其.cs 文件中定义一个成员变量，用来记录登录用户名，代码如下：

```
public static string strName;                          //声明成员变量，用来记录登录用户名
```

（5）触发登录窗体中"登录"按钮的 Click 事件，在该事件中记录登录用户名并打开主窗体，代码如下：

```
private void button1_Click(object sender, EventArgs e)
  {
    strName = textBox1.Text;                    //记录登录用户
    Form2 frm = new Form2();                     //创建 Form2 窗体对象
    this.Hide();                                //隐藏当前窗体
    frm.Show();                                 //显示 Form2 窗体
  }
```

（6）触发 Form2 窗体的 Load 事件，在该事件中设置在状态栏中显示登录用户名及登录时间，代码如下：

```
private void Form2_Load(object sender, EventArgs e)
  {
    toolStripStatusLabel1.Text = "登录用户: " + Form1.strName;//显示登录用户名
     //显示登录时间
    toolStripStatusLabel2.Text = " || 登录时间: " + DateTime.Now.ToLongTimeString();
  }
```

运行程序，在登录窗体中输入用户名和密码，如图 5-38 所示。单击"登录"按钮，进入进销存管理系统的主窗体，主窗体的状态栏中会显示登录用户名及登录时间，如图 5-39 所示。

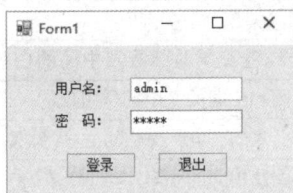

图 5-38　输入用户名和密码　　　　　图 5-39　显示登录用户名及登录时间

5.5　对话框

如果一个窗体的弹出是为了对诸如打开文件之类的用户请求做出响应，同时停止所有其他"用户与应用程序之间"的交互活动，那么该窗体就是一个对话框。比较常用的对话框操作（如打开文件、选择字体和保存文件等）都是通过 Windows 提供的标准对话框实现的，C#也可以利用这些对话框来实现相应的功能。

对话框主要包括打开对话框控件（OpenFileDialog 控件）、另存为对话框控件（Save FileDialog 控件）、浏览文件夹对话框控件（FolderBrowserDialog 控件）、颜色对话框控件（ColorDialog 控件）和字体对话框控件（FontDialog 控件）等。

5.5.1　消息框

消息框是一个预定义对话框，主要用于向用户显示与应用程序相关的信息，以及来自用户的请求信息。在.NET Framework 中，使用 MessageBox 类表示消息框，通过调用该类的 Show 方法可以显示消息框。该方法有多种重载形式，最常用的两种形式如下：

消息框

```
public static DialogResult Show(string text)
public static DialogResult Show(string text,string caption, MessageBoxButtons buttons,
MessageBoxIcon icon)
```

❑ text：要在消息框中显示的文本。

❑ caption：要在消息框的标题栏中显示的文本。

❑ buttons：MessageBoxButtons 枚举值之一，可指定在消息框中显示哪些按钮。Message BoxButtons 枚举值及其说明如表 5-13 所示。

表 5-13　MessageBoxButtons 枚举值及其说明

枚举值	说明
OK	消息框包含"确定"按钮
OKCancel	消息框包含"确定"和"取消"按钮
AbortRetryIgnore	消息框包含"中止""重试""忽略"按钮
YesNoCancel	消息框包含"是""否""取消"按钮
YesNo	消息框包含"是"和"否"按钮
RetryCancel	消息框包含"重试"和"取消"按钮

❑ icon：MessageBoxIcon 枚举值之一，它指定在消息框中显示哪些符号。MessageBoxIcon 枚举值及其说明如表 5-14 所示。

表 5-14　MessageBoxIcon 枚举值及其说明

枚举值	说明
None	消息框未包含符号
Hand	消息框包含一个符号，该符号是由一个红色背景的圆圈及中间的白色×组成的
Question	消息框包含一个符号，该符号是由一个圆圈和中间的一个问号组成的
Exclamation	消息框包含一个符号，该符号是由一个黄色背景的三角形及中间的一个感叹号组成的
Asterisk	消息框包含一个符号，该符号是由一个圆圈及中间的小写字母 i 组成的
Stop	消息框包含一个符号，该符号是由一个红色背景的圆圈及中间的白色×组成的，与 Hand 的说明相同
Error	消息框包含一个符号，该符号是由一个红色背景的圆圈及中间的白色×组成的，与 Hand 的说明相同
Warning	消息框包含一个符号，该符号是由一个黄色背景的三角形及中间的一个感叹号组成的
Information	消息框包含一个符号，该符号是由一个圆圈及中间的小写字母 i 组成的，与 Asterisk 的说明相同

❑ 返回值：DialogResult 枚举值之一。DialogResult 枚举值及其说明如表 5-15 所示。

表 5-15　DialogResult 枚举值及其说明

枚举值	说明
None	对话框没有返回任何结果，这表明有模式对话框在运行
OK	对话框的返回值是 OK（通常从标签为"确定"的按钮发送）
Cancel	对话框的返回值是 Cancel（通常从标签为"取消"的按钮发送）
Abort	对话框的返回值是 Abort（通常从标签为"中止"的按钮发送）
Retry	对话框的返回值是 Retry（通常从标签为"重试"的按钮发送）
Ignore	对话框的返回值是 Ignore（通常从标签为"忽略"的按钮发送）
Yes	对话框的返回值是 Yes（通常从标签为"是"的按钮发送）
No	对话框的返回值是 No（通常从标签为"否"的按钮发送）

例如，使用 MessageBox 类的 Show 方法弹出一个"警告"消息框，代码如下：

```
MessageBox.Show("确定要退出当前系统吗？", "警告", MessageBoxButtons.YesNo, MessageBoxIcon.Warning);
```

效果如图 5-40 所示。

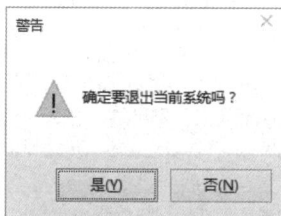

图 5-40　"警告"消息框

5.5.2　窗体

窗体是开发人员设计程序外观的操作界面，根据不同的需求，可以使用不同类型的 Windows 窗体。根据 Windows 窗体的显示状态，可以分为模式窗体和非模式窗体。

窗体

1．模式窗体

模式窗体就是使用 ShowDialog 方法显示的窗体。它在显示时，如果作为激活窗体，则其他窗体不可用。只有将模式窗体关闭之后，其他窗体才能恢复可用状态。

例如，使用窗体对象的 ShowDialog 方法以模式窗体形式显示 Form2，代码如下：

```
Form2 frm = new Form2();             //实例化窗体对象
frm.ShowDialog();                    //以模式窗体形式显示 Form2
```

2．非模式窗体

非模式窗体就是使用 Show 方法显示的窗体，一般的窗体都是非模式窗体。非模式窗体在显示时，如果有多个窗体，用户可以单击任何一个窗体，单击的窗体将立即成为激活窗体，并显示在界面的最前面。

例如，使用窗体对象的 Show 方法以非模式窗体形式显示 Form2，代码如下：

```
Form2 frm = new Form2();             //实例化窗体对象
frm.Show();                          //以非模式窗体形式显示 Form2
```

> 说明：模式窗体和非模式窗体只有在实际使用时才能体验到差别，它们在呈现给用户时并没有明显的差别。

5.5.3　OpenFileDialog 控件

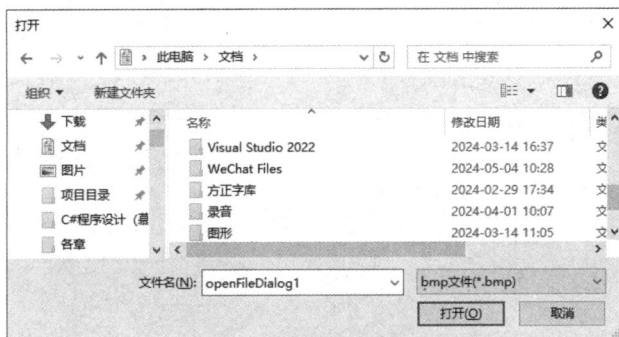

OpenFileDialog 控件表示一个通用对话框，用户可以使用此对话框来指定一个或多个要打开的文件。"打开"对话框如图 5-41 所示。

OpenFileDialog 控件的常用属性及其说明如表 5-16 所示。

OpenFileDialog
控件

图 5-41　"打开"对话框

表 5-16　OpenFileDialog 控件常用属性及其说明

属性	说明
AddExtension	指示如果用户省略扩展名，对话框是否自动在文件名中添加扩展名
DefaultExt	获取或设置默认文件扩展名
FileName	获取或设置打开的对话框中选定的文件名的字符串
FileNames	获取对话框中所有选定文件的文件名
Filter	获取或设置当前文件扩展名筛选器字符串，该字符串决定对话框的"保存类型"或"文件类型"下拉列表中出现的选项
InitialDirectory	获取或设置对话框显示的初始目录

属性	说明
Multiselect	获取或设置一个值，该值指示对话框是否允许选择多个文件
RestoreDirectory	获取或设置一个值，该值指示对话框在关闭前是否还原当前目录

OpenFileDialog 控件的常用方法及其说明如表 5-17 所示。

表 5-17　OpenFileDialog 控件常用方法及其说明

方法	说明
OpenFile	以只读模式打开用户选择的文件
ShowDialog	用来打开相应对话框

📖 **说明：** ShowDialog 方法是对话框的通用方法，用来打开相应的对话框。

例如，使用 OpenFileDialog 控件打开一个"打开"对话框，在该对话框中只能选择图片文件，代码如下：

```
openFileDialog1.InitialDirectory = "C:\\";              //设置初始目录
openFileDialog1.Filter = "bmp 文件(*.bmp)|*.bmp|gif 文件(*.gif)|*.gif|jpg 文件(*.jpg)|*.jpg";
                                                       //设置只能选择图片文件
openFileDialog1.ShowDialog();
```

5.5.4　SaveFileDialog 控件

SaveFileDialog 控件表示一个通用对话框，用户可以使用此对话框来另存当前文件。"另存为"对话框如图 5-42 所示。

SaveFileDialog
控件

图 5-42　"另存为"对话框

SaveFileDialog 控件的常用属性及其说明如表 5-18 所示。

表 5-18　SaveFileDialog 控件的常用属性及其说明

属性	说明
CreatePrompt	获取或设置一个值，该值指示如果用户指定不存在的文件，对话框是否提示用户创建该文件
OverwritePrompt	获取或设置一个值，该值指示如果用户指定的文件名已存在，对话框是否显示警告
FileName	获取或设置打开的对话框中选定的文件名的字符串
FileNames	获取对话框中所有选定文件的文件名
Filter	获取或设置当前文件扩展名筛选器字符串，该字符串决定对话框的"保存类型"或"文件类型"下拉列表中出现的选项

例如，使用 SaveFileDialog 控件来调用一个选择文件路径的对话框窗体，代码如下：

```
saveFileDialog1.ShowDialog();
```

在"另存为"对话框中设置保存文件的类型为.txt，代码如下：

```
saveFileDialog1.Filter = "文本文件 (*.txt)|*.txt";
```

获取在"另存为"对话框中设置的文件路径，代码如下：

```
saveFileDialog1.FileName;
```

5.5.5 FolderBrowserDialog 控件

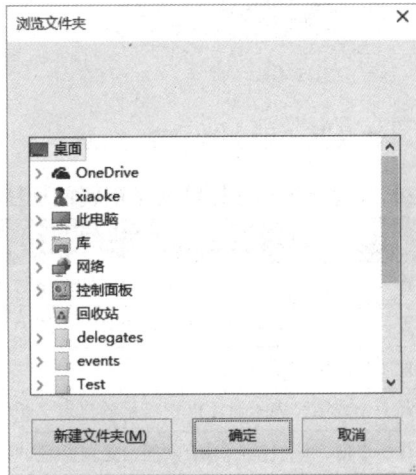

FolderBrowserDialog 控件主要用来提示用户选择文件夹。"浏览文件夹"对话框如图 5-43 所示。

FolderBrowser
Dialog 控件

图 5-43 "浏览文件夹"对话框

FolderBrowserDialog 控件的常用属性及其说明如表 5-19 所示。

表 5-19 FolderBrowserDialog 控件的常用属性及其说明

属性	说明
Description	获取或设置对话框中在 TreeView 控件上显示的说明文本
RootFolder	获取或设置根文件夹
SelectedPath	获取或设置文件的路径
ShowNewFolderButton	获取或设置一个值，该值指示"新建文件夹"按钮是否显示在"浏览文件夹"对话框中

例如，设置在弹出的"浏览文件夹"对话框中不显示"新建文件夹"按钮，然后判断是否选择了文件夹，如果已经选择，则将选择的文件夹显示在 TextBox 控件中，代码如下：

```
folderBrowserDialog1.ShowNewFolderButton = false;
if (folderBrowserDialog1.ShowDialog() == DialogResult.OK)
{
    textBox1.Text = folderBrowserDialog1.SelectedPath;
}
```

5.5.6 ColorDialog 控件

ColorDialog 控件表示一个通用对话框，用来显示可用的颜色，并允许用户自定义颜色。"颜色"对话框如图 5-44 所示。

ColorDialog
控件

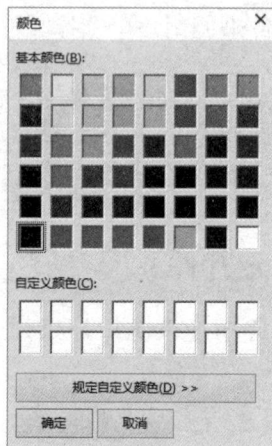

图 5-44 "颜色"对话框

ColorDialog 控件的常用属性及其说明如表 5-20 所示。

表 5-20 ColorDialog 控件的常用属性及其说明

属性	说明
AllowFullOpen	获取或设置一个值，该值指示用户是否可以使用该对话框自定义颜色
AnyColor	获取或设置一个值，该值指示对话框是否显示系统中可用的所有颜色
Color	获取或设置用户选中的颜色
CustomColors	获取或设置一个数组，表示对话框中显示的自定义颜色集
FullOpen	获取或设置一个值，该值指示用于创建自定义颜色的部分在对话框打开时是否可见
Options	获取或设置初始化时"颜色"对话框的值
ShowHelp	获取或设置一个值，该值指示在"颜色"对话框中是否显示"帮助"按钮
SolidColorOnly	获取或设置一个值，该值指示对话框是否限制用户只能选择纯色

例如，将 label1 控件中的字体颜色设置为在"颜色"对话框中选中的颜色，代码如下：

```
colorDialog1.ShowDialog();
label1.ForeColor = this.colorDialog1.Color;
```

5.5.7 FontDialog 控件

FontDialog 控件用于显示系统当前安装的字体，开发人员可在 Windows 应用程序中将其作为简单的字体选择解决方案，而不必手动配置相关的对话框。默认情况下，"字体"对话框中将显示字体、字形和大小的列表框，删除线和下画线等效果的复选框，字符集（字符集是指给定字体可用的不同字符脚本）的下拉列表，以及示例等选项。"字体"对话框如图 5-45 所示。

FontDialog 控件

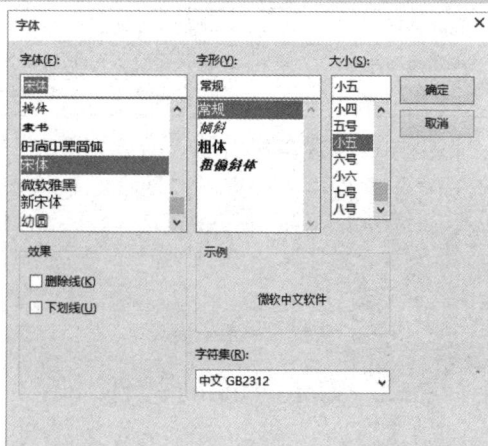

图 5-45 "字体"对话框

FontDialog 控件的常用属性及其说明如表 5-21 所示。

表 5-21　FontDialog 控件的常用属性及其说明

属性	说明
AllowVectorFonts	获取或设置一个值，该值指示对话框是否允许选择矢量字体
Color	获取或设置选择字体的颜色
Font	获取或设置选择的字体
MaxSize	获取或设置用户可选择的最大磅值
MinSize	获取或设置用户可选择的最小磅值
Options	获取或设置用来初始化"字体"对话框的值
ShowApply	获取或设置一个值，该值指示对话框是否包含"应用"按钮
ShowColor	获取或设置一个值，该值指示对话框是否显示"颜色"按钮
ShowHelp	获取或设置一个值，该值指示对话框是否显示"帮助"按钮

例如，将 label1 控件的字体设置为"字体"对话框中选择的字体，代码如下：

```
fontDialog1.ShowDialog();
label1.Font = this.fontDialog1.Font;
```

5.6　多文档界面（MDI 窗体）

窗体是所有文档界面的基础，这就意味着为了打开多个文档，需要具有能够同时处理多个窗体的应用程序。为了适应这个需求，产生了 MDI 窗体，即多文档界面。本节将对 MDI 窗体进行详细讲解。

5.6.1　MDI 窗体的概念

MDI 窗体的概念

多文档界面（Multiple-Document Interface，MDI），又称 MDI 窗体，主要用于同时显示多个文档，每个文档显示在各自的窗口中。MDI 窗体中通常有包含子菜单的窗口菜单，用于在窗口或文档之间进行切换。

5.6.2　设置 MDI 窗体

在 MDI 窗体中，起到容器作用的窗体被称为"父窗体"，可放在父窗体中的其他窗体被称为"子窗体"，也称为"MDI 子窗体"。当 MDI 应用程序启动

设置 MDI 窗体

时，首先会显示父窗体。所有的子窗体都在父窗体中打开，在父窗体中可以于任何时候打开多个子窗体。每个应用程序只能有一个父窗体，其他子窗体不能移出父窗体的框架区域。下面介绍如何将窗体设置成父窗体和子窗体。

1．设置父窗体

如果要将某个窗体设置为父窗体，只需在窗体的属性窗口中将 IsMdiContainer 属性设置为 true。

2．设置子窗体

设置完父窗体后，通过设置某个窗体的 MdiParent 属性来确定子窗体。
语法格式如下：

```
public Form MdiParent { get; set; }
```
❑ MdiParent：MDI 父窗体。

例如，将 Form2 窗体设置成当前窗体的子窗体，代码如下：

```
Form2 frm2 = new Form2();                    //创建 Form2
frm2.Show();                                 //使用 Show 方法打开窗体
frm2. MdiParent = this;                      //设置 MdiParent 属性，将当前窗体作为父窗体
```

5.6.3 排列 MDI 子窗体

通过使用带有 MdiLayout 枚举的 LayoutMdi 方法来排列 MDI 父窗体中
的子窗体，语法格式如下：

排列 MDI 子窗体

```
public void LayoutMdi(MdiLayout value)
```

- □ value：MdiLayout 枚举值之一，用来定义 MDI 子窗体的布局。MdiLayout 的枚举成
  员及其说明如表 5-22 所示。

表 5-22　MdiLayout 的枚举成员及其说明

枚举成员	说明
Cascade	所有 MDI 子窗体均层叠在 MDI 父窗体的工作区内
TileHorizontal	所有 MDI 子窗体均水平平铺在 MDI 父窗体的工作区内
TileVertical	所有 MDI 子窗体均垂直平铺在 MDI 父窗体的工作区内

下面通过一个实例演示如何使用带有 MdiLayout 枚举的 LayoutMdi 方法来排列 MDI 父
窗体中的子窗体。

【例 5-10】创建一个 Windows 应用程序，向项目中添加 4 个窗体，然后使用 LayoutMdi
方法及 MdiLayout 枚举设置窗体的排列方式。

（1）新建一个 Windows 应用程序，默认窗体为 Form1。

（2）将窗体 Form1 的 IsMdiContainer 属性设置为 True，以用作 MDI 父窗体，然后添加
3 个 Windows 窗体，用作 MDI 子窗体。

（3）在 Form1 窗体中，添加一个 MenuStrip 控件，用作该父窗体的菜单。

（4）通过 MenuStrip 控件建立 4 个菜单项，分别为"加载子窗体""水平平铺""垂直
平铺""层叠排列"。运行程序时，单击"加载子窗体"菜单项后，可以加载所有的子窗体，
代码如下：

```
private void 加载子窗体ToolStripMenuItem_Click(object sender, EventArgs e)
{
    Form2 frm2 = new Form2();                //创建 Form2
    frm2.MdiParent = this;                   //设置 MdiParent 属性，将当前窗体作为父窗体
    frm2.Show();                             //使用 Show 方法打开窗体
    Form3 frm3 = new Form3();                //创建 Form3
    frm3.MdiParent = this;                   //设置 MdiParent 属性，将当前窗体作为父窗体
    frm3.Show();                             //使用 Show 方法打开窗体
    Form4 frm4 = new Form4();                //创建 Form4
    frm4.MdiParent = this;                   //设置 MdiParent 属性，将当前窗体作为父窗体
    frm4.Show();                             //使用 Show 方法打开窗体
}
```

（5）加载所有的子窗体之后，单击"水平平铺"菜单项，使窗体中所有的子窗体水平
平铺，代码如下：

```
private void 水平平铺ToolStripMenuItem_Click(object sender, EventArgs e)
{
    LayoutMdi(MdiLayout.TileHorizontal);    //使用 MdiLayout 枚举实现窗体的水平平铺
}
```

（6）单击"垂直平铺"菜单项，使窗体中所有的子窗体垂直平铺，代码如下：

```
private void 垂直平铺ToolStripMenuItem_Click(object sender, EventArgs e)
{
    LayoutMdi(MdiLayout.TileVertical);           //使用MdiLayout枚举实现窗体的垂直平铺
}
```

（7）单击"层叠排列"菜单项，使窗体中所有的子窗体层叠排列，代码如下：

```
private void 层叠排列ToolStripMenuItem_Click(object sender, EventArgs e)
{
    LayoutMdi(MdiLayout.Cascade);                //使用MdiLayout枚举实现窗体的层叠排列
}
```

运行程序，加载所有子窗体，效果如图 5-46 所示，水平平铺子窗体的效果如图 5-47 所示，垂直平铺子窗体的效果如图 5-48 所示，层叠排列子窗体的效果如图 5-49 所示。

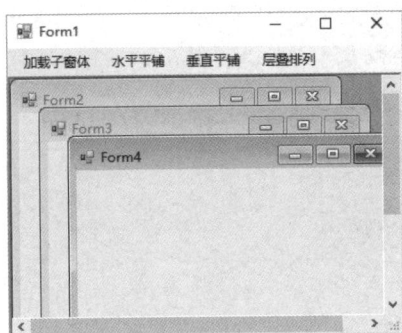

图 5-46　加载所有子窗体

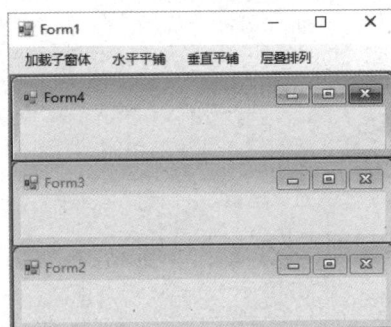

图 5-47　水平平铺子窗体

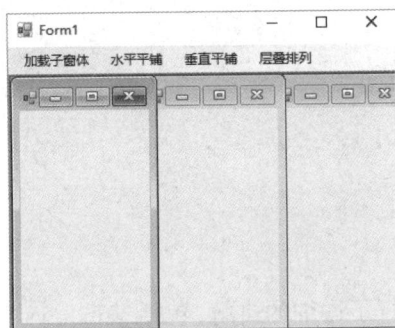

图 5-48　垂直平铺子窗体

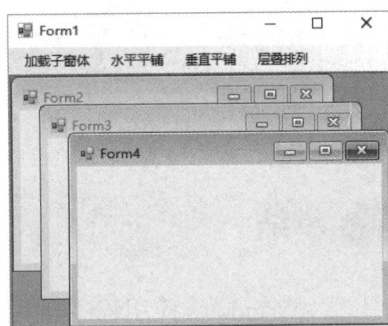

图 5-49　层叠排列子窗体

5.7　AI 辅助答疑

在开发 Windows 应用程序时，可以利用 AI 工具来帮助我们解决实际开发中的问题。以下是在 AI 工具中的一个可能的对话示例。

【问题】

使用 C#设计窗体时，如何使窗体的大小和窗体中的控件位置自动适应用户的桌面？

【AI 建议】

在使用 C#设计窗体应用程序时，使窗体的大小和其中的控件位置自动适应用户的桌面分辨率是一个常见的需求，这通常可以通过设置窗体和控件的 Anchor 和 Dock 属性来实现，具体操作如下。

- Anchor 属性允许开发人员指定控件相对于其父容器的哪些边缘保持固定距离。例如，如果希望一个按钮始终位于窗体的右下角，可以设置其 Anchor 属性为 Right 和 Bottom。

- Dock 属性允许开发人员将控件填充到其父容器的某个边缘或整个区域。例如，如果希望一个 Panel 控件始终填充整个窗体，可以设置其 Dock 属性为 Fill。

- 如果需要更复杂的布局逻辑，可以在窗体的 Resize 事件中动态调整控件的位置和大小。例如：

```csharp
public partial class MainForm : Form
{
    private Button button;
    public MainForm()
    {
        InitializeComponent();
        //初始化按钮
        button = new Button();
        button.Text = "单击我";
        button.Size = new System.Drawing.Size(100, 50);
        button.Location = new System.Drawing.Point(10, 10);
        //将按钮添加到窗体
        this.Controls.Add(button);
        //注册 Resize 事件
        this.Resize += MainForm_Resize;
        //初始布局
        MainForm_Resize(this, EventArgs.Empty);
    }
    private void MainForm_Resize(object sender, EventArgs e)
    {
        //动态调整按钮的位置和大小
        button.Location = new System.Drawing.Point((this.ClientSize.Width - button.Width)
/ 2, (this.ClientSize.Height - button.Height) / 2);
    }
}
```

5.8 小结

本章主要对 Windows 应用程序开发的知识进行了详细的讲解，包括 Windows 窗体的使用方法，常用 Windows 控件的使用方法，菜单、工具栏和状态栏的使用方法，常用对话框的使用方法，以及 MDI 窗体相关的应用。本章所讲解的内容在开发 Windows 应用程序时是最基础、最常用的，尤其是 Windows 窗体及 Windows 控件的使用方法，读者一定要熟练掌握。

5.9 上机指导

使用本章所学知识模拟实现进销存管理系统的登录窗体、主窗体和"进货单—进货管理"窗体。运行程序，显示登录窗体，如图 5-50 所示；输入用户名和密码，单击"登录"按钮，进入主窗体，主窗体中显示提供的操作菜单，并在状态栏中显示登录用户名及登录时间，如图 5-51 所示；选择"进货管理"/"进货单"菜单项，打开"进货单—进货管理"窗体，可以在该窗体中添加进货信息，如图 5-52 所示。

上机指导

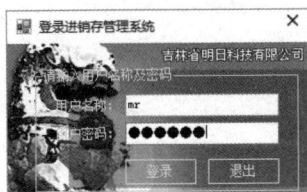

图 5-50　登录窗体

图 5-51　主窗体

主要开发步骤如下。

（1）创建一个 Windows 窗体应用程序，项目命名为 EMS。

（2）把默认窗体 Form1 更名为 frmLogin，该窗体用来实现用户的登录功能。在该窗体中添加一个 GroupBox 控件，然后在该控件中添加两个 TextBox 控件、两个 Label 控件和两个 Button 控件，分别用来输入登录信息（用户名和密码）、标注信息（提示用户名和密码）以及进行登录和退出操作。

（3）在 EMS 项目中添加一个窗体，并命名为 frmMain，用来作为进销存管理系统的主窗体。在该窗体中设置背景图片，并添加一个 MenuStrip 控件、一个 StatusStrip 控件，分别用来作为主窗体的菜单和状态栏。其中，菜单设置如图 5-53 所示。

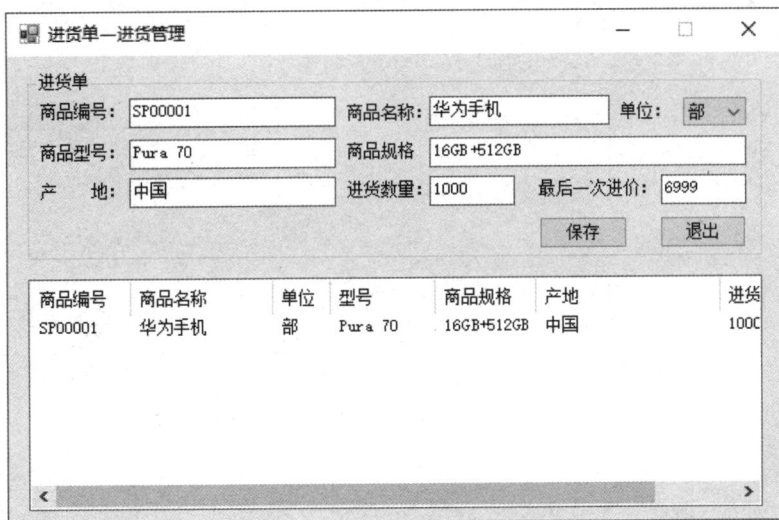

图 5-52　"进货单—进货管理"窗体

（4）在 EMS 项目中添加一个窗体，并命名为 frmBuyStock，用来作为"进货单—进货管理"窗体。在该窗体中添加 7 个 TextBox 控件，分别用来输入商品编号、商品名称、商品型号、商品规格、产地、进货数量和最后一次进价等信息；添加一个 ComboBox 控件，用来选择单位；添加两个 Button 控件，分别用来执行保存进货信息操作和退出操作；添加一个 ListView 控件，用来显示保存的进货信息。

图 5-53　菜单设置

（5）frmLogin 窗体中"登录"按钮的 Click 事件代码如下：

```csharp
private void btnLogin_Click(object sender, EventArgs e) //单击"登录"按钮
{
    if (txtUserName.Text == string.Empty)                //若用户名为空
    {
        MessageBox.Show("用户名称不能为空！", "错误提示", MessageBoxButtons.OK, MessageBox
Icon.Error);                                            //提示用户名不能为空
        return;
    }
    //判断用户名和密码是否正确
    if (txtUserName.Text == "mr" && txtUserPwd.Text == "mrsoft")
    {
        frmMain main = new frmMain();                    //创建主窗体
        main.Show();                                     //显示主窗体
        this.Visible = false;                            //隐藏登录窗体
    }
    else                                                 //若用户名或密码错误
    {
        MessageBox.Show("用户名称或密码不正确！","错误提示",MessageBoxButtons.OK,MessageBox
Icon.Error);                                            //提示用户名或密码错误
    }
}
```

（6）frmMain 窗体加载时，显示登录用户名及登录时间，代码如下：

```csharp
private void frmMain_Load(object sender, EventArgs e)
{
    toolStripStatusLabel1.Text = "登录用户: " + frmLogin.strName; //显示登录用户名
    //显示登录时间
    toolStripStatusLabel2.Text = " || 登录时间: " + DateTime.Now.ToLongTimeString();
}
```

（7）在 frmMain 窗体中，选择"进货管理"/"进货单"菜单项，显示"进货单—进货管理"窗体，代码如下：

```
private void fileBuyStock_Click(object sender, EventArgs e)
{
    new frmBuyStock().Show();                          //打开"进货单—进货管理"窗体
}
```

（8）在 frmBuyStock 窗体中，单击"保存"按钮，将文本框中输入的商品信息显示到 ListView 控件中，代码如下：

```
private void btnAdd_Click(object sender, EventArgs e)
{
    ListViewItem li = new ListViewItem();              //创建 ListView 子项
    li.SubItems.Clear();
    li.SubItems[0].Text = txtID.Text;                  //显示商品编号
    li.SubItems.Add(txtName.Text);                     //显示商品名称
    li.SubItems.Add(cbox.Text);                        //显示单位
    li.SubItems.Add(txtType.Text);                     //显示商品型号
    li.SubItems.Add(txtISBN.Text);                     //显示商品规格
    li.SubItems.Add(txtAddress.Text);                  //显示产地
    li.SubItems.Add(txtNum.Text);                      //显示进货数量
    li.SubItems.Add(txtPrice.Text);                    //显示最后一次进价
    listView1.Items.Add(li);                           //将子项内容显示在 listView1 中
}
```

5.10 习题

5-1   如何设置启动窗体？

5-2   .NET 中的大部分控件都派生自什么类？

5-3   如果要将一个 TextBox 控件设置为密码文本框，可以通过什么方式实现？

5-4   CheckBox 控件与 RadioButton 控件有何不同？

5-5   简述 ComboBox 控件与 ListBox 控件的区别。

5-6   ListView 控件中可以设置哪几种视图显示方式？

5-7   简述 Timer 控件的主要作用。

5-8   如何为菜单设置访问键？

5-9   常用的对话框有哪几种？

5-10   如何设置 MDI 父窗体与子窗体？

第6章 GDI+编程

本章要点

- Graphics 对象的 3 种创建方法
- 画笔类（Pen 类）和画刷类（Brush 类）
- 基本图形的绘制
- GDI+中的颜色
- 文本输出
- 绘制及刷新图像

用户界面上的窗体和控件非常有用，有时还需要在窗体上使用颜色和图形。例如，可能需要使用线条来开发游戏，或者需要使用图表对数据进行分析。在这种情况下，只使用 Windows 控件是不够的，这时就可以使用 GDI+技术灵活地绘图。GDI+技术支持颜色、图形等对象，使开发人员可以在程序中绘制各种图形或其他对象，比如直线、矩形、椭圆、圆弧、扇形、文本等。本章将对 C#中的 GDI+编程进行详细的讲解。

6.1 GDI+绘图基础

GDI+是图形设备接口（Graphic Device Interface，GDI）的后继者，它是.NET Framework 为操作图形提供的应用程序接口（Application Program Interface，API）。使用 GDI+可以在屏幕或打印机上显示信息，而无须考虑特定显示设备的细节。GDI+主要用于在窗体上绘制各种图形，可以绘制各种数据图形，进行数学仿真等。

坐标系

6.1.1 坐标系

坐标系是图形设计的基础，GDI+使用 3 个坐标空间：世界坐标系、页面坐标系和设备坐标系。其中，世界坐标系即绝对坐标系，它是一个全局固定的三维坐标系统，以确定的原点和坐标轴为基准，用于统一描述物体在虚拟或现实空间中的绝对位置和方向；页面坐标系是指绘图页面（如窗体）使用的坐标系；设备坐标系是在进行绘制的物理设备上（如屏幕或纸张）所使用的坐标系。

坐标系总是以左上角为原点(0,0)，除了原点之外，坐标系还包括

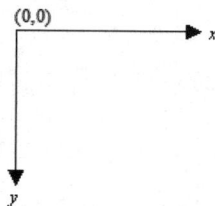

图 6-1　坐标系

横坐标轴（x 轴）和纵坐标轴（y 轴），图 6-1 所示就是一个坐标系。

6.1.2 像素

像素全称为图像元素，它是构成图像的基本单位，通常以像素每英寸（pixels per inch，ppi）为单位来表示图像分辨率的大小。例如，1024 像素×768 像素的分辨率，表示水平方向上每英寸有 1024 像素、垂直方向上每英寸有 768 像素。

一个像素所能表达的不同颜色数取决于比特每像素（bits per pixel，bpp），最大颜色数可以通过取 2 的 n 次幂获得。例如，常见的像素位数及其对应颜色数如表 6-1 所示。

表 6-1　像素位数及对应颜色数

像素位数	颜色数
8 bpp	256 色
16 bpp	65536 色
24 bpp	2^{24} 色（24 位真彩色）
48 bpp	2^{48} 色（48 位真彩色）

6.1.3 Graphics 类

Graphics 类是 GDI+的核心，而 Graphics 对象表示 GDI+绘图画面，Graphics 类提供了将对象绘制到显示设备的方法。Graphics 对象与特定的设备相关联，是用于创建图形、图像的对象。Graphics 类封装了绘制图形和文本的方法，是进行一切 GDI+操作的基础类。在绘图之前，必须在指定的窗体上创建一个 Graphics 对象，才可以调用 Graphics 类的方法进行绘图，但不能直接建立 Graphics 类的对象。创建 Graphics 对象有以下 3 种方法。

1．Paint 事件

在窗体或控件的 Paint 事件中创建 Graphics 对象，将其作为 PaintEventArgs 的一部分。在为控件创建绘制代码时，通常会使用此方法来获取对图形对象的引用。

例如，在 Paint 事件中创建 Graphics 对象，代码如下：

```
private void Form1_Paint(object sender, PaintEventArgs e)    //窗体的 Paint 事件
{
    Graphics g = e.Graphics;                                 //创建 Graphics 对象
}
```

2．CreateGraphics 方法

调用控件或窗体的 CreateGraphics 方法可以获取对 Graphics 对象的引用，该对象表示控件或窗体的绘图画面。如果在已存在的窗体或控件上绘图，应该使用此方法。

例如，在窗体的 Load 事件中，通过 CreateGraphics 方法创建 Graphics 对象，代码如下：

```
private void Form1_Load(object sender, EventArgs e)          //窗体的 Load 事件
{
    Graphics g;                                              //声明一个 Graphics 对象
    //使用 CreateGraphics 方法创建 Graphics 对象
    g = this.CreateGraphics();
}
```

3．Graphics.FromImage 方法

由从 Image 派生的任何对象创建 Graphics 对象，调用 Graphics.FromImage 方法即可。

该方法在需要更改已存在的图像时十分有用。

例如，在窗体的 Load 事件中，通过 Graphics.FromImage 方法创建 Graphics 对象，代码如下：

```
private void Form1_Load(object sender, EventArgs e)        //窗体的 Load 事件
{
Bitmap mbit = new Bitmap(@"C:\ls.bmp");                    //实例化 Bitmap 类
//通过 Graphics.FromImage 方法创建 Graphics 对象
Graphics g = Graphics.FromImage(mbit);
}
```

Graphics 类的常用属性及其说明如表 6-2 所示。

表 6-2 Graphics 类的常用属性及其说明

属性	说明
Clip	获取或设置 Region 对象，该对象定义此 Graphics 对象的绘图区域
ClipBounds	获取 RectangleF 结构，该结构定义此 Graphics 对象的剪辑区域
DpiX	获取此 Graphics 对象的水平分辨率
DpiY	获取此 Graphics 对象的垂直分辨率
InterpolationMode	获取或设置与此 Graphics 对象关联的插补模式
IsClipEmpty	获取一个值，该值指示此 Graphics 对象的剪辑区域是否为空
IsVisibleClipEmpty	获取一个值，该值指示此 Graphics 对象的可见剪辑区域是否为空
PageScale	获取或设置此 Graphics 对象的世界单位和页单位之间的比例
PageUnit	获取或设置用于此 Graphics 对象中的页坐标的度量单位

Graphics 类的常用方法及其说明如表 6-3 所示。

表 6-3 Graphics 类的常用方法及其说明

方法	说明
Clear	清除整个绘图画面并以指定背景色填充
Dispose	释放此 Graphics 对象使用的所有资源
DrawArc	绘制一段弧线，它是由一对坐标、一个宽度和一个高度所指定的圆弧
DrawBezier	绘制由 4 个 Point 结构定义的贝塞尔样条
DrawBeziers	用 Point 结构的数组绘制一系列贝塞尔样条
DrawCurve	绘制由一组指定的 Point 结构定义的基数样条
DrawEllipse	绘制一个由边框（该边框由一对坐标、一个高度和一个宽度指定）定义的椭圆
DrawIcon	在指定坐标处绘制由指定的 Icon 对象表示的图像
DrawImage	在指定位置按原始大小绘制指定的 Image 对象
DrawLine	绘制一条连接由坐标对象指定的两个点的线条
DrawLines	绘制一条连接一组 Point 结构的线条
DrawPath	绘制 GraphicsPath 对象
DrawPie	绘制一个扇形，该扇形由一对坐标、一个宽度和一个高度以及两条射线指定
DrawPolygon	绘制由一组 Point 结构定义的多边形
DrawRectangle	绘制由一个坐标、一个宽度和一个高度指定的矩形
DrawRectangles	绘制一系列由 Rectangle 结构指定的矩形
DrawString	在指定位置用指定的 Brush 和 Font 对象绘制指定的文本字符串
FillEllipse	填充边框所定义的椭圆的内部，该边框由一对坐标、一个宽度和一个高度指定
FillPath	填充 GraphicsPath 对象的内部

方法	说明
FillPie	填充由一对坐标、一个宽度、一个高度以及两条射线指定的椭圆定义的扇形的内部
FillPolygon	填充 Point 结构指定的点数组所定义的多边形的内部
FillRectangle	填充由一对坐标、一个宽度和一个高度指定的矩形的内部
FillRectangles	填充由 Rectangle 结构指定的一系列矩形的内部
FillRegion	填充 Region 对象的内部
FromImage	从指定的 Image 对象创建新 Graphics 对象
Save	保存此 Graphics 对象的当前状态，并用 GraphicsState 对象标识保存的状态

说明：Draw 开头的方法用来绘制相应的图形，而用 Fill 开头的方法绘制相应的图形时，可以使用指定的颜色对图形进行填充。

6.2 绘图

本节将介绍 GDI+ 图形图像技术的几个基本对象，并通过这些基本对象绘制常见的几何图形。常见的几何图形包括直线、矩形和椭圆等。通过对本节内容的学习，读者能够轻松掌握这些图形的绘制方法。

6.2.1 画笔

画笔使用 Pen 类表示，主要用于绘制线条或者由线条组合成的其他几何形状。Pen 类的构造函数如下：

画笔

```
public Pen(Color color,float width)
```

❑ color：设置 Pen 的颜色。

❑ width：设置 Pen 的宽度。

Pen 对象的常用属性及其说明如表 6-4 所示。

表 6-4   Pen 对象的常用属性及其说明

属性	说明
Brush	获取或设置 Brush，用于确定此 Pen 的特性
Color	获取或设置此 Pen 的颜色
CustomEndCap	获取或设置此 Pen 绘制的直线终点使用的自定义线帽
CustomStartCap	获取或设置此 Pen 绘制的直线起点使用的自定义线帽
DashCap	获取或设置短划线终点的线帽样式，这些短划线构成此 Pen 绘制的虚线
DashStyle	获取或设置此 Pen 绘制的虚线的样式
EndCap	获取或设置此 Pen 绘制的直线终点使用的线帽样式
StartCap	获取或设置此 Pen 绘制的直线起点使用的线帽样式
Transform	获取或设置此 Pen 的几何变换的副本
Width	获取或设置此 Pen 的宽度，与绘图的 Graphics 对象的单位相同

例如，创建一个 Pen 对象，使其颜色为蓝色，宽度为 2，代码如下：

```
Pen mypen = new Pen(Color.Blue, 2);          //实例化一个 Pen 类，并设置其颜色和宽度
```

6.2.2 画刷

画刷使用 Brush 类表示，主要用于填充几何图形，如为正方形和圆形填充颜色等。Brush 类是一个抽象基类，不能进行实例化。如果要创建一个画刷对象，需要使用从 Brush 类派生出的类。Brush 类的常用派生类及其说明如表 6-5 所示。

画刷

表 6-5　Brush 类的常用派生类及其说明

派生类	说明
SolidBrush	定义单色画刷
HatchBrush	提供一种特定样式的图形，用来制作填满整个封闭区域的绘图效果，该类位于 System.Drawing.Drawing2D 命名空间下
LinearGradientBrush	提供一种渐变色彩的特效，填满图形的内部区域，该类位于 System.Drawing.Drawing2D 命名空间下
TextureBrush	使用图像来填充图形的内部

例如，下面代码分别创建不同类型的画刷对象：

```
Brush mybs = new SolidBrush(Color.Red);              //使用 SolidBrush 类创建 Brush 对象
HatchBrush brush = new HatchBrush(HatchStyle.DiagonalBrick,Color.Yellow);
//实例化 LinearGradientBrush 类，设置其使用蓝色和白色进行渐变
LinearGradientBrush lgb=new LinearGradientBrush(rt,Color.Blue,Color.White,
LinearGradientMode.ForwardDiagonal);
TextureBrush texture = new TextureBrush(image1);//image1 是一个 Image 对象
```

📄 **说明：** 如果程序中已经定义了画刷对象，还可以使用画刷对象创建画笔（Pen）对象，例如"Pen mypen = new Pen(brush, 2);"。

6.2.3 绘制直线

绘制直线

调用 Graphics 类中的 DrawLine 方法，结合 Pen 对象可以绘制直线。DrawLine 方法有以下两种构造函数。

（1）第一种用于绘制一条连接两个 Point 结构的直线，其语法格式如下：

```
public void DrawLine(Pen pen,Point pt1,Point pt2)
```

❑ pen：Pen 对象，它确定线条的颜色、宽度和样式。

❑ pt1：Point 结构，它表示要连接的第一个点。

❑ pt2：Point 结构，它表示要连接的第二个点。

（2）第二种用于绘制一条连接由坐标指定的两个点的直线，其语法格式如下：

```
public void DrawLine(Pen pen,int x1,int y1,int x2,int y2)
```

该 DrawLine 方法的参数及其说明如表 6-6 所示。

表 6-6　DrawLine 方法的参数及其说明

参数	说明
pen	Pen 对象，它确定线条的颜色、宽度和样式
x1	第一个点的 x 坐标
y1	第一个点的 y 坐标
x2	第二个点的 x 坐标
y2	第二个点的 y 坐标

【例 6-1】 使用 DrawLine 方法绘制坐标系的两条轴，效果如图 6-2 所示。

新建一个 Windows 窗体应用程序，触发默认窗体 Form1 的 Paint 事件，在该事件中创建 Graphics 绘图对象，并调用 Draw Line 方法绘制坐标系的两条轴，代码如下：

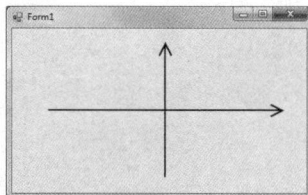

```
private void Form1_Paint(object sender, PaintEventArgs e)
{
    Graphics g = this.CreateGraphics();                              //创建Graphics对象
    int halfWidth = this.Width / 2;
    int halfHeight = this.Height / 2;
    Pen pen = new Pen(Color.Blue, 2);                                //创建画笔
    AdjustableArrowCap arrow = new AdjustableArrowCap(8, 8, false);  //定义画笔线帽
    pen.CustomEndCap = arrow;
    g.DrawLine(pen, 50, halfHeight-20, Width - 50, halfHeight-20);   //画横坐标轴
    g.DrawLine(pen, halfWidth, Height - 60, halfWidth, 20);          //画纵坐标轴
}
```

图 6-2　绘制坐标轴

> 说明：由于程序中用到了 AdjustableArrowCap 类，所以需要引入 System.Drawing. Drawing2D 命名空间。

6.2.4　绘制矩形

通过 Graphics 类中的 DrawRectangle 或 FillRectangle 方法可以绘制矩形，其中，DrawRectangle 方法用来绘制由一对坐标、一个宽度和一个高度指定的矩形，其语法格式如下：

绘制矩形

```
public void DrawRectangle(Pen pen,int x,int y,int width,int height)
```

DrawRectangle 方法的参数及其说明如表 6-7 所示。

表 6-7　**DrawRectangle 方法的参数及其说明**

参数	说明
pen	Pen 对象，它确定线条的颜色、宽度和样式
x	矩形的左上角的 x 坐标
y	矩形的左上角的 y 坐标
width	矩形的宽度
height	矩形的高度

> 说明：也可以根据指定的矩形结构来绘制矩形，此时需要用到 Rectangle 类。

FillRectangle 方法用来填充由一对坐标、一个宽度和一个高度指定的矩形的内部，其语法格式如下：

```
public void FillRectangle(Brush brush,int x,int y,int width,int height)
```

第一个参数 brush 是一个 Brush 对象，用来指定填充矩形内部的画刷，后面 4 个参数与 DrawRectangle 方法中的后面 4 个参数表示的意义一样。

【例 6-2】 通过 Graphics 类中的 FillRectangle 方法实现绘制柱形图分析商品销售情况的功能，运行结果如图 6-3 所示。

新建一个 Windows 窗体应用程序，触发默认窗体 Form1 的 Paint 事件。在该事件中，首先定义存储商品销量的数组；然后使用 Graphics 对象的 DrawLine 方法绘制横向线条和纵向线条；最后根据数组中存储的商品销量，使用 Graphics 对象的 FillRectangle 方法绘制柱形图。代码如下：

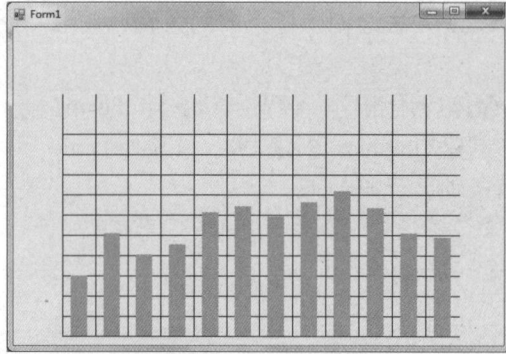

图 6-3 绘制分析商品销售情况的柱形图

```csharp
private void Form1_Paint(object sender, PaintEventArgs e)
{
    int[] saleNum = { 300, 500, 400, 450, 600, 630, 580, 650, 700, 620, 500, 480 };
    Graphics g = this.CreateGraphics();                     //创建 Graphics 对象
    Font font = new Font("Arial", 9, FontStyle.Regular);
    Pen mypen = new Pen(Color.Blue, 1);
    //绘制横向线条
    int x = 100;
    for (int i = 0; i < 11; i++)
    {
        g.DrawLine(mypen, x, 80, x, 366);
        x = x + 40;
    }
    g.DrawLine(mypen, x - 480, 80, x - 480, 366);
    //绘制纵向线条
    int y = 127;
    for (int i = 0; i < 10; i++)
    {
        g.DrawLine(mypen, 60, y, 540, y);
        y = y + 24;
    }
    g.DrawLine(mypen, 60, y, 540, y);
    //显示柱形效果
    x = 70;
    for (int i = 0; i < 12; i++)
    {
        SolidBrush mybrush = new SolidBrush(Color.YellowGreen);
        g.FillRectangle(mybrush, x, 370 - saleNum[i] / 4, 20, saleNum[i] / 4 - 3);
        x = x + 40;
    }
    g.Dispose();
}
```

6.2.5 绘制椭圆

通过 Graphics 类中的 DrawEllipse 方法或 FillEllipse 方法可以绘制椭圆。其中，DrawEllipse 方法用来绘制由一对坐标、一个高度和一个宽度指定的椭圆，其语法格式如下：

```csharp
public void DrawEllipse(Pen pen,int x,int y,int width,int height)
```

DrawEllipse 方法的参数及其说明如表 6-8 所示。

表 6-8 DrawEllipse 方法的参数及其说明

参数	说明
pen	Pen 对象，它确定曲线的颜色、宽度和样式
x	定义椭圆边框左上角的 x 坐标

参数	说明
y	定义椭圆边框左上角的 y 坐标
width	定义椭圆边框的宽度
height	定义椭圆边框的高度

FillEllipse 方法用来填充边框所定义的椭圆的内部，该边框由一对坐标、一个宽度和一个高度指定，其语法格式如下：

```
public void FillEllipse(Brush brush,int x,int y,int width,int height)
```

第一个参数 brush 是一个 Brush 对象，用来指定填充椭圆内部的画刷，后面 4 个参数与 DrawEllipse 方法中的后面 4 个参数表示的意义一样。

【例 6-3】 分别使用 DrawEllipse 方法和 FillEllipse 方法绘制空心椭圆和实心椭圆，效果如图 6-4 所示。

新建一个 Windows 窗体应用程序。在默认窗体中添加两个 Button 控件，分别用来绘制空心椭圆和实心椭圆；分别触发两个 Button 控件的 Click 事件，调用 DrawEllipse 方法和 FillEllipse 方法在窗体中绘制空心椭圆和实心椭圆。代码如下：

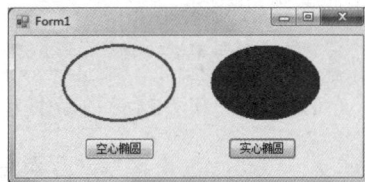

图 6-4　绘制椭圆

```
private void button1_Click(object sender, EventArgs e)
{
    Graphics graphics = this.CreateGraphics();          //创建 Graphics 对象
    Pen myPen = new Pen(Color.Green, 3);                //创建 Pen 对象
    graphics.DrawEllipse(myPen, 50, 10, 120, 80);      //绘制空心椭圆
}
private void button2_Click(object sender, EventArgs e)
{
    Graphics graphics = this.CreateGraphics();          //创建 Graphics 对象
    Brush brush = new SolidBrush(Color.Red);           //创建画刷对象
    graphics.FillEllipse(brush, 210, 10, 120, 80);     //绘制实心椭圆
}
```

6.2.6　绘制圆弧

通过 Graphics 类中的 DrawArc 方法可以绘制圆弧，该方法用来绘制由一对坐标、一个宽度和一个高度指定的圆弧，其语法格式如下：

绘制圆弧

```
public void DrawArc(Pen pen,Rectangle rect,float startAngle,float sweepAngle)
```

DrawArc 方法的参数及其说明如表 6-9 所示。

表 6-9　DrawArc 方法的参数及其说明

参数	说明
pen	Pen 对象，它确定弧线的颜色、宽度和样式
rect	Rectangle 结构，它定义圆弧的边界
startAngle	从 x 轴到弧线的起始点沿顺时针方向度量的角（以度为单位）
sweepAngle	从弧线的起始点到弧线的结束点沿顺时针方向度量的角（以度为单位）

图 6-5　绘制圆弧

【例 6-4】 使用 DrawArc 方法绘制圆弧，效果如图 6-5 所示。

新建一个 Windows 窗体应用程序，触发默认窗体 Form1 的 Paint 事件，在该事件中创建 Graphics 绘图对象，并调用 DrawArc 方法绘制圆弧，代码如下：

```
private void Form1_Paint(object sender, PaintEventArgs e)
{
    Graphics ghs = this.CreateGraphics();                        //实例化 Graphics 类
    Pen myPen = new Pen(Color.Blue , 3);                         //实例化 Pen 类
    Rectangle myRectangle = new Rectangle(70, 20, 100, 60);     //定义一个 Rectangle 结构
    //调用 Graphics 对象的 DrawArc 方法绘制圆弧
    ghs.DrawArc(myPen, myRectangle, 210, 120);
}
```

6.2.7 绘制扇形

绘制扇形

通过 Graphics 类中的 DrawPie 方法或 FillPie 方法可以绘制扇形。其中，DrawPie 方法用来绘制由一对坐标、一个宽度、一个高度及两条射线指定的扇形，语法格式如下：

```
public void DrawPie (Pen pen,float x,float y,float width,float height,float startAngle,
float sweepAngle)
```

DrawPie 方法的参数及其说明如表 6-10 所示。

表 6-10 DrawPie 方法的参数及其说明

参数	说明
pen	Pen 对象，它确定线条的颜色、宽度和样式
x	边框的左上角的 x 坐标，该边框定义扇形所属的椭圆
y	边框的左上角的 y 坐标，该边框定义扇形所属的椭圆
width	边框的宽度，该边框定义扇形所属的椭圆
height	边框的高度，该边框定义扇形所属的椭圆
startAngle	从 x 轴到扇形的第一条边沿顺时针方向度量的角（以度为单位）
sweepAngle	从扇形的第一条边到扇形的第二条边沿顺时针方向度量的角（以度为单位）

FillPie 方法用来填充由一对坐标、一个宽度、一个高度及两条射线指定的椭圆定义的扇形的内部，其语法格式如下：

```
public void FillPie(Brush brush,float x,float y,float width,float height,float startAngle,
float sweepAngle)
```

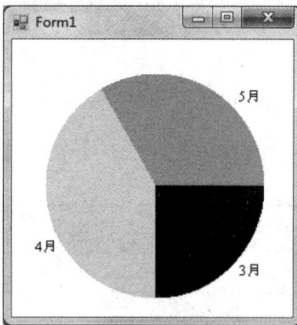

图 6-6 绘制分析商品
销售情况的饼图

第一个 brush 是一个 Brush 对象，用来指定填充扇形内部的画刷，后面 6 个参数与 DrawPie 方法中的后面 6 个参数表示的意义一样。

【例 6-5】 通过 Graphics 类中的 FillPie 方法实现绘制饼图分析商品销售情况的功能，运行结果如图 6-6 所示。

新建一个 Windows 窗体应用程序，触发默认窗体 Form1 的 Paint 事件。在该事件中，首先定义存储商品销量的数组，并获取总销量和每月销量；然后计算每月销量占总销量的百分比，并依此计算出扇形角度；最后使用 Graphics 对象的 FillPie 方法绘制饼图。代码如下：

```
private void Form1_Paint(object sender, PaintEventArgs e)
{
    int[] saleNum = { 300, 500, 400 };
    //获取总销量和各月销量
    int sum = 0, threeNum = 0, fourNum = 0, fiveNum = 0;
    for (int i = 0; i < saleNum.Length; i++)
    {
        sum += saleNum[i];
```

```
        if (i == 0)
            threeNum = saleNum[0];
        else if (i == 1)
            fourNum = saleNum[1];
        else
            fiveNum = saleNum[2];
    }
    Graphics g = this.CreateGraphics();
    g.Clear(Color.White);                          //清空背景色
    Pen pen1 = new Pen(Color.Red);                 //实例化 Pen 类
    //创建 4 个 Brush 对象用于设置颜色
    Brush brush = new SolidBrush(Color.Black);
    Brush brush2 = new SolidBrush(Color.Blue);
    Brush brush3 = new SolidBrush(Color.Wheat);
    Brush brush4 = new SolidBrush(Color.Orange);
    //创建 Font 对象用于设置字体
    Font font = new Font("Courier New", 12);
    int piex = 30, piey = 30, piew = 200, pieh = 200;
    //3 月份销量在圆中分配的角度
    float angle1 = Convert.ToSingle((360 / Convert.ToSingle(sum)) * Convert.ToSingle(threeNum));
    //4 月份销量在圆中分配的角度
    float angle2 = Convert.ToSingle((360 / Convert.ToSingle(sum)) * Convert.ToSingle(fourNum));
    //5 月份销量在圆中分配的角度
    float angle3 = Convert.ToSingle((360 / Convert.ToSingle(sum)) * Convert.ToSingle(fiveNum));
    g.FillPie(brush2, piex, piey, piew, pieh, 0, angle1);      //绘制 3 月份销量所占比例
    g.FillPie(brush3, piex, piey, piew, pieh, angle1, angle2);//绘制 4 月份销量所占比例
    //绘制 5 月份销量所占比例
    g.FillPie(brush4, piex, piey, piew, pieh, angle1 + angle2, angle3);
}
```

6.2.8 绘制多边形

通过 Graphics 类中的 DrawPolygon 方法或 FillPolygon 方法可以绘制多边形，多边形是有 3 条或 3 条以上边的闭合图形。例如，三角形是有 3 条边的多边形，矩形是有 4 条边的多边形，五边形是有 5 条边的多边形。如果要绘制多边形，需要 Graphics 对象、Pen 对象和 Point（或 PointF）结构数组。

绘制多边形

1．DrawPolygon 方法

Graphics 类中的 DrawPolygon 方法用于绘制由一组 PointF 结构定义的多边形，其语法格式如下：

```
public void DrawPolygon(Pen pen,PointF[] points)
```

❑ pen：Pen 对象，用于确定线条的颜色、宽度和样式。

❑ points：PointF 结构数组，这些结构表示多边形的顶点。

2．FillPolygon 方法

Graphics 类中的 FillPolygon 方法用来填充 PointF 结构指定的点数组定义的多边形的内部，其语法格式如下：

```
public void FillPolygon(Brush brush,PointF[] points)
```

❑ brush：Brush 对象，用来指定填充多边形内部的画刷。

❑ points：PointF 结构数组，这些结构表示多边形的顶点。

> 说明：PointF 与 Point 使用方法完全相同，但 PointF 的 X 属性和 Y 属性的类型是 float，而 Point 的 X 属性和 Y 属性的类型是 int。因此，PointF 通常用于坐标不是整数值的情况。

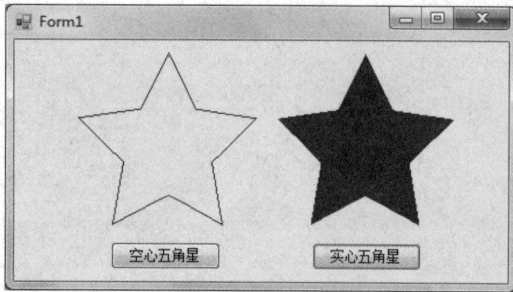

图 6-7　绘制五角星

【例 6-6】　分别使用 DrawPolygon 方法和 FillPolygon 方法绘制空心五角星和实心五角星，效果如图 6-7 所示。

（1）新建一个 Windows 窗体应用程序，在默认窗体中添加两个 Button 控件，分别用来绘制空心五角星和实心五角星。

（2）在 Form1.cs 代码文件中，定义一个 GetPoint 方法，用来获取一系列点的坐标，并返回 PointF 数组，代码如下：

```csharp
//获取一系列点的坐标，ptCenter 表示中心点，length 表示距离中心点的长度，angles 表示两点之间的夹角
private PointF[] GetPoint(PointF ptCenter, double length, params double[] angles)
{
    PointF[] points = new PointF[angles.Length];
    for (int i = 0; i < points.Length; i++)
    {
        //获取各个点坐标
        points[i] = new PointF((float)(ptCenter.X + length * Math.Cos(angles[i])),(float)
(ptCenter.Y + length * Math.Sin(angles[i])));
    }
    return points;
}
```

（3）定义一个 GetAngles 方法，用来获取包含五角星所有角度的数组，代码如下：

```csharp
//获取包含所有角度的数组，startAngle 表示开始角度，pointed 表示个数
private double[] GetAngles(double startAngle, int pointed)
{
    double[] angles = new double[pointed];
    angles[0] = startAngle;                              //设置开始角度
    for (int i = 1; i < angles.Length; i++)
    {
        //设置所有角度，其中 2 * Math.PI / pointed 为角度增量
        angles[i] = angles[i - 1] + 2 * Math.PI / pointed;
    }
    return angles;
}
```

（4）定义一个 GetPoints 方法，用来调用 GetPoint 方法和 GetAngles 方法获取五角星的所有顶点坐标，代码如下：

```csharp
//获取五角星的所有顶点坐标
private PointF[] GetPoints(PointF point)
{
    double[] angles1 = GetAngles(-Math.PI / 2, 5);          //五角星外围的点的角度数组
    //五角星内围的点的角度数组
    double[] angles2 = GetAngles(-Math.PI / 2 + Math.PI / 5, 5);
    PointF[] point1 = GetPoint(point, 80, angles1);         //五角星外围的点的数组
    PointF[] point2 = GetPoint(point, 40, angles2);         //五角星内围的点的数组
    PointF[] points = new PointF[point1.Length + point2.Length];
    //合成五角星所有点的数组
    for (int i = 0, j = 0; i < points.Length; i += 2, j++)
    {
        points[i] = point1[j];
        points[i + 1] = point2[j];
    }
    return points;
}
```

（5）分别触发两个 Button 控件的 Click 事件，然后调用 DrawPolygon 方法和 FillPolygon 方法在窗体中绘制空心五角星和实心五角星，代码如下：

```
private void button1_Click(object sender, EventArgs e)
{
    Graphics g = this.CreateGraphics();                       //创建绘图对象
    Pen pen = new Pen(Color.Red);                             //创建画笔对象
    g.DrawPolygon(pen, GetPoints(new PointF(130, 90)));       //绘制空心五角星
}
private void button2_Click(object sender, EventArgs e)
{
    Graphics g = this.CreateGraphics();                       //创建绘图对象
    Brush bursh = new SolidBrush(Color.Red);                  //创建画刷对象
    g.FillPolygon(bursh, GetPoints(new PointF(300, 90)));     //绘制实心五角星
}
```

6.3 颜色

颜色

在.NET 中，颜色使用 Color 结构表示。

1．系统定义的颜色

系统定义的颜色使用 Color 结构的属性来表示，例如，下面的代码表示颜色为红色：

```
Color myColor = Color.Red;
```

2．用户定义的颜色

除了系统定义的颜色，用户还可以自定义颜色，这时需要使用 Color 结构的 FromArgb 方法，其语法格式如下：

```
public static Color FromArgb(int red,int green,int blue)
```

 ❑ red：新 Color 的红色分量值，有效值为从 0 到 255。

 ❑ green：新 Color 的绿色分量值，有效值为从 0 到 255。

 ❑ blue：新 Color 的蓝色分量值，有效值为从 0 到 255。

 ❑ 返回值：创建的 Color。

使用这种方法自定义颜色时，需要制定 RGB 颜色值。例如，下面的代码使用红色的 RGB 值自定义颜色：

```
Color myColor = Color.FromArgb(255, 0, 0);
```

3．Alpha 混合处理（透明度）

Alpha 使用 256 级灰度来记录图像中的透明度信息，主要用来定义透明、不透明和半透明区域，其中黑色表示透明，白色表示不透明，灰色表示半透明。如果在定义颜色时，需要指定 Alpha 透明度，则需要使用 FromArgb 方法的另外一种形式，语法格式如下：

```
public static Color FromArgb(int alpha,int red,int green,int blue)
```

 ❑ alpha：alpha 分量，有效值为从 0 到 255。

 ❑ red：新 Color 的红色分量值，有效值为从 0 到 255。

 ❑ green：新 Color 的绿色分量值，有效值为从 0 到 255。

 ❑ blue：新 Color 的蓝色分量值，有效值为从 0 到 255。

 ❑ 返回值：创建的 Color。

例如，使用红色的 RGB 值自定义颜色，并将 Alpha 透明度设置为 128，代码如下：

```
Color myColor = Color.FromArgb(128, 255, 0, 0);
```

6.4 文本输出

在开发程序时，最常见的操作就是文本输出。比如，Windows 窗体的标题栏文本、文本框文本、标签文本等。但是，有些窗体或图片控件是不能直接输出文本的。本节将对如何使用 GDI+技术在程序中输出文本进行讲解。

6.4.1 字体

在.NET 中，字体使用 Font 类表示，该类用来定义特定的文本格式，包括字体、字号和字形等特性。使用 Font 类时，需要使用该类的构造函数。Font 类的构造函数有多种形式，其中，常用的语法格式如下：

```
public Font(FontFamily family,float emSize,FontStyle style)
```

- □ family：FontFamily 类的对象，用来指定字体。
- □ emSize：字体的大小（以磅为单位）。
- □ style：字体的样式，使用 FontStyle 枚举表示，FontStyle 枚举成员及其说明如表 6-11 所示。

表 6-11 FontStyle 枚举成员及其说明

枚举成员	说明
Regular	普通文本
Bold	加粗文本
Italic	倾斜文本
Underline	带下画线的文本
Strikeout	带删除线的文本

例如，创建一个 Font 对象，字体设置为"宋体"，大小设置为 16，样式设置为加粗，代码如下：

```
Font myFont = new Font("宋体", 16, FontStyle.Bold);
```

6.4.2 输出文本

通过 Graphics 类中的 DrawString 方法可以在指定位置以指定的 Brush 和 Font 对象绘制并输出指定的文本字符串，其常用语法格式如下：

```
public void DrawString(string s,Font font,Brush brush,float x,float y)
```

DrawString 方法的参数及其说明如表 6-12 所示。

表 6-12 DrawString 方法的参数及其说明

参数	说明
s	要绘制的字符串
font	Font 对象，它定义字符串的文本格式
brush	Brush 对象，它确定所绘制文本的颜色和纹理
x	所绘制文本的左上角的 x 坐标
y	所绘制文本的左上角的 y 坐标

【例 6-7】通过 Graphics 类中的 DrawString 方法在窗体上绘制并输出"商品销售柱形图"字样，效果如图 6-8 所示。

新建一个 Windows 窗体应用程序，触发默认窗体 Form1 的 Paint 事件，在该事件中创建 Graphics 绘图对象，并调用 DrawString 方法在窗体上绘制并输出文本，代码如下：

图 6-8　绘制"商品销售柱形图"字样

```
private void Form1_Paint(object sender, PaintEventArgs e)
{
    string str = "商品销售柱形图";                              //定义绘制的文本
    Font myFont = new Font("宋体", 16, FontStyle.Bold);         //创建字体对象
    SolidBrush myBrush = new SolidBrush(Color.Black);          //创建画刷对象
    Graphics myGraphics = this.CreateGraphics();              //创建 Graphics 对象
    myGraphics.DrawString(str, myFont, myBrush, 60, 20);      //在窗体的指定位置绘制文本
}
```

📖 说明：将上面的代码添加到【例 6-2】中，适当调整位置，即可成为商品销售柱形图的主标题。

6.5　图像处理

6.5.1　绘制图像

通过 Graphics 类中的 DrawImage 方法可以在指定的位置以图像的原始大小或指定大小绘制图像，该方法有多种使用形式，其常用语法格式如下：

```
public void DrawImage(Image image,int x,int y)
public void DrawImage(Image image,int x,int y,int width,int height)
```

绘制图像

DrawImage 方法的参数及其说明如表 6-13 所示。

表 6-13　DrawImage 方法的参数及其说明

参数	说明
image	要绘制的图像
x	所绘制图像的左上角的 x 坐标
y	所绘制图像的左上角的 y 坐标
width	所绘制图像的宽度
height	所绘制图像的高度

图 6-9　绘制公司 Logo

【例 6-8】通过 Graphics 类中的 DrawImage 方法，将公司 Logo 绘制到窗体中，效果如图 6-9 所示。

新建一个 Windows 窗体应用程序，触发默认窗体 Form1 的 Paint 事件，在该事件中创建 Graphics 绘图对象，并调用 DrawImage 方法，将公司 Logo 绘制到窗体中，代码如下：

```
private void Form1_Paint(object sender, PaintEventArgs e)
{
    Image myImage = Image.FromFile("logo.jpg");              //创建 Image 对象
    Graphics myGraphics = this.CreateGraphics();            //创建 Graphics 对象
    myGraphics.DrawImage(myImage, 50, 20,90,92);           //绘制图像
}
```

📖 说明：logo.jpg 文件需要存放到项目 bin 文件夹下的 Debug 文件夹中。

6.5.2 刷新图像

刷新图像

前面介绍的绘制图像的实例是使用窗体或控件的 CreateGraphics 方法创建的 Graphics 绘图对象，这导致绘制的图像都是暂时存在的，如果当前窗体被切换或被其他窗体覆盖，这些图像就会消失。为了使图像永久显示，可以在窗体或控件的 Bitmap 对象上绘制图像。

Bitmap 对象用来封装 GDI+位图，此位图由图像及其属性的像素数据组成。Bitmap 对象是用于处理由像素数据定义的图像的对象。使用 Bitmap 对象绘制图像时，可以先创建一个 Bitmap 对象，并在其上绘制图像，再将该 Bitmap 对象赋给窗体或控件的相关属性。这样绘制出的图像就可以自动刷新并永久显示，不用再使用程序来重绘图像，具体步骤如下。

（1）创建 Bitmap 对象时，需要使用 Bitmap 类的构造函数，代码如下：

```
Bitmap bmp = new Bitmap(120, 80);              //创建指定大小的 Bitmap 对象
```

（2）创建完 Bitmap 对象之后，使用创建的 Bitmap 对象生成 Graphics 绘图对象，然后调用 Graphics 绘图对象的相关方法绘制图像，代码如下：

```
Graphics g = Graphics.FromImage(bmp);         //创建 Graphics 对象
Pen myPen = new Pen(Color.Green, 3);          //创建 Pen 对象
g.DrawEllipse(myPen, 50, 10, 120, 80);        //绘制空心椭圆
```

（3）将 Bitmap 对象指定给窗体或控件的相关属性，例如，下面代码将 Bitmap 对象指定给窗体的 BackgroundImage 属性：

```
this.BackgroundImage = bmp;                    //将 Bitmap 对象指定给 BackgroundImage 属性
```

通过以上步骤绘制出的图像可以自动刷新并永久显示。

6.6 AI 辅助编程——GDI+编程

6.6.1 绘制柱形图分析商品销售额

在学习 C#编程的过程中，可以利用 AI 来帮助我们巩固本章所学的知识，设计相应的实例。以下是在 AI 工具中的一个可能的对话示例。

【问题】

使用 C#中的 GDI+技术绘制一个柱形图，模拟分析和展示指定商品每个季度的销售额。

【AI 建议】

下面是一个使用 C#中的 GDI+技术绘制柱形图的示例程序。这个示例程序将展示如何绘制一个柱形图来模拟分析和展示指定商品每个季度的销售额：

```
using System;
using System.Drawing;
using System.Windows.Forms;
class SalesChartForm : Form
{
    private int[] salesData = { 1500, 2500, 3000, 2000 };     //每个季度的销售额
    private string[] quarters = { "Q1", "Q2", "Q3", "Q4" };   //季度标签
    public SalesChartForm()
    {
        this.Text = "季度销售额柱形图";
        this.ClientSize = new Size(600, 400);
        this.Paint += new PaintEventHandler(this.SalesChartForm_Paint);
```

```
    }
    private void SalesChartForm_Paint(object sender, PaintEventArgs e)
    {
        Graphics g = e.Graphics;
        Pen pen = new Pen(Color.Black);
        Font font = new Font("Arial", 10);
        Brush brush = new SolidBrush(Color.Blue);
        float barWidth = 100;
        float barSpacing = 20;
        float chartHeight = 300;
        float chartYOffset = 50;
        float chartXOffset = 50;
        //绘制坐标轴
        g.DrawLine(pen, chartXOffset, chartYOffset, chartXOffset, chartYOffset + chartHeight);
        g.DrawLine(pen, chartXOffset, chartYOffset + chartHeight, chartXOffset + (barWidth
+ barSpacing) * quarters.Length, chartYOffset + chartHeight);
        //绘制刻度线和标签
        for (int i = 0; i <= 4; i++)
        {
            float y = chartYOffset + chartHeight - (chartHeight / 4) * i;
            g.DrawLine(pen, chartXOffset - 5, y, chartXOffset, y);
            g.DrawString((i * 1000).ToString(), font, Brushes.Black, chartXOffset - 30, y - 10);
        }
        //绘制柱形图
        for (int i = 0; i < salesData.Length; i++)
        {
            float x = chartXOffset + i * (barWidth + barSpacing);
            float y = chartYOffset + chartHeight - (salesData[i] / 4000.0f * chartHeight);
            float height = (salesData[i] / 4000.0f * chartHeight);
            g.FillRectangle(brush, x, y, barWidth, height);
            g.DrawRectangle(pen, x, y, barWidth, height);
            //绘制季度标签
            g.DrawString(quarters[i], font, Brushes.Black, x, chartYOffset + chartHeight + 10);
        }
    }
    [STAThread]
    static void Main()
    {
        Application.EnableVisualStyles();
        Application.Run(new SalesChartForm());
    }
}
```

【测试结果】

在 Visual Studio 开发工具中新建一个.cs 文件，然后将上面的代码复制到新建的.cs 文件中，按【F5】键运行，即可查看其测试结果。

该示例主要利用了 C#中的 GDI+技术绘制一个柱形图，展示指定商品每个季度的销售额。具体实现时，代码使用了 Graphics 绘图对象的相应方法来进行绘图操作，包括绘制坐标轴、刻度线和标签，以及填充和绘制柱形图。通过设置不同的颜色、字体和尺寸，代码能够清晰地展示每个季度的销售额，并且在图表下方标注了相应的季度标签，从而实现数据的可视化。

6.6.2 使用 AI 解决用 GDI+绘制的图像消失的问题

在学习 C#编程的过程中，可以利用 AI 工具来帮助我们解决实际开发中的问题。以下是在 AI 工具中的一个可能的对话示例。

【问题】

使用 C#中的 GDI+技术在窗体中绘制的图像，为什么在每次窗体失去焦点又重新获得焦点时，图像会消失？如何解决？

【AI 建议】

在使用 C#中的 GDI+技术在窗体中绘制图像时，如果图像在每次窗体失去焦点又重新获得焦点时消失，这通常是 Windows 窗体的重绘机制导致的。当窗体失去焦点再重新获得焦点时，系统会自动发送一个 WM_PAINT 消息来请求窗体重绘其内容。如果不在适当的地方处理这个消息，之前绘制的内容就会丢失。

解决方法

- 在 Paint 事件中绘制图像：在窗体的 Paint 事件中进行绘制操作，这样每当窗体需要重绘时，系统会自动调用 Paint 事件处理器，从而重新绘制图像。

- 使用双缓冲技术：启用双缓冲可以减少闪烁现象，使绘制过程更加平滑。

例如：

```csharp
private Image image;
public MyForm()
{
    //加载要绘制的图像
    image = Image.FromFile("path/to/your/image.png");
    //设置双缓冲以减少闪烁
    this.DoubleBuffered = true;
    this.SetStyle(ControlStyles.ResizeRedraw, true);
    //订阅 Paint 事件
    this.Paint += new PaintEventHandler(MyForm_Paint);
}
private void MyForm_Paint(object sender, PaintEventArgs e)
{
    Graphics g = e.Graphics;                    //获取 Graphics 对象
    g.DrawImage(image, new Point(50, 50));      //绘制图像
    //其他绘制操作
    g.DrawString("Hello, GDI+!", new Font("Arial", 16), Brushes.Black, new Point(100, 100));
}
```

6.7 小结

本章详细讲解了 GDI+编程的相关知识，主要包括坐标系、像素、Graphics 类以及基本图形的绘制方法等内容。Graphics 类是一切 GDI+操作的基础类，通过 GDI+可以绘制直线、椭圆、弧形、扇形、多边形等各种几何图形及文本。对于这些基本的图形，程序员还可以将其进行组合，开发出自己需要的图表。

6.8 上机指导

修改【例 6-5】，为商品销量饼图添加主标题及各月份销量所占的百分比说明。程序运行结果如图 6-10 所示。

程序开发步骤如下。

（1）修改【例 6-5】中创建 Graphics 对象的代码，使用 Bitmap 对象进行创建，代码如下：

上机指导

```
//创建 Graphics 对象
int width = 400, height = 450;
Bitmap bitmap = new Bitmap(width, height);
Graphics g = Graphics.FromImage(bitmap);
```

图 6-10　绘制分析商品销售情况的饼图

（2）使用 Graphics 对象的 FillRectangle 方法绘制背景图，代码如下：

```
g.FillRectangle(brush1, 0, 0, width, height);          //绘制背景图
```

（3）使用 Graphics 对象的 DrawString 方法绘制饼图主标题，代码如下：

```
g.DrawString("每月商品销量占比饼图", font1, brush2, new Point(70, 20));//绘制主标题
```

（4）分别使用 Graphics 对象的 FillRectangle 方法和 DrawString 方法为饼图绘制各月所占百分比的说明，代码如下：

```
//绘制说明
g.DrawRectangle(pen1, 50, 300, 310, 130);                //绘制范围框
g.FillRectangle(brush2, 90, 320, 20, 10);                //绘制小矩形
g.DrawString(string.Format("3 月份销量占比:{0:P2}", Convert.ToSingle(threeNum) / Convert.
ToSingle(sum)), font2, brush2, 120, 320);
g.FillRectangle(brush3, 90, 360, 20, 10);
g.DrawString(string.Format("4 月份销量占比:{0:P2}", Convert.ToSingle(fourNum) / Convert.
ToSingle(sum)),font2, brush2, 120, 360);
g.FillRectangle(brush4, 90, 400, 20, 10);
g.DrawString(string.Format("5 月份销量占比:{0:P2}", Convert.ToSingle(fiveNum) / Convert.
ToSingle(sum), font2, brush2, 120, 400);
```

（5）将绘制完成的 Bitmap 对象指定给窗体的 BackgroundImage 属性，代码如下：

```
this.BackgroundImage = bitmap;
```

修改之后的完整代码如下：

```
private void Form1_Load(object sender, EventArgs e)
{
    int[] saleNum = { 300, 500, 400 };
    //获取总销量和各月销量
    int sum = 0, threeNum = 0, fourNum = 0, fiveNum = 0;
    for (int i = 0; i < saleNum.Length; i++)
    {
        sum += saleNum[i];
        if (i == 0)
            threeNum = saleNum[0];
        else if (i == 1)
            fourNum = saleNum[1];
        else
            fiveNum = saleNum[2];
    }
    //创建 Graphics 对象
    int width = 400, height = 450;
    Bitmap bitmap = new Bitmap(width, height);
```

```
        Graphics g = Graphics.FromImage(bitmap);
        g.Clear(Color.White);                              //清空背景色
        Pen pen1 = new Pen(Color.Red);                     //实例化 Pen 类
        //创建 4 个 Brush 对象用于设置颜色
        Brush brush1 = new SolidBrush(Color.PowderBlue);
        Brush brush2 = new SolidBrush(Color.Blue);
        Brush brush3 = new SolidBrush(Color.Wheat);
        Brush brush4 = new SolidBrush(Color.Orange);
        //创建两个 Font 对象用于设置字体
        Font font1 = new Font("Courier New", 16, FontStyle.Bold);
        Font font2 = new Font("Courier New", 10);
        g.FillRectangle(brush1, 0, 0, width, height);    //绘制背景图
        g.DrawString("每月商品销量占比饼图", font1, brush2, new Point(70, 20));//绘制主标题
        int piex = 100, piey = 60, piew = 200, pieh = 200;
        float angle1 = Convert.ToSingle((360 / Convert.ToSingle(sum)) * Convert.ToSingle(threeNum));
                                          //3 月份销量在圆中分配的角度
        float angle2 = Convert.ToSingle((360 / Convert.ToSingle(sum)) * Convert.ToSingle(fourNum));
                                          //4 月份销量在圆中分配的角度
        float angle3 = Convert.ToSingle((360 / Convert.ToSingle(sum)) * Convert.ToSingle(fiveNum));
                                          //5 月份销量在圆中分配的角度
        g.FillPie(brush2, piex, piey, piew, pieh, 0, angle1);          //绘制 3 月份销量所占比例
        g.FillPie(brush3, piex, piey, piew, pieh, angle1, angle2);     //绘制 4 月份销量所占比例
        //绘制 5 月份销量所占比例
        g.FillPie(brush4, piex, piey, piew, pieh, angle1 + angle2, angle3);
        //绘制说明
        g.DrawRectangle(pen1, 50, 300, 310, 130);                     //绘制范围框
        g.FillRectangle(brush2, 90, 320, 20, 10);                     //绘制小矩形
        g.DrawString(string.Format("3 月份销量占比:{0:P2}", Convert.ToSingle(threeNum) /
Convert.ToSingle(sum)), font2, brush2, 120, 320);
        g.FillRectangle(brush3, 90, 360, 20, 10);
        g.DrawString(string.Format("4 月份销量占比:{0:P2}", Convert.ToSingle(fourNum) /
Convert.ToSingle(sum)), font2, brush2, 120, 360);
        g.FillRectangle(brush4, 90, 400, 20, 10);
        g.DrawString(string.Format("5 月份销量占比:{0:P2}", Convert.ToSingle(fiveNum) /
Convert.ToSingle(sum)), font2, brush2, 120, 400);
        this.BackgroundImage = bitmap;
    }
```

6.9 习题

6-1 .NET 中使用什么类表示绘图对象？

6-2 画笔与画刷有什么不同？

6-3 如果要将一个矩形的内部填充为红色，需要使用什么方法？

6-4 绘制圆形需要使用什么方法？

6-5 DrawPolygon 方法和 FillPolygon 方法有何区别？

6-6 如何使用 GDI+技术在程序中输出文本？

6-7 如何使绘制的图像在窗体上永久显示？

第7章 文件操作

本章要点

- 文件的概念及分类
- System.IO 命名空间
- File 类和 FileInfo 类的使用方法
- Directory 类和 DirectoryInfo 类的使用方法
- Path 类和 DriveInfo 类的使用方法
- 数据流基础
- 使用数据流对文本文件和二进制文件进行读写

文件操作是操作系统的重要组成部分，.NET Framework 提供了一个 System.IO 命名空间，其中包含多种用于对文件、文件夹和数据流进行操作的类，这些类既支持同步操作，也支持异步操作。本章将对文件操作进行讲解。

7.1 文件概述

文件概述

在计算机中，通常用"文件"表示输出操作的对象。文件是以计算机硬盘为载体存储在计算机上的信息集合，它可以是文本文件、图片文件或程序文件等。

文件是与软件开发、维护和使用有关的资料，通常可以长久保存。文件是软件的重要组成部分。在软件产品开发过程中，以书面形式固定下来的用户需求、在开发周期中各阶段产生的规格说明、研究人员做出的决策及其依据、遗留问题和改进的方向，以及最终产品的使用手册和操作说明等，都记录在各种形式的文件档案中。

文件有很多分类标准，根据文件的存取方式，可以分为顺序文件、随机文件和二进制文件，分别如下。

1．顺序文件

顺序文件是最常用的文件组织形式，它由一系列记录按照某种顺序排列形成，其中的记录通常是定长记录，因而能用较快的速度查找文件中的记录。顺序文件适用于读写以连续块方式存储的文本文件。顺序文件中的数据以字符形式存储，所以不宜存储太大的文件

（如大量数字），否则会占据大量资源。常用的文本文件就是顺序文件。

2．随机文件

随机文件就是以随机方式存取的文件。"随机存取"指的是当存储器中的消息被读取或写入时，所需要的时间与这段信息所在的位置无关。随机文件适用于读写有固定长度和多字段记录的文本文件或二进制文件，随机文件中的数据以二进制数存储。

3．二进制文件

广义的二进制文件指文件，由文件在外部设备的存放形式为二进制而得名；狭义的二进制文件指除文本文件以外的文件。文本文件是一种由很多行字符构成的文件，存在于计算机系统中，通常在文本文件最后一行末放置文件结束标志，而且它的编码基于字符定长，译码相对容易；二进制文件编码是变化的，灵活利用率较高，而译码更难，不同的二进制文件译码方式是不同的。

二进制文件相对于文本文件，主要有以下 3 个优点。

- 二进制文件比较节约空间，这两者储存字符型数据时并没有差别，但是在储存数字，特别是实型数字时，二进制文件更节省空间。比如储存 π 的约值——3.1415927，文本文件需要使用 9 字节分别储存 3、1、4、1、5、9、2、7 和 . 这 9 个字符的 ASCII 值，而二进制文件只需要使用 4 字节（DB 0F 49 40）。

- 内存中参加计算的数据都是用二进制无格式储存起来的，因此，使用二进制储存数据到文件更快捷。如果储存为文本文件，则需要一个转换的过程。在数据量很大的时候，两者就会有非常明显的速度差别。

- 一些比较精确的数据，使用二进制文件储存不会造成有效位的丢失。

7.2 System.IO 命名空间

System.IO 命名空间是 C#中对文件和流进行操作时必须要引入的一个命名空间，该命名空间中有很多的类和枚举，用于进行数据文件和流的读写操作。这些操作可以同步进行，也可以异步进行。System.IO 命名空间中常用的类及其说明如表 7-1 所示。

表 7-1　System.IO 命名空间中常用的类及其说明

类	说明
BinaryReader	用特定的编码将基元类型数据读作二进制值
BinaryWriter	以二进制形式将基元类型数据写入流，并支持用特定的编码写入字符串
BufferedStream	给流的读写操作添加一个缓冲层。无法继承此类
Directory	公开用于创建、移动和枚举目录和子目录的静态方法。无法继承此类
DirectoryInfo	公开用于创建、移动和枚举目录和子目录的实例方法。无法继承此类
DriveInfo	提供对有关驱动器的信息的访问
File	提供用于创建、复制、删除、移动和打开文件的静态方法，并协助创建 FileStream 对象
FileInfo	提供用于创建、复制、删除、移动和打开文件的实例方法，并帮助创建 FileStream 对象
FileStream	公开以文件为主的流，既支持同步读写操作，也支持异步读写操作

类	说明
IOException	发生 I/O 错误时引发的异常
MemoryStream	创建支持存储区为内存的流
Path	对包含文件或目录路径信息的字符串实例执行操作，这些操作是以跨平台的方式执行的
Stream	提供字节序列的一般视图
StreamReader	实现一个 TextReader 对象，使其以一种特定的编码从流中读取字符
StreamWriter	实现一个 TextWriter 对象，使其以一种特定的编码向流中写入字符
StringReader	实现从字符串进行读取的 TextReader 对象
StringWriter	实现一个用于将信息写入字符串的 TextWriter 对象。该信息存储在基础 StringBuilder 中
TextReader	表示可读取连续字符系列的读取器
TextWriter	表示可编写有序字符系列的编写器。该类为抽象类

System.IO 命名空间中常用的枚举及其说明如表 7-2 所示。

表 7-2 System.IO 命名空间中常用的枚举及其说明

枚举	说明
DriveType	定义驱动器类型常数，包括 CDRom、Fixed、Network、NoRootDirectory、Ram、Removable 和 Unknown
FileAccess	定义用来打开文件的访问模式，例如文件读取、写入或读取/写入
FileAttributes	提供文件和目录的属性
FileMode	指定操作系统打开文件的方式
FileOptions	表示创建 FileStream 对象的高级选项
FileShare	包含用于控制其他操作对同一文件的访问类型的常量
NotifyFilters	指定要在文件或文件夹中监视的更改
SearchOption	指定是搜索当前目录，还是搜索当前目录及其所有子目录
SeekOrigin	指定在流中移动位置时使用的起点
WatcherChangeTypes	可能会发生的文件或目录更改

7.3 文件类与目录类

7.3.1 File 类和 FileInfo 类

File 类和 FileInfo 类都可以对文件进行创建、复制、删除、移动、打开、读取，以及获取基本信息等操作，下面对这两个类的基本操作进行介绍。

File 类和
FileInfo 类

1．File 类

File 类支持对文件的基本操作，包括提供用于创建、复制、删除、移动和打开文件的静态方法，并协助创建 FileStream 对象。由于所有的 File 类的方法都是静态的，所以如果只想执行一个操作，那么使用 File 类的方法的效率比使用相应 FileInfo 类的方法的效率可能更高。File 类可以被实例化，但不能被其他类继承。

File 类的常用方法及其说明如表 7-3 所示。

表 7-3　File 类的常用方法及其说明

方法	说明
Create	在指定路径中创建文件
Copy	将现有文件复制到新文件
Exists	确定指定的文件是否存在
GetCreationTime	返回指定文件或目录的创建时间
GetLastAccessTime	返回上次访问指定文件或目录的时间
GetLastWriteTime	返回上次写入指定文件或目录的时间
Move	将指定文件移到新位置，并允许指定新文件名
Open	打开指定路径上的 FileStream
OpenRead	打开现有文件以进行读取
OpenText	打开现有 UTF-8 编码文本文件以进行读取
OpenWrite	打开现有文件以进行写入

2．FileInfo 类

FileInfo 类和 File 类许多方法的调用都是相同的，但是 FileInfo 类没有静态方法，仅可以用于实例化对象。File 类是静态类，所以它的调用需要字符串参数为每一个方法调用规定文件位置，因此如果要在对象上进行单一方法调用，则可以使用静态 File 类，反之则使用 FileInfo 类。

FileInfo 类的常用属性及其说明如表 7-4 所示。

表 7-4　FileInfo 类的常用属性及其说明

属性	说明
CreationTime	获取或设置当前文件或目录的创建时间
DirectoryName	获取表示目录的完整路径的字符串
Exists	获取指示文件是否存在的值
Extension	获取表示文件扩展名部分的字符串
FullName	获取目录或文件的完整路径
Length	获取当前文件的大小
Name	获取文件名

说明：FileInfo 类使用的相关方法请参见表 7-3。

【例 7-1】　创建一个 Windows 应用程序，使用 File 类在项目文件夹下创建文件。在创建文件时，需要判断该文件是否已经存在，如果存在，则弹出信息提示；否则创建文件，并在 ListView 控件中显示文件的名称、扩展名、大小和修改时间等信息。代码如下：

```
private void button1_Click(object sender, EventArgs e)
{
    if (File.Exists(textBox1.Text))                         //判断要创建的文件是否存在
    {
        MessageBox.Show("该文件已经存在，请重新输入");
```

```
        }
        else
        {
            File.Create(textBox1.Text);                    //创建文件
            FileInfo fInfo = new FileInfo(textBox1.Text);  //创建 FileInfo 对象
            ListViewItem li = new ListViewItem();
            li.SubItems.Clear();
            li.SubItems[0].Text = fInfo.Name;              //显示文件名称
            li.SubItems.Add(fInfo.Extension);              //显示文件扩展名
            li.SubItems.Add(fInfo.Length / 1024 + "KB");   //显示文件大小
            li.SubItems.Add(fInfo.LastWriteTime.ToString()); //显示文件修改时间
            listView1.Items.Add(li);
        }
    }
```

程序运行结果如图 7-1 所示。

图 7-1　使用 File 类创建文件并获取文件的详细信息

⚠ **注意**：使用 File 类和 FileInfo 类创建文本文件时，其默认的字符编码为 UTF-8；而在 Windows 环境中手动创建文本文件时，其默认的字符编码为 ANSI。

7.3.2　Directory 类和 DirectoryInfo 类

Directory 类和 DirectoryInfo 类都可以对文件夹进行创建、移动、浏览等操作，下面对这两个类的基本操作进行介绍。

Directory 类和 DirectoryInfo 类

1．Directory 类

Directory 类支持文件夹的典型操作，如复制、移动、重命名、创建和删除等。另外，也可将其用于获取和设置与目录的创建、访问和写入操作相关的时间信息。

Directory 类的常用方法及其说明如表 7-5 所示。

表 7-5　Directory 类的常用方法及其说明

方法	说明
CreateDirectory	创建指定路径中的目录
Delete	删除指定的目录
Exists	确定指定路径是否引用磁盘上的现有目录
GetCreationTime	获取目录的创建时间
GetCurrentDirectory	获取应用程序的当前工作目录
GetDirectories	获取指定目录中子目录的名称
GetFiles	返回指定目录中文件的名称

方法	说明
GetLogicalDrives	检索此计算机上格式为"<驱动器号>:\"的逻辑驱动器的名称
GetParent	检索指定路径的父目录，包括绝对路径和相对路径
Move	将文件或目录及其内容移到新位置
SetCreationTime	为指定的文件或目录设置创建时间
SetCurrentDirectory	将应用程序的当前工作目录设置为指定的目录

2．DirectoryInfo 类

DirectoryInfo 类和 Directory 类之间的关系与 FileInfo 类和 File 类之间的关系十分类似，这里不赘述。DirectoryInfo 类的常用属性及其说明如表 7-6 所示。

表 7-6　DirectoryInfo 类的常用属性及其说明

属性	说明
Attributes	获取或设置当前文件或目录的特性
CreationTime	获取或设置当前文件或目录对象的创建时间
Exists	获取指示目录是否存在的值
FullName	获取目录或文件的完整路径
Parent	获取指定子目录的父目录
Name	获取此 DirectoryInfo 实例的名称

说明： DirectoryInfo 类所使用的相关方法请参见表 7-5。

【例 7-2】 创建一个 Windows 应用程序，用来遍历指定驱动器下的所有文件夹及文件。在默认窗体中添加一个 ComboBox 控件和一个 TreeView 控件，其中，ComboBox 控件用来显示并选择驱动器，TreeView 控件用来显示指定驱动器下的所有文件夹及文件。代码如下：

```
//获取所有驱动器，并显示在 ComboBox 控件中
private void Form1_Load(object sender, EventArgs e)
{
    string[] dirs = Directory.GetLogicalDrives();           //获取计算机上的逻辑驱动器的名称
    if (dirs.Length > 0)                                    //如果有驱动器
    {
        for (int i = 0; i < dirs.Length; i++)               //遍历驱动器
        {
            comboBox1.Items.Add(dirs[i]);                   //将驱动器名称添加到下拉列表中
        }
    }
}
//选择驱动器
private void comboBox1_SelectedValueChanged(object sender, EventArgs e)
{
    if (((ComboBox)sender).Text.Length > 0)                 //如果在下拉列表中选择了值
    {
        treeView1.Nodes.Clear();                            //清空 treeView1 控件
        TreeNode TNode = new TreeNode();                    //实例化 TreeNode
        //将驱动器下的文件夹及文件的名称添加到 treeView1 控件上
        Folder_List(treeView1, ((ComboBox)sender).Text, TNode, 0);
    }
}
///<summary>
```

```
///显示文件夹下所有子文件夹及文件的名称
///</summary>
///<param Sdir="string">文件夹的目录</param>
///<param TNode="TreeNode">节点</param>
///<param n="int">标识，判断当前是文件夹，还是文件</param>
private void Folder_List(TreeView TV, string Sdir, TreeNode TNode, int n)
{
    if (TNode.Nodes.Count > 0)                              //如果当前节点下有子节点
        if (TNode.Nodes[0].Text != "")                     //如果第一个子节点的文本为空
            return;                                        //退出本次操作
    if (TNode.Text == "")                                  //如果当前节点的文本为空
        Sdir += "\\";                                      //设置驱动器的根路径
    DirectoryInfo dir = new DirectoryInfo(Sdir);           //实例化 DirectoryInfo 类
    try
    {
        if (!dir.Exists)                                   //判断文件夹是否存在
        {
            return;
        }
        //如果给定参数不是文件夹，则退出
        DirectoryInfo dirD = dir as DirectoryInfo;
        if (dirD == null)                                  //如果文件夹为空
        {
            TNode.Nodes.Clear();                           //清空当前节点
            return;
        }
        else
        {
            if (n == 0)                                    //如果当前是文件夹
            {
                if (TNode.Text == "")                      //如果当前节点为空
                    TNode = TV.Nodes.Add(dirD.Name);       //添加文件夹的名称
                else
                {
                    TNode.Nodes.Clear();                   //清空当前节点
                }
                TNode.Tag = 0;                             //设置文件夹的标识
            }
        }
        FileSystemInfo[] files = dirD.GetFileSystemInfos();  //获取文件夹中所有的文件和文件夹
        //遍历文件和文件夹
        foreach (FileSystemInfo FSys in files)
        {
            FileInfo file = FSys as FileInfo;              //实例化 FileInfo 类
            //如果是文件，则将文件名称添加到节点下
            if (file != null)
            {
                //获取文件所在路径
                FileInfo SFInfo = new FileInfo(file.DirectoryName + "\\" + file.Name);
                TNode.Nodes.Add(file.Name);                //添加文件名称
                TNode.Tag = 0;                             //设置文件标识
            }
            else                                           //如果是文件夹
            {
                TreeNode TemNode = TNode.Nodes.Add(FSys.Name); //添加文件夹名称
                TNode.Tag = 1;                             //设置文件夹标识
                //在该文件夹的节点下添加一个空文件夹，表示文件夹下有子文件夹或文件
                TemNode.Nodes.Add("");
            }
        }
    }
    catch (Exception ex)
```

```
        {
            MessageBox.Show(ex.Message);
            return;
        }
    }
    private void treeView1_NodeMouseDoubleClick(object sender, TreeNodeMouseClickEventArgs e)
    {
        if (((TreeView)sender).SelectedNode == null)              //如当前节点为空
            return;
        //将指定目录下的文件夹及文件名称添加到 treeView1 控件的指定节点下
        Folder_List(treeView1,((TreeView)sender).SelectedNode.FullPath.Replace("\\\\",
"\\"),((TreeView)sender).SelectedNode, 0);
    }
```

程序运行结果如图 7-2 所示。

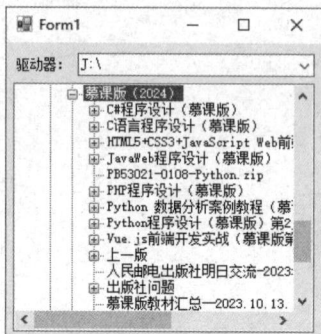

图 7-2　遍历指定驱动器中的文件及文件夹名称

7.3.3　Path 类

Path 类对包含文件或目录路径信息的字符串实例执行操作,这些操作是以跨平台的方式执行的。路径是提供文件或目录位置的字符串,其不必指向磁盘上的 Path 类位置。例如,路径可以映射内存中或设备上文件或目录的位置,其准确格式是由当前平台确定的。在某些系统上,文件路径可以包含文件扩展名,文件扩展名指示在文件中存储的信息的类型,但文件扩展名的格式是与平台相关的,例如某些系统将文件扩展名的长度限制为 3 个字符,而其他系统则没有这样的限制。因为存在这些差异,所以 Path 类的某些成员的准确行为是与平台相关的。

Path 类的常用方法及其说明如表 7-7 所示。

表 7-7　Path 类的常用方法及其说明

方法	说明
ChangeExtension	更改路径字符串的扩展名
Combine	将字符串数组或多个字符串组合成一个路径
GetDirectoryName	返回指定路径字符串的目录信息
GetExtension	返回指定路径字符串中的文件扩展名
GetFileName	返回指定路径字符串的文件名和文件扩展名
GetFileNameWithoutExtension	返回不具有文件扩展名的指定路径字符串的文件名
GetFullPath	返回指定路径字符串的绝对路径
GetInvalidFileNameChars	获取包含不允许在文件名中使用的字符的数组
GetInvalidPathChars	获取包含不允许在路径字符串中使用的字符的数组

方法	说明
GetPathRoot	获取指定路径的根目录信息
GetRandomFileName	返回随机文件夹名或文件名
GetTempFileName	创建磁盘上具有唯一名称的 0 字节的临时文件并返回该文件的完整路径
GetTempPath	返回当前用户的临时文件夹的路径
HasExtension	确定路径是否包括文件扩展名
IsPathRooted	获取一个指示指定的路径字符串是否包含根的值

📖 **说明**：Path 类的所有方法都是静态的，因此，需要直接使用 Path 类名调用方法。

例如，下面的代码定义一个文件名，然后分别使用 Path 类的 HasExtension 方法和 GetFullPath 方法判断该文件是否有文件扩展名和获取其完整路径：

```
string path = @"Test.txt";
if (Path.HasExtension(path))                          //判断是否有文件扩展名
{
    Console.WriteLine("{0} 有文件扩展名", path);
}
//获取指定文件的完整路径
Console.WriteLine("{0} 的完整路径是: {1}.", path, Path.GetFullPath(path));
```

7.3.4 DriveInfo 类

DriveInfo 类用来提供对有关驱动器的信息的访问，使用 DriveInfo 类可以确定哪些驱动器可用，以及这些驱动器的类型，还可以通过查询来确定驱动器的容量和可用空闲空间量。

DriveInfo 类

DriveInfo 类的常用属性及其说明如表 7-8 所示。

表 7-8　DriveInfo 类的常用属性及其说明

属性	说明
AvailableFreeSpace	指示驱动器上的可用空闲空间量
DriveFormat	获取文件系统的名称，例如 NTFS 或 FAT32
DriveType	获取驱动器类型
IsReady	获取一个指示驱动器是否已准备好的值
Name	获取驱动器的名称
RootDirectory	获取驱动器的根目录
TotalFreeSpace	获取驱动器上的可用空闲空间总量
TotalSize	获取驱动器上存储空间的总大小
VolumeLabel	获取或设置驱动器的卷标

DriveInfo 类最主要的一个方法是 GetDrives 方法，该方法用来检索计算机上的所有逻辑驱动器的名称，其语法格式如下：

```
public static DriveInfo[] GetDrives()
```

该方法的返回值是一个 DriveInfo 类型的数组，存储计算机上的逻辑驱动器。

【例 7-3】　创建一个 Windows 应用程序，使用 DriveInfo 类获取本地计算机上的所有磁盘驱动器。当用户选择某个驱动器时，将其包含的所有文件夹名称及创建时间显示到

ListView 控件中。

在 Form1 窗体的 Load 事件中，使用 DriveInfo 类的 GetDrives 方法获取本地所有驱动器，并显示到 ComboBox 控件中，代码如下：

```csharp
private void Form1_Load(object sender, EventArgs e)
{
    DriveInfo[] dInfos = DriveInfo.GetDrives();           //获取本地所有驱动器
    foreach (DriveInfo dInfo in dInfos)                   //遍历获取到的驱动器
    {
        comboBox1.Items.Add(dInfo.Name);                 //将驱动器名称添加到下拉列表中
    }
}
```

在 comboBox1 控件的 SelectedIndexChanged 事件中，获取指定磁盘驱动器下的文件夹信息，并显示到 ListView 控件中，代码如下：

```csharp
private void comboBox1_SelectedIndexChanged(object sender, EventArgs e)
{
    //获取指定磁盘下的所有文件夹
    string[] strDirs = Directory.GetDirectories(comboBox1.Text);
    foreach (string strDir in strDirs)                   //遍历获取到的文件夹
    {
        ListViewItem li = new ListViewItem();
        li.SubItems.Clear();
        //使用遍历到的文件夹创建 DirectoryInfo 对象
        DirectoryInfo dirInfo = new DirectoryInfo(strDir);
        li.SubItems[0].Text = dirInfo.Name;              //显示文件夹名称
        li.SubItems.Add(dirInfo.CreationTime.ToString()); //显示文件夹创建时间
        listView1.Items.Add(li);
    }
}
```

程序运行结果如图 7-3 所示。

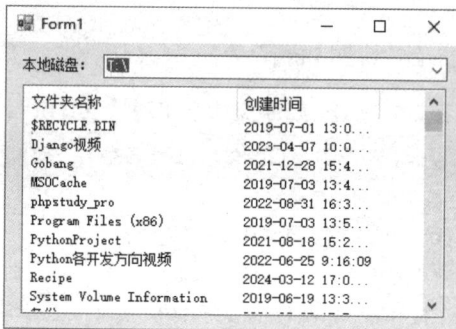

图 7-3　获取本地磁盘驱动器及指定驱动器下的所有文件夹信息

7.4　数据流基础

数据流提供了一种从后备存储读取字节和向后备存储写入字节的方式，它是在.NET Framework 中执行读写文件操作时一种非常重要的介质。下面对数据流的基础知识进行详细讲解。

7.4.1　流操作类介绍

.NET Framework 使用流来支持读取和写入文件，开发人员可以将流视

流操作类介绍

为一组连续的一维数组，包含开头和结尾，并且其中的游标指示了流中的当前位置。

1．流操作

流中包含的数据可能来自内存、文件或 TCP/IP 套接字，流包含以下几种可应用于自身的基本操作。

- □ 读取：将数据从流传输到数据结构（如字符串或字节数组）中。
- □ 写入：将数据从数据源传输到流中。
- □ 查找：定位流中的特定位置，以便进行读取或写入。

2．流的类型

在.NET Framework 中，流由 Stream 类来表示，该类构成了所有其他流的抽象类，但在具体使用时，不能直接创建 Stream 类的实例，而是需要使用它的实现类进行创建。

C#中有许多类型的流，但在处理文件输入输出（Input/Output，I/O）时，最重要的类型为 FileStream 类，它提供写入和读取文件的方法。可在处理文件 I/O 时使用的其他类主要包括 BufferedStream、CryptoStream、MemoryStream 和 NetworkStream 等。

7.4.2 文件流

C#中，文件流类使用 FileStream 类表示，该类允许开发者以字节流的形式读取或写入文件，其通常用于处理大文件或需要精细控制文件读写的场景。一个 FileStream 类的实例实际上代表一个磁盘文件，它通过 Seek 方法进行对文件的随机访问，它也包含了流的标准输入、标准输出和标准错误等。FileStream 默认对文件的打开方式是同步的，但它同样能够很好地支持异步操作。

文件流

对文件流的操作，实际上可以将文件看作电视信号发送塔要发送的一个电视节目（文件），将电视节目转换成模拟数字信号（文件的二进制流），按指定的发送序列发送到指定的接收地点（文件的接收地址）。

1．FileStream 类的常用属性

FileStream 类的常用属性及其说明如表 7-9 所示。

表 7-9　FileStream 类的常用属性及其说明

属性	说明
Length	获取用字节表示的流长度
Name	获取传递给构造函数的 FileStream 的名称
Position	获取或设置此流的当前位置
ReadTimeout	获取或设置一个值，该值确定流在超时前尝试读取的时间
WriteTimeout	获取或设置一个值，该值确定流在超时前尝试写入的时间

2．FileStream 类的常用方法

FileStream 类的常用方法及其说明如表 7-10 所示。

表 7-10 FileStream 类的常用方法及其说明

方法	说明
Close	关闭当前流并释放与之关联的所有资源
Lock	允许读取访问的同时防止其他进程更改 FileStream 对象
Read	从流中读取字节块并将这些数据写入给定缓冲区中
ReadByte	从文件中读取 1 字节，并将读取位置向前移动 1 字节
Seek	将该流的当前位置设置为给定值
SetLength	将该流的长度设置为给定值
Unlock	允许其他进程访问以前锁定的某个文件
Write	将从缓冲区读取的字节块写入该流

【例 7-4】 创建一个 Windows 应用程序，使用不同的方式打开文件，如"读写方式打开""追加方式打开""清空后打开""覆盖方式打开"，然后对其进行写入和读取操作。在默认窗体中添加两个 TextBox 控件、4 个 RadioButton 控件和一个 Button 控件，其中 TextBox 控件用来输入文件路径和要添加的内容，RadioButton 控件用来选择文件的打开方式，Button 控件用来执行文件读写操作。代码如下：

```csharp
FileMode fileM = FileMode.Open;                        //用来记录要打开的方式
//执行读写操作
private void button1_Click(object sender, EventArgs e)
{
    string path = textBox1.Text;                       //获取打开文件的路径
    try
    {
        using (FileStream fs = File.Open(path, fileM)) //以指定的方式打开文件
        {
            if (fileM != FileMode.Truncate)            //如果在打开文件后不清空文件
            {
                //将要添加的内容转换成字节
                Byte[] info = new UTF8Encoding(true).GetBytes(textBox2.Text);
                fs.Write(info, 0, info.Length);        //向文件中写入内容
            }
        }
        using (FileStream fs = File.Open(path, FileMode.Open))//以读写方式打开文件
        {
            byte[] b = new byte[1024];                 //定义一个字节数组
            UTF8Encoding temp = new UTF8Encoding(true);//实现 UTF-8 编码
            string pp = "";
            while (fs.Read(b, 0, b.Length) > 0)        //读取文本
            {
                pp += temp.GetString(b);               //累加读取的结果
            }
            MessageBox.Show(pp);                       //显示文本
        }
    }
    catch                                              //如果文件不存在，则发生异常
    {
        if (MessageBox.Show("该文件不存在，是否创建文件。", "提示", MessageBoxButtons.YesNo) ==
DialogResult.Yes)                                      //显示提示框，提示是否创建文件
        {
            FileStream fs = File.Open(path, FileMode.CreateNew);//在指定的路径下创建文件
            fs.Dispose();                              //释放流
        }
    }
}
//选择打开方式
private void radioButton1_CheckedChanged(object sender, EventArgs e)
{
```

```
if (((RadioButton)sender).Checked == true)              //如果单选项被选中
{
    //判断单选项的选中情况
    switch (Convert.ToInt32(((RadioButton)sender).Tag.ToString()))
    {
        //记录文件的打开方式
        case 0: fileM = FileMode.Open; break;           //以读写方式打开文件
        case 1: fileM = FileMode.Append; break;         //以追加方式打开文件
        case 2: fileM = FileMode.Truncate; break;       //打开文件后清空文件内容
        case 3: fileM = FileMode.Create; break;         //以覆盖方式打开文件
    }
}
```

程序运行结果如图 7-4 所示。

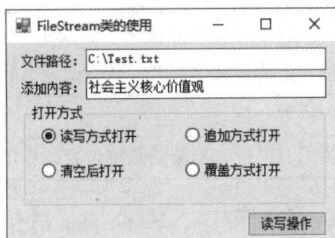

图 7-4　FileStream 类的使用

7.4.3　文本文件的读写

文本文件的写入与读取主要是通过 StreamWriter 类和 StreamReader 类来实现的，下面对这两个类进行详细讲解。

文本文件的读写

1．StreamWriter 类

StreamWriter 类是专门用来处理文本文件的类，可以方便地向文本文件中写入字符串，同时也负责重要的转换和处理向 FileStream 对象写入的工作。

说明：StreamWriter 类默认使用 UTF-8 编码来进行创建。

StreamWriter 类的常用属性及其说明如表 7-11 所示。

表 7-11　StreamWriter 类的常用属性及其说明

属性	说明
Encoding	获取与 StreamWriter 关联的编码方式
FormatProvider	获取控制格式设置的对象
NewLine	获取或设置当前 TextWriter 使用的行结束符字符串

StreamWriter 类的常用方法及其说明如表 7-12 所示。

表 7-12　StreamWriter 类的常用方法及其说明

方法	说明
Close	关闭当前的 StringWriter 对象和基础流
Write	写入 StringWriter 类的实例中
WriteLine	将重载参数指定的某些数据写入流中，后跟行结束符

2. StreamReader 类

StreamReader 类是专门用来读取文本文件的类，StreamReader 类可以从底层 Stream 对象创建实例，而且也能指定编码规范。创建 StreamReader 对象后，它提供了许多用于读取和浏览字符数据的方法。

StreamReader 类的常用方法及其说明如表 7-13 所示。

表 7-13　StreamReader 类的常用方法及其说明

方法	说明
Close	关闭 StringReader 对象，释放资源
Read	读取输入字符串中的下一个字符或下一组字符
ReadBlock	从当前流中读取指定的最大字符数并从指定索引处开始将该数据写入缓冲区
ReadLine	从基础字符串中读取一行
ReadToEnd	将整个流或从流的当前位置到流的结尾位置作为单个字符串来读取

【例 7-5】　创建一个 Windows 应用程序，模拟记录进销存管理系统的登录日志。

（1）新建一个 Windows 窗体，命名为 Login，将该窗体设置为启动窗体。在该窗体中添加两个 TextBox 控件，用来输入用户名和密码；添加一个 Button 控件，用来实现登录操作，登录过程中记录登录日志。

（2）触发 Button 控件的 Click 事件，在该事件中创建登录日志文件，并使用 StreamWriter 对象的 WriteLine 方法将登录日志写入创建的日志文件中，代码如下：

```
private void button1_Click(object sender, EventArgs e)
{
    if (!File.Exists("Log.txt"))                        //判断日志文件是否存在
    {
        File.Create("Log.txt");                        //创建日志文件
    }
    string strLog = "登录用户: " + textBox1.Text + "    登录时间: " + DateTime.Now;
    if (textBox1.Text != "" && textBox2.Text != "")
    {
        //创建 StreamWriter 对象
        using (StreamWriter sWriter = new StreamWriter("Log.txt", true))
        {
            sWriter.WriteLine(strLog);                  //写入日志
        }
        Form1 frm = new Form1();                        //创建 Form1 窗体
        this.Hide();                                    //隐藏当前窗体
        frm.Show();                                     //显示 Form1 窗体
    }
}
```

（3）在默认的 Form1 窗体中添加一个 ListView 控件，用来显示登录日志信息。在该窗体的 Load 事件中，使用 StreamReader 对象的 ReadLine 方法逐行读取登录日志信息，并显示在 ListView 控件中，代码如下：

```
private void Form1_Load(object sender, EventArgs e)
{
    //创建 StreamReader 对象
    StreamReader SReader = new StreamReader("Log.txt", Encoding.UTF8);
    string strLine = string.Empty;
    while ((strLine = SReader.ReadLine()) != null)//逐行读取日志文件
    {
```

```
                    //获取单条日志信息
                    string[] strLogs = strLine.Split(new string[] { "    " }, StringSplitOptions.
RemoveEmptyEntries);
                    ListViewItem li = new ListViewItem();
                    li.SubItems.Clear();
                    //显示登录用户
                    li.SubItems[0].Text = strLogs[0].Substring(strLogs[0].IndexOf(': ')+1);
                    //显示登录时间
                    li.SubItems.Add(strLogs[1].Substring(strLogs[1].IndexOf(': ')+1));
                    listView1.Items.Add(li);
            }
        }
```

运行程序，在"系统登录"窗体中输入用户名和密码，如图 7-5 所示；单击"登录"按钮进入"系统日志"窗体，显示系统的登录日志信息，如图 7-6 所示。

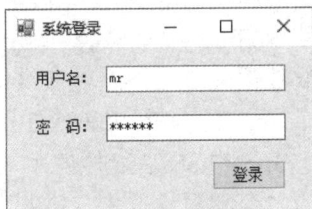

图 7-5　输入用户名和密码

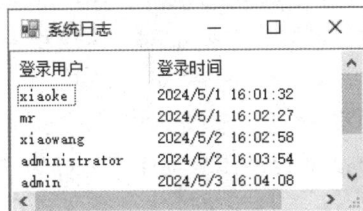

图 7-6　显示系统的登录日志信息

7.4.4　二进制文件的读写

二进制文件的写入与读取主要是通过 BinaryWriter 类和 BinaryReader 类来实现的，下面对这两个类进行详细讲解。

二进制文件的读写

1．BinaryWriter 类

BinaryWriter 类以二进制形式将基元类型数据写入流，并支持用特定的编码写入字符串，该类的常用方法及其说明如表 7-14 所示。

表 7-14　BinaryWriter 类的常用方法及其说明

方法	说明
Close	关闭当前的 BinaryWriter 对象和基础流
Seek	设置流中的当前位置
Write	将值写入当前流

2．BinaryReader 类

BinaryReader 类用特定的编码将基元类型数据读作二进制值，该类的常用方法及其说明如表 7-15 所示。

表 7-15　BinaryReader 类的常用方法及其说明

方法	说明
Close	关闭当前阅读器及基础流
PeekChar	返回下一个可用的字符，并且不向前移动字节或字符的位置
Read	从基础流中读取字符，并向前移动流的当前位置

方法	说明
ReadByte	从当前流中读取下一字节，并使流的当前位置向前移动 1 字节
ReadBytes	从当前流中读取指定的字节数以写入字节数组中，并使流的当前位置向前移动相应的字节数
ReadChar	从当前流中读取下一个字符，并根据所使用的 Encoding 和从流中读取的特定字符向前移动流的当前位置
ReadChars	从当前流中读取指定的字符数，以字符数组的形式返回数据，并根据所使用的 Encoding 和从流中读取的特定字符，向前移动流的当前位置
ReadInt32	从当前流中读取 4 字节有符号整数，并使流的当前位置向前移动 4 字节
ReadString	从当前流中读取一个字符串。字符串有长度前缀，一次将 7 位编码为整数

下面通过一个实例来说明如何使用 BinaryWriter 类和 BinaryReader 类来读写二进制文件。

【例 7-6】 创建一个 Windows 应用程序，主要使用 BinaryWriter 类和 BinaryReader 类的相关属性和方法，实现向二进制文件中写入和读取数据的功能。在默认窗体中添加一个 SaveFileDialog 控件、一个 OpenFileDialog 控件、一个 TextBox 控件和两个 Button 控件，其中，SaveFileDialog 控件用来显示"另存为"对话框，OpenFileDialog 控件用来显示"打开"对话框，TextBox 控件用来输入要写入二进制文件的内容和显示选中二进制文件的内容，两个 Button 控件分别用来打开"另存为"对话框执行二进制文件写入操作和打开"打开"对话框执行二进制文件读取操作。代码如下：

```csharp
private void button1_Click(object sender, EventArgs e)
{
    if (textBox1.Text == string.Empty)                        //判断文本框是否为空
    {
        MessageBox.Show("要写入的文件内容不能为空");
    }
    else
    {
        saveFileDialog1.Filter = "二进制文件(*.dat)|*.dat";      //设置保存文件的格式
        if (saveFileDialog1.ShowDialog() == DialogResult.OK)  //判断是否选择了文件
        {
            //使用"另存为"对话框中输入的文件名创建 FileStream 对象
            FileStream myStream = new FileStream(saveFileDialog1.FileName,FileMode.OpenOrCreate,
FileAccess.ReadWrite);
            //使用 FileStream 对象创建 BinaryWriter 二进制写入流对象
            BinaryWriter myWriter = new BinaryWriter(myStream);
            //以二进制方式向创建的文件中写入内容
            myWriter.Write(textBox1.Text);
            myWriter.Close();                                 //关闭当前二进制写入流
            myStream.Close();                                 //关闭当前文件流
            textBox1.Text = string.Empty;                     //清空文本框
        }
    }
}
private void button2_Click(object sender, EventArgs e)
{
    openFileDialog1.Filter = "二进制文件(*.dat)|*.dat";          //设置打开文件的格式
    if (openFileDialog1.ShowDialog() == DialogResult.OK)      //判断是否选择了文件
    {
        textBox1.Text = string.Empty;                         //清空文本框
        //使用"打开"对话框中选择的文件名创建 FileStream 对象
        FileStream myStream = new FileStream(openFileDialog1.FileName, FileMode.Open,
FileAccess.Read);
        //使用 FileStream 对象创建 BinaryReader 二进制读取流对象
        BinaryReader myReader = new BinaryReader(myStream);
```

```
        if (myReader.PeekChar() != -1)                          //判断是否有数据
        {
            //以二进制方式读取文件中的内容
            textBox1.Text = Convert.ToString(myReader.ReadInt32());
        }
        myReader.Close();                                       //关闭当前二进制读取流
        myStream.Close();                                       //关闭当前文件流
    }
}
```

7.5 AI 辅助编程——文件操作

7.5.1 编写文件夹操作的通用方法

在实际开发过程中，可以利用 AI 来帮助我们更高效地开发项目。以下是在 AI 工具中的一个可能的对话示例。

【问题】

在实际开发中，我遇到这样一个需求：浏览本地所有磁盘，能查看磁盘中的文件和文件夹，可以在指定磁盘中进行文件夹的新建、重命名和删除操作。请用 C#编写一个通用方法。

【AI 建议】

下面是一个使用 C#编写的通用方法，该方法实现了浏览本地所有磁盘，查看磁盘中的文件和文件夹，以及在指定磁盘中进行文件夹的新建、重命名和删除操作等功能。我们将这些功能封装成一个类，以便在不同的地方复用：

```
using System;
using System.Collections.Generic;
using System.IO;
public class DiskBrowser
{
    //获取所有磁盘根目录
    public List<string> GetDrives()
    {
        List<string> drives = new List<string>();
        DriveInfo[] allDrives = DriveInfo.GetDrives();
        foreach (DriveInfo drive in allDrives)
        {
            if (drive.IsReady)
            {
                drives.Add(drive.RootDirectory.FullName);
            }
        }
        return drives;
    }
    //获取指定路径下的所有文件和文件夹
    public List<FileOrFolderInfo> GetFilesAndFolders(string path)
    {
        List<FileOrFolderInfo> items = new List<FileOrFolderInfo>();
        try
        {
            foreach (string file in Directory.GetFiles(path))
            {
                FileInfo fileInfo = new FileInfo(file);
                items.Add(new FileOrFolderInfo
                {
                    Name = fileInfo.Name,
                    Type = "文件",
```

```
                    Size = fileInfo.Length,
                    LastWriteTime = fileInfo.LastWriteTime
                });
            }
            foreach (string directory in Directory.GetDirectories(path))
            {
                DirectoryInfo directoryInfo = new DirectoryInfo(directory);
                items.Add(new FileOrFolderInfo
                {
                    Name = directoryInfo.Name,
                    Type = "文件夹",
                    Size = 0,
                    LastWriteTime = directoryInfo.LastWriteTime
                });
            }
        }
        catch (Exception ex)
        {
            throw new IOException($"获取文件和文件夹时发生错误: {ex.Message}", ex);
        }
        return items;
    }
    //在指定路径下新建文件夹
    public void CreateFolder(string path, string folderName)
    {
        string fullPath = Path.Combine(path, folderName);
        try
        {
            Directory.CreateDirectory(fullPath);
        }
        catch (Exception ex)
        {
            throw new IOException($"创建文件夹时发生错误: {ex.Message}", ex);
        }
    }
    //重命名文件夹
    public void RenameFolder(string oldPath, string newName)
    {
        string newPath = Path.Combine(Path.GetDirectoryName(oldPath), newName);
        try
        {
            Directory.Move(oldPath, newPath);
        }
        catch (Exception ex)
        {
            throw new IOException($"重命名文件夹时发生错误: {ex.Message}", ex);
        }
    }
    //删除文件夹
    public void DeleteFolder(string path)
    {
        try
        {
            Directory.Delete(path, true);
        }
        catch (Exception ex)
        {
            throw new IOException($"删除文件夹时发生错误: {ex.Message}", ex);
        }
    }
}
public class FileOrFolderInfo
{
    public string Name { get; set; }
```

```
    public string Type { get; set; }
    public long Size { get; set; }
    public DateTime LastWriteTime { get; set; }
}
```

通过以上示例，我们不仅可以解决实际开发中的问题，而且可以巩固以下文件相关的知识点。

- □ 获取磁盘信息：使用 DriveInfo.GetDrives 方法获取系统中所有磁盘的信息。
- □ 获取文件和文件夹：使用 Directory.GetFiles 和 Directory.GetDirectories 方法分别获取指定路径下的所有文件和文件夹。
- □ 获取文件和文件夹信息：使用 FileInfo 和 DirectoryInfo 类获取文件和文件夹的详细信息，如名称、类型、大小和最后修改时间。

7.5.2 将文件转换为二进制数据

在学习 C#编程的过程中，可以利用 AI 来帮助我们巩固本章所学的知识，设计相应的实例。以下是在 AI 工具中的一个可能的对话示例。

【问题】

如何将文件转换为二进制数据，以便存储？

【AI 建议】

将文件转换为二进制数据是一种常见的需求，尤其是在文件上传、下载、数据库存储等场景中。在 C#中，可以使用 System.IO.File 类的方法来读取文件并将其转换为字节数组（即二进制数据）。以下是具体步骤和示例代码。

步骤

（1）读取文件内容：使用 File.ReadAllBytes 方法读取文件内容到字节数组。

（2）存储二进制数据：将字节数组存储到所需的介质中，例如文件、数据库等。

示例代码如下：

```
using System;
using System.IO;
class Program
{
    static void Main()
    {
        string filePath = "path/to/example.txt";
        //读取文件内容到字节数组
        byte[] fileBytes = File.ReadAllBytes(filePath);
        //输出字节数组的长度，用于验证
        Console.WriteLine($"File read successfully. Byte array length: {fileBytes.Length}");
        //如果需要将字节数组写回到文件，可以使用以下代码
        //string outputFilePath = "path/to/output.txt";
        //File.WriteAllBytes(outputFilePath, fileBytes);
    }
}
```

7.6 小结

本章主要对 C#中的文件操作技术进行了详细讲解。程序中对文件进行操作及读取数据流时，主要会用到 System.IO 命名空间下的各种类。本章在讲解时，首先对文件进行了简单的介绍，然后对 System.IO 命名空间及其包含的类进行了重点讲解，并且对数据流操作

技术进行了介绍，包括对文本文件和二进制文件的读写操作等，最后介绍了 AI 辅助编程——文件操作。文件操作是程序开发中经常遇到的一种操作，在学习完本章后，读者应该能够熟悉文件操作及数据流操作的理论知识，并能在实际开发中熟练利用这些理论知识对文件及数据流进行各种操作。

7.7 上机指导

上机指导

复制文件时显示复制进度实际上就是用文件流来复制文件，并在每一块文件复制后，用进度条来显示文件的复制情况。本实例实现了复制文件时显示复制进度的功能，程序运行结果如图 7-7 所示。

程序开发步骤如下。

（1）新建一个 Windows 窗体应用程序，命名为 FileCopyPlan。

（2）更改默认窗体 Form1 的 Name 属性为 Frm_Main。在该窗体中添加一个 OpenFileDialog

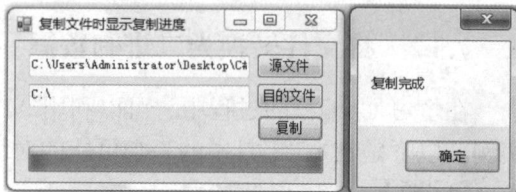

图 7-7　复制文件时显示复制进度

控件，用来选择源文件；添加一个 FolderBrowserDialog 控件，用来选择目的文件的路径；添加两个 TextBox 控件，分别用来显示源文件与目的文件的路径；添加 3 个 Button 控件，分别用来选择源文件和目的文件的路径，以及实现文件的复制功能；添加一个 ProgressBar 控件，用来显示复制进度条。

（3）在窗体的后台代码中编写 CopyFile 方法，用来实现复制文件并显示复制进度条的功能。具体代码如下：

```
    public void CopyFile(string FormerFile, string toFile, int SectSize, System.Windors.
Forms.ProgressBar progressBar1)
    {
        progressBar1.Value = 0;                              //设置进度条的当前位置为0
        progressBar1.Minimum = 0;                            //设置进度条的最小值为0
        //创建目的文件，如果已存在，将被覆盖
        FileStream fileToCreate = new FileStream(toFile, FileMode.Create);
        fileToCreate.Close();                                //关闭所有资源
        fileToCreate.Dispose();                              //释放所有资源
        //以只读方式打开源文件
        FormerOpen = new FileStream(FormerFile, FileMode.Open, FileAccess.Read);
        //以写方式打开目的文件
        ToFileOpen = new FileStream(toFile, FileMode.Append, FileAccess.Write);
        //根据一次传输的大小，计算传输的个数
        int max = Convert.ToInt32(Math.Ceiling((double)FormerOpen.Length / (double)SectSize));
        progressBar1.Maximum = max;                          //设置进度条的最大值
        int FileSize;                                        //要复制的文件的大小
        //如果分段复制，即每次复制内容小于文件总长度
        if (SectSize < FormerOpen.Length)
        {
            //根据传输的大小，定义一个字节数组
            byte[] buffer = new byte[SectSize];
            int copied = 0;                                  //记录传输的大小
            int tem_n = 1;                                   //设置进度块的增加个数
            while (copied <= ((int)FormerOpen.Length - SectSize))//复制主体部分
            {
                //从 0 开始读，每次最大读 SectSize
```

```
          FileSize = FormerOpen.Read(buffer, 0, SectSize);
          FormerOpen.Flush();                                  //清空缓存
          ToFileOpen.Write(buffer, 0, SectSize);               //向目的文件写入字节
          ToFileOpen.Flush();                                  //清空缓存
          //使源文件和目的文件流的位置相同
          ToFileOpen.Position = FormerOpen.Position;
          copied += FileSize;                                  //记录已复制的大小
          progressBar1.Value = progressBar1.Value + tem_n;     //增加进度条的进度块
       }
       int left = (int)FormerOpen.Length - copied;             //获取剩余大小
       FileSize = FormerOpen.Read(buffer, 0, left);            //读取剩余的字节
       FormerOpen.Flush();                                     //清空缓存
       ToFileOpen.Write(buffer, 0, left);                      //写入剩余的部分
       ToFileOpen.Flush();                                     //清空缓存
    }
    //如果整体复制，即每次复制内容大于文件总长度
    else
    {
       byte[] buffer = new byte[FormerOpen.Length];            //获取文件的大小
       FormerOpen.Read(buffer, 0, (int)FormerOpen.Length);     //读取源文件的字节
       FormerOpen.Flush();                                     //清空缓存
       ToFileOpen.Write(buffer, 0, (int)FormerOpen.Length);    //写入字节
       ToFileOpen.Flush();                                     //清空缓存
    }
    FormerOpen.Close();                                        //释放所有资源
    ToFileOpen.Close();                                        //释放所有资源
    if (MessageBox.Show("复制完成") == DialogResult.OK)        //显示"复制完成"对话框
    {
       progressBar1.Value = 0;                                 //设置进度条的当前位置为0
       textBox1.Clear();                                       //清空文本
       textBox2.Clear();
       str = "";
    }
}
```

7.8 习题

7-1 文件主要分为几种？分别进行简单描述。

7-2 对文件或流进行操作时，主要会用到什么命名空间？

7-3 如何创建文件？

7-4 简述 Directory 类和 DirectoryInfo 类的区别。

7-5 说出获取本地磁盘驱动器的两种实现方法。

7-6 常见的流操作有哪些？

7-7 如何对文本文件进行读写操作？

7-8 如何对二进制文件进行读写操作？

第8章 数据库应用

本章要点

- ADO.NET 对象模型及数据访问命名空间
- Connection 数据连接对象
- Command 命令执行对象
- DataReader 数据读取对象
- DataSet 对象与 DataAdapter 对象
- DataGridView 控件和 BindingSource 组件

开发 Windows 应用程序时，为了使客户端能够访问服务器中的数据库，经常需要对数据库进行各种操作，其中，ADO.NET 是一种最常用的数据库操作技术。它向 .NET 程序员公开了数据访问服务的类，并为创建分布式数据共享应用程序提供了一组丰富的组件。

8.1 ADO.NET 概述

ADO.NET 是 .NET 数据库的访问架构，它是数据库应用程序和数据源沟通的桥梁，主要提供一个面向对象的数据访问架构，用来开发数据库应用程序。

ADO.NET 概述

8.1.1 ADO.NET 对象模型

为了更好地理解 ADO.NET 架构模型的各个组成部分，这里对 ADO.NET 中的相关对象进行图示讲解，图 8-1 所示为 ADO.NET 对象模型。

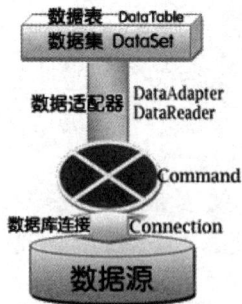

图 8-1 ADO.NET 对象模型

ADO.NET 主要包括 Connection、Command、DataReader、DataAdapter、DataSet 和 DataTable 等 6 个对象，下面分别进行介绍。

（1）Connection 对象主要提供与数据库的连接功能。

（2）Command 对象用于执行返回数据、修改数据、运行存储过程，以及发送或检索参数信息的数据库命令。

（3）DataReader 对象通过 Command 对象提供从数据库检索信息的功能，以一种只读的、向前的、快速的方式访问数据库。

（4）DataAdapter 对象提供连接 DataSet 对象和数据源的桥梁。它主要使用 Command 对象在数据源中执行结构查询语言（Structure Query Language，SQL）语句，以便将数据加载到 DataSet 数据集中，并确保 DataSet 数据集中数据的更改与数据源保持一致。

（5）DataSet 对象是 ADO.NET 的核心概念，它是支持 ADO.NET 断开式、分布式数据方案的核心对象。DataSet 对象是一个数据库容器，可以把它当作存在于内存中的数据库，无论数据源是什么，它都会提供一致的关系编程模型。

（6）DataTable 对象表示内存中数据的一个表。

8.1.2　数据访问命名空间

在.NET 中，用于数据访问的命名空间如下。

（1）System.Data：提供对表示 ADO.NET 结构的类的访问。ADO.NET 可以生成一些组件，用于有效地管理多个数据源的数据。

（2）System.Data.Common：包含由各种.NET Framework 数据提供程序共享的类。

（3）System.Data.Odbc：ODBC .NET Framework 数据提供程序，描述用来访问托管空间中的开放式数据库互连（Open DataBase Connectivity，ODBC）数据源的类集合。

（4）System.Data.OleDb：OLE DB .NET Framework 数据提供程序，描述用于访问托管空间中的对象链接嵌入数据库（Object Linking and Embedding DataBase，OLE DB）数据源的类集合。

（5）System.Data.SqlClient：SQL 服务器.NET Framework 数据提供程序，描述用于在托管空间中访问 SQL Server 数据源的类集合。

（6）System.Data.SqlTypes：提供 SQL Server 中本机数据类型的类，SqlTypes 中的每个数据类型在 SQL Server 中具有与其等效的数据类型。

（7）System.Data.OracleClient：用于 Oracle 的.NET Framework 数据提供程序，描述在托管空间中访问 Oracle 数据源的类集合。

8.2　Connection 数据连接对象

所有对数据库的访问操作都是从建立数据库连接开始的。在打开数据库之前，必须先设置好连接字符串（ConnectionString），再调用 Open 方法打开连接，此时便可对数据库进行访问，最后调用 Close 方法关闭连接。

8.2.1　熟悉 Connection 对象

Connection 对象用于连接数据库和管理数据库的事务，它的一些属性描述数据源和用户身份验证。Connection 对象还提供一些方法允许程序员与数据源建立连接，或者断开连接。微软公司支持 4 种数据提供程序的连接对象，分别如下。

熟悉 Connection 对象

- SQL Server .NET 数据提供程序的 SqlConnection 连接对象，命名空间为 System.Data. SqlClient.SqlConnection。
- OLE DB .NET 数据提供程序的 OleDbConnection 连接对象，命名空间为 System.Data. OleDb.OleDbConnection。
- ODBC .NET 数据提供程序的 OdbcConnection 连接对象，命名空间为 System.Data.Odbc.

OdbcConnection。

- □ ORACLE .NET 数据提供程序的 OracleConnection 连接对象，命名空间为 System.Data.OracleClient.OracleConnection。

📖 **说明：** 本章所涉及的 ADO.NET 相关技术的所有实例都将以 SQL Server 为例，引入的命名空间为 System.Data.SqlClient。

8.2.2 数据库连接字符串

为了让连接对象知道欲访问的数据库文件在哪里，用户必须将这些信息用一个字符串加以描述。数据库连接字符串中需要提供的必要信息包括服务器的位置、数据库的名称和数据库的身份验证方式（Windows 集成身份验证或 SQL Server 身份验证），另外，还可以指定其他信息（诸如连接超时等）。

数据库连接字符串

数据库连接字符串常用的参数及其说明如表 8-1 所示。

表 8-1 数据库连接字符串常用的参数及其说明

参数	说明
Provider	设置或返回连接提供程序的名称，仅用于 OleDbConnection 对象
Connection Timeout	在终止尝试并产生异常前，等待连接到服务器的连接时间（以秒为单位）。默认值是 15 秒
Initial Catalog 或 Database	数据库的名称
Data Source 或 Server	连接打开时使用的 SQL Server 名称，或者是 Microsoft Access 数据库的文件名
Password 或 Pwd	SQL Server 账户的登录密码
User ID 或 uid	SQL Server 登录账户
Integrated Security	此参数决定连接是否安全。可能的值有 true、false 和 SSPI（SSPI 和 true 作用相同）

下面分别以连接 SQL Server 2022 数据库和 Access 数据库为例介绍如何编写数据库连接字符串。

- □ 连接 SQL Server 2022

语法格式如下：

```
string connectionString="Server=服务器名;User ID=用户;Pwd=密码;Database=数据库名称";
```

例如，通过 ADO.NET 技术连接本地 SQL Server 的 db_EMS 数据库，代码如下：

```
//创建连接数据库的字符串
string SqlStr = "Server= mrwxk\\mrwxk;User ID=sa;Pwd=;Database=db_EMS";
```

- □ 连接 Access

语法格式如下：

```
string connectionString="Provide=提供者; Data Source=Access文件路径";
```

例如，连接 C 盘根目录下的 db_access.mdb 数据库，代码如下：

```
String connectionStirng="Provide=Microsoft.ACE.OLEDB.12.0;Data Source=C:\ db_access. mdb";
```

8.2.3 应用 SqlConnection 对象连接数据库

调用 SqlConnection 对象的 Open 方法或 Close 方法可以打开或关闭数据库连接，而且必须在设置好数据库连接字符串后才能调用 Open 方法，否则 SqlConnection 对象不知道要与哪一个数据库建立连接。

应用 SqlConnection
对象连接数据库

数据库连接资源是有限的，因此在需要的时候才打开连接，且一旦使用完，就应该尽早地关闭连接，把资源归还给系统。

下面通过一个例子演示如何使用 SqlConnection 对象连接 SQL Server 2022。

【例 8-1】 创建一个 Windows 应用程序。在默认窗体中添加两个 Label 控件，分别用来显示数据库连接的打开和关闭状态；然后在窗体的加载事件中，通过 SqlConnection 对象的 State 属性来判断数据库的连接状态。代码如下：

```
private void Form1_Load(object sender, EventArgs e)
{
    //创建数据库连接字符串
    string SqlStr = "Server=.;User ID=sa;Pwd=;Database=db_EMS";
    SqlConnection con = new SqlConnection(SqlStr);          //创建数据库连接对象
    con.Open();                                            //打开数据库连接
    if (con.State == ConnectionState.Open)                 //判断连接是否打开
    {
        label1.Text = "SQL Server 数据库连接开启！ ";
        con.Close();                                       //关闭数据库连接
    }
    if (con.State == ConnectionState.Closed)               //判断连接是否关闭
    {
        label2.Text = "SQL Server 数据库连接关闭！ ";
    }
}
```

📖 说明：因为上面的程序用到了 SqlConnection 类，所以首先需要引入 System.Data.SqlClient 命名空间，下面遇到这种情况时将不再说明。

程序运行结果如图 8-2 所示。

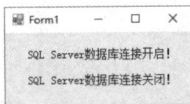

图 8-2　使用 SqlConnection 对象连接数据库

8.3　Command 命令执行对象

8.3.1　熟悉 Command 对象

使用 Connection 对象与数据源建立连接后，可以使用 Command 对象对数据源执行查询、添加、删除和修改等各种操作，操作实现的方式可以是使用 SQL 语句，也可以是使用存储过程。根据.NET Framework 数据提供程序的不同，Command 对象也可以分成 4 种，分别是 SqlCommand、OleDbCommand、OdbcCommand 和 OracleCommand。在实际的编程过程中，应该根据访问的数据源不同，选择相对应的 Command 对象。

熟悉 Command 对象

Command 对象的常用属性及其说明如表 8-2 所示。

表 8-2　Command 对象的常用属性及其说明

属性	说明
CommandType	获取或设置 Command 对象要执行命令的类型
CommandText	获取或设置要对数据源执行的 SQL 语句、存储过程名或表名
CommandTimeOut	获取或设置在终止执行命令并生成错误之前的等待时间

属性	说明
Connection	获取或设置 Command 对象使用的 Connection 对象的名称
Parameters	获取 Command 对象需要使用的参数集合

例如，使用 SqlCommand 对象对 SQL Server 执行查询操作，代码如下：

```
//创建数据库连接对象
SqlConnection conn = new SqlConnection("Server=MRKJ_ZHD\\EAST;User ID=sa;Pwd=; Database= db_EMS");
SqlCommand comm = new SqlCommand();              //创建 SqlCommand 对象
comm.Connection = conn;                          //指定数据库连接对象
comm.CommandType = CommandType.Text;             //设置要执行命令的类型
comm.CommandText = "select * from tb_stock";     //设置要执行的 SQL 语句
```

Command 对象的常用方法及其说明如表 8-3 所示。

表 8-3　Command 对象的常用方法及其说明

方法	说明
ExecuteNonQuery	用于执行非 SELECT 命令，比如 INSERT、DELETE 或 UPDATE 命令，并返回受影响的数据行数；另外也可以用来执行一些数据定义命令，比如新建、更新、删除数据库对象（如表、索引等）
ExecuteScalar	用于执行 SELECT 命令，返回数据中第一行第一列的值。该方法通常用来执行那些用到 COUNT 或 SUM 函数的 SELECT 命令
ExecuteReader	用于执行 SELECT 命令，并返回一个 DataReader 对象，这个 DataReader 对象是一个只读向前的数据集

📖 说明：表 8-3 中这 3 种方法非常重要，如果要使用 ADO.NET 完成某种数据库操作，一定会用到上面这些方法。这 3 种方法没有任何的优劣之分，只是使用的场合不同罢了，所以一定要弄清楚它们的返回值类型及使用方法，以便适当地使用它们。

8.3.2　应用 Command 对象操作数据

以操作 SQL Server 为例，向数据库中添加记录时，首先要创建 SqlConnection 对象连接数据库，然后定义添加数据的 SQL 语句，最后调用 SqlCommand 对象的 ExecuteNonQuery 方法执行数据的添加操作。

应用 Command
对象操作数据

【例 8-2】　创建一个 Windows 应用程序，在默认窗体中添加两个 TextBox 控件、一个 Label 控件和一个 Button 控件。其中，TextBox 控件用来输入要添加的信息，Label 控件用来显示添加成功或失败的信息，Button 控件用来执行数据添加操作。代码如下：

```
private void button1_Click(object sender, EventArgs e)
{
    //创建数据库连接对象
    SqlConnection conn = new SqlConnection("Server=.;User ID=sa;Pwd=; Database=db_EMS");
    //定义添加数据的 SQL 语句
    string strsql = "insert into tb_PDic(Name,Money) values('" + textBox1.Text + "'," +
Convert.ToDecimal(textBox2.Text) + ")";
    SqlCommand comm = new SqlCommand(strsql, conn);        //创建 SqlCommand 对象
    if (conn.State == ConnectionState.Closed)              //判断连接是否关闭
    {
        conn.Open();                                       //打开数据库连接
    }
    //判断 ExecuteNonQuery 方法返回的参数是否大于 0，大于 0 表示添加成功
```

```
        if (Convert.ToInt32(comm.ExecuteNonQuery()) > 0)
        {
            label3.Text = "添加成功！";
        }
        else
        {
            label3.Text = "添加失败！";
        }
        conn.Close();                                    //关闭数据库连接
    }
```

程序运行结果如图 8-3 所示。

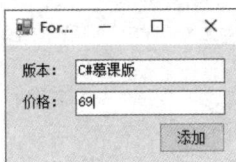

图 8-3　使用 Command 对象添加数据

8.3.3　应用 Command 对象调用存储过程

存储过程可以使管理数据库和显示数据库信息等操作变得非常容易，它是 SQL 语句和可选控制流语句的预编译集合，它存储在数据库内，在程序中可以通过 Command 对象来调用。其执行速度比 SQL 语句快，同时还保证了数据的安全性和完整性。

应用 Command 对象调用存储过程

【例 8-3】　创建一个 Windows 应用程序，在默认窗体中添加两个 TextBox 控件、一个 Label 控件和一个 Button 控件。其中，TextBox 控件用来输入要添加的信息，Label 控件用来显示添加成功或失败信息，Button 控件用来调用存储过程执行数据添加操作。代码如下：

```
private void button1_Click(object sender, EventArgs e)
{
    //创建数据库连接对象
    SqlConnection sqlcon = new SqlConnection("Server=.;User ID=sa;Pwd=;Database=db_EMS");
    SqlCommand sqlcmd = new SqlCommand();                    //创建 SqlCommand 对象
    sqlcmd.Connection = sqlcon;                              //指定数据库连接对象
    sqlcmd.CommandType = CommandType.StoredProcedure;        //指定执行对象为存储过程
    sqlcmd.CommandText = "proc_AddData";                     //指定要执行的存储过程名称
    //为@name 参数赋值
    sqlcmd.Parameters.Add("@name", SqlDbType.VarChar, 20).Value = textBox1.Text;
    //为@money 参数赋值
    sqlcmd.Parameters.Add("@money", SqlDbType.Decimal).Value = Convert.ToDecimal(textBox2.Text);
    if (sqlcon.State == ConnectionState.Closed)              //判断连接是否关闭
    {
        sqlcon.Open();                                       //打开数据库连接
    }
    //判断 ExecuteNonQuery 方法返回的参数是否大于 0，大于 0 表示添加成功
    if (Convert.ToInt32(sqlcmd.ExecuteNonQuery()) > 0)
    {
        label3.Text = "添加成功！";
    }
    else
    {
        label3.Text = "添加失败！";
    }
    sqlcon.Close();                                          //关闭数据库连接
}
```

本实例用到的存储过程代码如下：

```
CREATE PROC proc_AddData
(
@name varchar(20),
@money decimal
)
as
insert into tb_PDic(Name,Money) values(@name,@money)
GO
```

程序运行结果如图 8-4 所示。

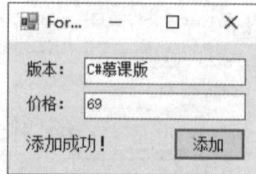

图 8-4　使用 Command 对象调用存储过程添加数据

📖 说明：proc_AddData 存储过程中使用了以"@"符号开头的两个参数：@name 和 @money。对于存储过程参数名称的定义，通常会参考数据表中的列的名称（本实例用到的数据表 tb_PDic 中的列分别为 Name 和 Money），这样可以比较方便地知道这个参数是套用在哪个列的。当然，参数名称可以自定义，但一般都参考数据表中的列进行定义。

8.4　DataReader 数据读取对象

8.4.1　DataReader 对象概述

DataReader 对象是一个简单的数据集，它主要用于从数据源中读取只读的数据集，可以检索大量数据。根据.NET Framework 数据提供程序的不同，DataReader 对象也可以分为 SqlDataReader、OleDbDataReader、OdbcDataReader 和 OracleDataReader 等四大类。

DataReader
对象概述

📖 说明：由于 DataReader 对象每次只能在内存中保留一行，所以使用它的系统开销非常小。

使用 DataReader 对象读取数据时，必须一直保持与数据库的连接，所以也被称为连线模式，其架构如图 8-5 所示（这里以 SqlDataReader 为例）。

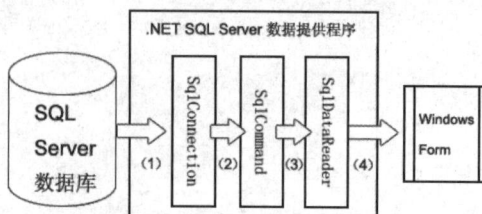

图 8-5　使用 SqlDataReader 对象读取数据

说明：DataReader 对象是一个轻量级的数据对象，如果只需要将数据读出并显示，那么它是最合适的工具，因为它的读取速度比稍后要讲解的 DataSet 对象要快，占用的资源也更少。但是一定要注意，DataReader 对象在读取数据时，要求数据库一直保持连接状态，只有在读取完数据之后才能断开连接。

开发人员可以通过 Command 对象的 ExecuteReader 方法从数据源中检索数据来创建 DataReader 对象。DataReader 对象的常用属性及其说明如表 8-4 所示。

表 8-4　DataReader 对象的常用属性及其说明

属性	说明
HasRows	判断数据库中是否有数据
FieldCount	获取当前行的列数
RecordsAffected	获取执行 SQL 语句所更改、添加或删除的行数

DataReader 对象的常用方法及其说明如表 8-5 所示。

表 8-5　DataReader 对象的常用方法及其说明

方法	说明
Read	使 DataReader 对象前进到下一条记录
Close	关闭 DataReader 对象
Get	用来读取数据集的当前行的某一列的数据

8.4.2　使用 DataReader 对象读取数据

使用 DataReader 对象读取数据时，首先需要使用其 HasRows 属性判断是否有数据可供读取，如果有数据，则返回 True，否则返回 False；再使用 DataReader 对象的 Read 方法来循环读取数据表中的数据；最后通过访问 DataReader 对象的列索引来获取读取到的值，例如，sqldr["ID"]用来获取数据表中 ID 列的值。

使用 DataReader
对象读取数据

【例 8-4】　创建一个 Windows 应用程序，在默认窗体中添加一个 RichTextBox 控件，用来显示使用 SqlDataReader 对象读取到的数据表中的数据。代码如下：

```
private void Form1_Load(object sender, EventArgs e)
{
    SqlConnection sqlcon = new SqlConnection("Server=MRKJ_ZHD\\EAST;User ID=sa;Pwd=; Database=
db_EMS");                                              //创建数据库连接对象
    //创建 SqlCommand 对象
    SqlCommand sqlcmd = new SqlCommand("select * from tb_PDic order by ID asc",sqlcon);
    if (sqlcon.State == ConnectionState.Closed)         //判断连接是否关闭
    {
        sqlcon.Open();                                  //打开数据库连接
    }
    //使用 ExecuteReader 方法的返回值创建 SqlDataReader 对象
    SqlDataReader sqldr = sqlcmd.ExecuteReader();
    richTextBox1.Text = "编号      版本        价格\n";  //为文本框赋初始值
    try
    {
        if (sqldr.HasRows)                              //判断 SqlDataReader 中是否有数据
        {
            while (sqldr.Read())                        //循环读取 SqlDataReader 中的数据
```

```
                {
                     richTextBox1.Text += "" + sqldr["ID"] + "    " + sqldr["Name"] + "    " +
sqldr["Money"] + "\n";                                    //显示读取的详细信息
                }
            }
        }
        catch (SqlException ex)                              //捕获数据库异常
        {
            MessageBox.Show(ex.ToString());                  //输出异常信息
        }
        finally
        {
            sqldr.Close();                                   //关闭 SqlDataReader 对象
            sqlcon.Close();                                  //关闭数据库连接
        }
    }
```

程序运行结果如图 8-6 所示。

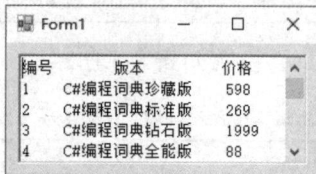

图 8-6　使用 DataReader 对象读取数据

📖 **说明**：使用 DataReader 对象读取数据之后，务必将其关闭。如果 DataReader 对象未关闭，则其所使用的 Connection 对象将无法再执行其他的操作。

8.5　DataSet 对象和 DataAdapter 对象

8.5.1　DataSet 对象

DataSet 对象是 ADO.NET 的核心成员，它是支持 ADO.NET 断开式、分布式数据方案的核心对象，也是实现基于非连接的数据查询的核心组件。DataSet 对象

DataSet 对象是创建在内存中的集合对象，它可以包含任意数量的数据表及所有表的约束、索引和关系等，它实质上相当于内存中的一个小型关系数据库。一个 DataSet 对象包含一个 DataTable 集合对象和 DataRelation 集合对象，其中每个 DataTable 对象都由 DataColumn、DataRow 和 Constraint 集合对象组成，如图 8-7 所示。

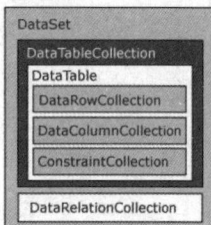

图 8-7　DataSet 对象的组成

对于 DataSet 对象，可以将其看作一个数据库容器，它将数据库中的数据复制了一份放在了用户本地的内存中，供用户在不连接数据库的情况下读取数据，以便充分地利用客户端资源，降低数据库服务器的压力。

如图 8-8 所示，当把 SQL Server 的数据通过起"桥梁"作用的 SqlDataAdapter 对象填充到 DataSet 数据集中后，就可以对数据库进行断开连接、离线状态的操作，所以图 8-8 中的"标记④"这一步骤就可以忽略。

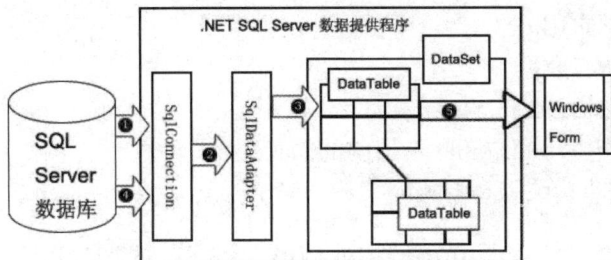

图 8-8　离线模式访问 SQL Server 数据库

DataSet 对象的用法主要有以下几种，这些用法可以单独使用，也可以综合使用。

❑ 以编程方式在 DataSet 中创建 DataTable 和 DataRelation，并使用数据填充表。

❑ 通过 DataAdapter 对象用现有关系数据库中的数据表填充 DataSet。

❑ 使用 XML 文件加载和保存 DataSet 中的内容。

DataSet 类中主要包括以下几种子类。

1．数据表集合（DataTableCollection）和数据表（DataTable）

DataTableCollection 表示 DataSet 的表的集合，它包含特定 DataSet 的所有 DataTable 对象。如果要访问 DataSet 的 DataTableCollection，需要使用 Tables 属性。

DataTableCollection 有以下常用属性。

❑ Count：获取集合中的元素的总数。

❑ Item[Int32]：获取位于指定索引位置的 DataTable 对象。

❑ Item[String]：获取具有指定名称的 DataTable 对象。

❑ Item[String, String]：获取指定命名空间中具有指定名称的 DataTable 对象。

DataTableCollection 有以下常用方法。

❑ Add：向 DataTableCollection 中添加数据表。

❑ Clear：清除所有 DataTable 对象。

❑ Contains：指示 DataTableCollection 中是否存在具有指定名称的 DataTable 对象。

❑ IndexOf：获取指定 DataTable 对象的索引。

❑ Remove：从集合中移除指定的 DataTable 对象。

❑ RemoveAt：从集合中移除位于指定索引位置的 DataTable 对象。

DataTableCollection 中的每个数据表都是一个 DataTable 对象，DataTable 表示一个内存中的数据表。DataTable 是 ADO.NET 库中的核心对象。

DataTable 有以下常用属性。

❑ Columns：获取属于该表的列的集合。

❑ DataSet：获取此表所属的 DataSet。

❑ DefaultView：获取可能包括筛选条件或游标位置的自定义视图。

❑ HasErrors：获取一个值，该值指示该表所属的 DataTableCollection 的任何表的任何行中是否有错误。

❑ PrimaryKey：获取或设置充当数据表主键的列的数组。

❑ Rows：获取属于该表的行的集合。

❑ TableName：获取或设置 DataTable 的名称。

DataTable 有以下常用方法。

❑ Clear：清除所有数据。

❑ Copy：复制该 DataTable 的结构和数据。

❑ Merge：将指定的 DataTable 与当前的 DataTable 合并。

❑ NewRow：创建与该表具有相同架构的新 DataRow。

2．数据列集合（DataColumnCollection）和数据列（DataColumn）

DataColumnCollection 表示 DataTable 的 DataColumn 对象的集合，它定义 DataTable 的架构，并确定每个 DataColumn 可以包含什么种类的数据。可以通过 DataTable 对象的 Columns 属性访问 DataColumnCollection。

DataColumnCollection 有以下常用属性。

❑ Count：获取集合中的 DataColumn 的总数。

❑ Item[Int32]：获取位于指定索引位置的 DataColumn。

❑ Item[String]：获取具有指定名称的 DataColumn。

DataColumnCollection 有以下常用方法。

❑ Add：向 DataColumnCollection 中添加 DataColumn。

❑ Clear：清除集合中的所有列。

❑ Contains：检查集合是否包含具有指定名称的列。

❑ IndexOf：获取按名称指定的列的索引。

❑ Remove：从集合中移除指定的 DataColumn 对象。

❑ RemoveAt：从集合中移除指定索引位置的列。

数据表中的每个字段都是一个 DataColumn 对象，它是用于创建 DataTable 的架构的基本构造块。通过向 DataColumnCollection 中添加一个或多个 DataColumn 对象来生成这个架构。

DataColumn 有以下常用属性。

❑ Caption：获取或设置列的标题。

❑ ColumnName：获取或设置 DataColumnCollection 中的列的名称。

❑ DataType：获取或设置存储在列中的数据的类型。

❑ DefaultValue：在创建新行时获取或设置列的默认值。

❑ MaxLength：获取或设置文本列的最大长度。

❑ Table：获取该列所属的 DataTable。

3．数据行集合（DataRowCollection）和数据行（DataRow）

DataRowCollection 是 DataTable 的主要组件，当 DataColumnCollection 定义表的架构时，DataRowCollection 中包含表的实际数据。在该表中，DataRowCollection 中的每个 DataRow 表示单行。

DataRowCollection 有以下常用属性。

❑ Count：获取该集合中 DataRow 对象的总数。

❑ Item：获取指定索引处的行。

DataRowCollection 有以下常用方法。

- Add：将指定的 DataRow 添加到 DataRowCollection 对象中。
- Clear：清除所有行的集合。
- Contains：该值指示集合中任何行的主键中是否包含指定的值。
- Find：获取包含指定的主键值的行。
- IndexOf：获取指定 DataRow 对象的索引。
- InsertAt：将新行插入集合中的指定位置。
- Remove：从集合中移除指定的 DataRow 对象。
- RemoveAt：从集合中移除位于指定索引位置的 DataRow 对象。

DataRow 表示 DataTable 中的一行数据，它和 DataColumn 对象是 DataTable 的主要组件。使用 DataRow 对象及其属性和方法可以读取、评估、插入、删除和更新 DataTable 中的值。

DataRow 有以下常用属性。

- HasErrors：获取一个值，该值指示某行是否包含错误。
- Item[DataColumn]：获取或设置存储在指定的 DataColumn 中的数据。
- Item[Int32]：获取或设置存储在由索引指定的列中的数据。
- Item[String]：获取或设置存储在由名称指定的列中的数据。
- ItemArray：通过一个数组来获取或设置此行的所有值。
- Table：获取该行所属的 DataTable。

DataRow 有以下常用方法。

- BeginEdit：对 DataRow 对象开始编辑操作。
- CancelEdit：取消对该行的编辑操作。
- Delete：删除 DataRow。
- EndEdit：终止发生在该行的编辑操作。
- IsNull：指示指定的 DataColumn 是否包含 null 值。

8.5.2　DataAdapter 对象

DataAdapter 对象（即数据适配器）是一种用来充当 DataSet 对象与实际数据源之间桥梁的对象，可以说只要有 DataSet 对象的地方就有 DataAdapter 对象，DataAdapter 对象是专门为 DataSet 对象服务的。DataAdapter 对象的工作步骤一般有两种：一种是通过 Command 对象执行 SQL 语句，从而从数据源中检索数据，并将检索到的结果集填充到 DataSet 对象中；另一种是把用户对 DataSet 对象做出的更改写入数据源。

DataAdapter 对象

> 说明：在.NET Framework 中使用 4 种 DataAdapter 对象，即 OleDbDataAdapter、SqlDataAdapter、OdbcDataAdapter 和 OracleDataAdapter。其中，OleDbDataAdapter 对象适用于 OLE DB 数据源，SqlDataAdapter 对象适用于 SQL Server 7.0 或更高版本的数据源，OdbcDataAdapter 对象适用于 ODBC 数据源，OracleDataAdapter 对象适用于 Oracle 数据源。

DataAdapter 对象的常用属性及其说明如表 8-6 所示。

由于 DataSet 对象是一个非连接的对象，它与数据源无关，也就是说该对象并不能直接跟数据源产生联系；而 DataAdapter 对象则正好负责填充它，并把它的数据提交给一个特定的数据源。它与 DataSet 对象配合使用来执行数据查询、添加、修改和删除等操作。

表 8-6　DataAdapter 对象的常用属性及其说明

属性	说明
SelectCommand	获取或设置用于在数据源中选择记录的命令
InsertCommand	获取或设置用于将新记录插入数据源中的命令
UpdateCommand	获取或设置用于更新数据源中记录的命令
DeleteCommand	获取或设置用于从数据源中删除记录的命令

例如，对 DataAdapter 对象的 SelectCommand 属性赋值，从而实现数据的查询操作，代码如下：

```
SqlConnection con=new SqlConnection(strCon);        //创建数据库连接对象
SqlDataAdapter ada = new SqlDataAdapter();          //创建 SqlDataAdapter 对象
//给 SqlDataAdapter 对象的 SelectCommand 属性赋值
ada.SelectCommand=new SqlCommand("select * from authors",con);
//省略后续代码
```

同样，可以使用上述方法给 DataAdapter 对象的 InsertCommand、UpdateCommand 和 DeleteCommand 属性赋值，从而实现数据的添加、修改和删除等操作。

例如，对 DataAdapter 对象的 UpdateCommand 属性赋值，从而实现数据的修改操作，代码如下：

```
SqlConnection con=new SqlConnection(strCon);        //创建数据库连接对象
SqlDataAdapter da = new SqlDataAdapter();           //创建 SqlDataAdapter 对象
//给 SqlDataAdapter 对象的 UpdateCommand 属性赋值，指定执行修改操作的 SQL 语句
da.UpdateCommand = new SqlCommand("update tb_PDic set Name = @name where ID=@id", con);
da.UpdateCommand.Parameters.Add("@name", SqlDbType.VarChar, 20).Value = textBox1.Text;
                                                    //为@name 参数赋值
da.UpdateCommand.Parameters.Add("@id", SqlDbType.Int).Value = Convert.ToInt32(comboBox1. Text);
                                                    //为@id 参数赋值
//省略后续代码
```

DataAdapter 对象的常用方法及其说明如表 8-7 所示。

表 8-7　DataAdapter 对象的常用方法及其说明

方法	说明
Fill	从数据源中提取数据以填充 DataSet 数据集
Update	更新数据源

📖 **说明**：使用 DataAdapter 对象的 Fill 方法填充 DataSet 数据集时，其中的表名称可以自定义，而并不是必须与原数据库中的表名称相同。

8.5.3　填充 DataSet 数据集

使用 DataAdapter 对象填充 DataSet 数据集时，需要用到 Fill 方法，该方法最常用的 3 种重载形式如下。

填充 DataSet
数据集

❑ int Fill(DataSet dataset)：添加或更新参数所指定的 DataSet 数据集，返回值是影响的行数。

❑ int Fill(DataTable datatable)：将数据填充到一个指定的数据表中。

❑ int Fill(DataSet dataset, String tableName)：填充指定的 DataSet 数据集中的指定表。

【例 8-5】　创建一个 Windows 应用程序，在默认窗体中添加一个 DataGridView 控件，

用来显示使用 DataAdapter 对象填充后的 DataSet 数据集中的数据。代码如下：

```
private void Form1_Load(object sender, EventArgs e)
{
    //定义数据库连接字符串
    string strCon = "Server=MRKJ_ZHD\\EAST;User ID=sa;Pwd=;Database=db_EMS";
    SqlConnection sqlcon = new SqlConnection(strCon);           //创建数据库连接对象
    //创建数据库适配器对象
    SqlDataAdapter sqlda = new SqlDataAdapter("select * from tb_PDic",sqlcon);
    DataSet myds = new DataSet();                               //创建数据集对象
    sqlda.Fill(myds,"tabName");                                 //填充数据集中的指定表
    dataGridView1.DataSource = myds.Tables["tabName"];          //为dataGridView1指定数据源
}
```

程序运行结果如图 8-9 所示。

图 8-9　使用 DataAdapter 对象填充 DataSet 数据集

8.5.4　DataSet 对象与 DataReader 对象的区别

ADO.NET 提供了两个对象用于检索关系数据：DataSet 对象与 DataReader 对象。其中，DataSet 对象是将用户需要的数据从数据库中"复制"下来存储在内存中，用户是对内存中的数据直接操作；而 DataReader 对象则像一根管道，连接到数据库上，"抽"出用户需要的数据后，管道断开。所以在使用 DataReader 对象读取数据时，一定要保证数据库的连接状态是开启的，而使用 DataSet 对象时就没有这个必要。

DataSet 对象与
DataReader
对象的区别

8.6　数据操作控件

常用的数据操作控件主要有 DataGridView 控件和 BindingSource 组件。DataGridView 控件又称为数据表格控件，它提供一种强大而灵活的以表格形式显示数据的方式；BindingSource 组件主要用来管理数据源，通常与 DataGridView 控件配合使用。

8.6.1　DataGridView 控件

将数据绑定到 DataGridView 控件非常简单和直观，在大多数情况下，只需设置 DataSource 属性。另外，DataGridView 控件具有极高的可配置性和可扩展性，它提供大量的属性、方法和事件，可以用来对该控件的外观和行为进行自定义。当需要在 Windows 窗体应用程序中显示表格数据时，首先考虑使用 DataGridView 控件。若要以小型网格显示只读值或者使用户能够编辑具有数百万条记录的表，DataGridView 控件可以提供方便地进行编程及有效地利用内存的解决方案。图 8-10 为 DataGridView 控件，将其拖放到窗体中的效果如图 8-11 所示。

DataGridView
控件

图 8-10　DataGridView 控件　　　　图 8-11　DataGridView 控件在窗体中的效果

DataGridView 控件的常用属性及其说明如表 8-8 所示。

表 8-8　DataGridView 控件的常用属性及其说明

属性	说明
Columns	获取一个包含控件中所有列的集合
CurrentCell	获取或设置当前处于活动状态的单元格
CurrentRow	获取包含指定单元格的行
DataSource	获取或设置 DataGridView 控件所显示数据的数据源
RowCount	获取或设置 DataGridView 控件中显示的行数
Rows	获取一个集合，该集合包含 DataGridView 控件中的所有行

DataGridView 控件的常用事件及其说明如表 8-9 所示。

表 8-9　DataGridView 控件的常用事件及其说明

事件	说明
CellClick	在单元格的任何部分被单击时发生
CellDoubleClick	在用户双击单元格中的任何位置时发生

下面通过一个例子演示如何使用 DataGridView 控件，该实例主要实现的功能有：禁止在 DataGridView 控件中添加/删除行、禁用 DataGridView 控件的自动排序、使 DataGridView 控件隔行显示不同的颜色、使 DataGridView 控件的选中行呈现不同的颜色和选中 DataGridView 控件中的某行时将其详细信息显示在 TextBox 文本框中。

【例 8-6】　创建一个 Windows 应用程序，在默认窗体中添加两个 TextBox 控件和一个 DataGridView 控件。其中，TextBox 控件分别用来显示选中记录的版本和价格信息，DataGridView 控件用来显示数据表中的数据。代码如下：

```csharp
string strCon = "Server=.;User ID=sa;Pwd=;Database=db_EMS";
SqlConnection sqlcon;                              //声明数据库连接对象
SqlDataAdapter sqlda;                              //声明数据库适配器对象
DataSet myds;                                      //声明数据集对象
private void Form1_Load(object sender, EventArgs e)
{
    dataGridView1.AllowUserToAddRows = false;      //禁止添加行
    dataGridView1.AllowUserToDeleteRows = false;   //禁止删除行
    sqlcon = new SqlConnection(strCon);            //创建数据库连接对象
    //创建数据库适配器对象
    sqlda = new SqlDataAdapter("select * from tb_PDic", sqlcon);
    myds = new DataSet();                          //创建数据集对象
    sqlda.Fill(myds);                              //填充数据集
    dataGridView1.DataSource = myds.Tables[0];     //为 dataGridView1 指定数据源
    //禁用 DataGridView 控件的排序功能
    for (int i = 0; i < dataGridView1.Columns.Count; i++)
        dataGridView1.Columns[i].SortMode = DataGridViewColumnSortMode.NotSortable;
```

```
//设置 SelectionMode 属性为 FullRowSelect，使控件能够整行选择
dataGridView1.SelectionMode = DataGridViewSelectionMode.FullRowSelect;
//设置 DataGridView 控件中的数据以隔行换色的形式显示
foreach (DataGridViewRow dgvRow in dataGridView1.Rows)     //遍历所有行
{
    if (dgvRow.Index % 2 == 0)                               //判断是否为偶数行
    {
        //设置偶数行颜色
        dataGridView1.Rows[dgvRow.Index].DefaultCellStyle.BackColor = Color.LightSalmon;
    }
    else                                                     //奇数行
    {
        //设置奇数行颜色
        dataGridView1.Rows[dgvRow.Index].DefaultCellStyle.BackColor = Color.LightPink;
    }
}
//设置 dataGridView1 控件的 ReadOnly 属性，使其为只读
dataGridView1.ReadOnly = true;
//设置 dataGridView1 控件的 DefaultCellStyle.SelectionBackColor 属性，使选中行变色
dataGridView1.DefaultCellStyle.SelectionBackColor = Color.LightSkyBlue;
}
private void dataGridView1_CellClick(object sender, DataGridViewCellEventArgs e)
{
    if (e.RowIndex > 0)                                       //判断选中行的索引是否大于 0
    {
        //记录选中行的 ID
        int intID = (int)dataGridView1.Rows[e.RowIndex].Cells[0].Value;
        sqlcon = new SqlConnection(strCon);                 //创建数据库连接对象
        //创建数据库适配器对象
        sqlda = new SqlDataAdapter("select * from tb_PDic where ID=" + intID + "", sqlcon);
        myds = new DataSet();                                //创建数据集对象
        sqlda.Fill(myds);                                    //填充数据集
        if (myds.Tables[0].Rows.Count > 0)                  //判断数据集中是否有记录
        {
            textBox1.Text = myds.Tables[0].Rows[0][1].ToString();  //显示版本
            textBox2.Text = myds.Tables[0].Rows[0][2].ToString();  //显示价格
        }
    }
}
```

程序运行结果如图 8-12 所示。

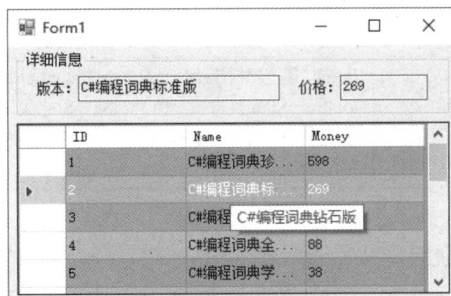

图 8-12　DataGridView 控件的使用

8.6.2　BindingSource 组件

BindingSource 组件又称为数据源绑定组件，它主要用于封装和管理窗体中的数据源。图 8-13 为 BindingSource 组件。

BindingSource 组件

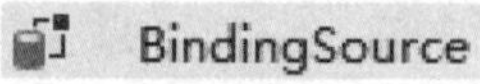

图 8-13　BindingSource 组件

📖 **说明**：由于 BindingSource 是一个组件，因此把它拖放到窗体中之后没有具体的可视化效果。

BindingSource 组件的常用属性及其说明如表 8-10 所示。

表 8-10　BindingSource 组件的常用属性及其说明

属性	说明
Count	获取基础列表中的总项数
Current	获取列表中的当前项
DataMember	获取或设置连接器当前绑定的数据源中的特定列表
DataSource	获取或设置连接器绑定的数据源

下面通过一个例子讲解如何使用 BindingSource 组件实现对数据表中的数据进行分条查看。

【例 8-7】　创建一个 Windows 应用程序，其中 Form1 窗体中用到的控件及其设置和用途如表 8-11 所示。

表 8-11　Form1 窗体中用到的控件及其设置和用途

控件类型	控件 ID	主要属性设置	用途
A Label	label2	Font:Size 属性设置为 10，Font:Bold 属性设置为 true，Fore:Color 属性设置为 Red	显示浏览到的记录编号
abl TextBox	textBox1	ReadOnly 属性设置为 True	显示浏览到的版本
	textBox2	ReadOnly 属性设置为 True	显示浏览到的价格
ab Button	button1	Text 属性设置为 "第一条"	浏览第一条记录
	button2	Text 属性设置为 "上一条"	浏览上一条记录
	button3	Text 属性设置为 "下一条"	浏览下一条记录
	button4	Text 属性设置为 "最后一条"	浏览最后一条记录
BindingSource	bindingSource1	无	绑定数据源
StatusStrip	statusStrip1	Items 属性中添加 toolStripStatusLabel1、toolStripStatusLabel2 和 toolStripStatusLabel3 子控件项，它们的 Text 属性分别设置为空、"‖" 和空	作为窗体的状态栏，显示总记录条数和当前浏览到的记录条数

实现代码如下：

```
private void Form1_Load(object sender, EventArgs e)
{
    //定义数据库连接字符串
    string strCon = "Server=MRKJ_ZHD\\EAST;User ID=sa;Pwd=;Database=db_EMS";
    SqlConnection sqlcon = new SqlConnection(strCon);    //创建数据库连接对象
    //创建数据库适配器对象
    SqlDataAdapter sqlda = new SqlDataAdapter("select * from tb_PDic", sqlcon);
    DataSet myds = new DataSet();                        //创建数据集对象
    sqlda.Fill(myds);                                   //填充数据集
    bindingSource1.DataSource = myds.Tables[0];          //为 BindingSource 设置数据源
    bindingSource1.Sort = "ID";                          //设置 BindingSource 的排序列
    //获取总记录条数
```

```
      toolStripStatusLabel1.Text = "总记录条数: " + bindingSource1.Count;
      ShowInfo();                                              //显示信息
}
//第一条
private void button1_Click(object sender, EventArgs e)
{
      bindingSource1.MoveFirst();                              //转到第一条记录
      ShowInfo();                                              //显示信息
}
//上一条
private void button2_Click(object sender, EventArgs e)
{
      bindingSource1.MovePrevious();                           //转到上一条记录
      ShowInfo();                                              //显示信息
}
//下一条
private void button3_Click(object sender, EventArgs e)
{
      bindingSource1.MoveNext();                               //转到下一条记录
      ShowInfo();                                              //显示信息
}
//最后一条
private void button4_Click(object sender, EventArgs e)
{
      bindingSource1.MoveLast();                               //转到最后一条记录
      ShowInfo();                                              //显示信息
}
///<summary>
///显示浏览到的记录的详细信息
///</summary>
private void ShowInfo()
{
      int index = bindingSource1.Position;                     //获取 BindingSource 数据源的当前索引
      //获取 BindingSource 数据源的当前行
      DataRowView DRView = (DataRowView)bindingSource1[index];
      label2.Text = DRView[0].ToString();                      //显示编号
      textBox1.Text = DRView[1].ToString();                    //显示版本
      textBox2.Text = DRView[2].ToString();                    //显示价格
      //显示当前记录
      toolStripStatusLabel3.Text = "当前记录是第" + (index + 1) + "条";
}
```

程序运行结果如图 8-14 所示。

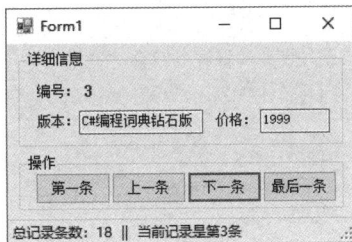

图 8-14　使用 BindingSource 组件分条查看数据表中的数据

📖 说明：BindingSource 组件通常与 DataGridView 控件组合使用。

8.7　AI 辅助编程——数据库应用

8.7.1　将图片以二进制格式保存到数据库

在学习 C#编程的过程中，可以利用 AI 来帮助我们巩固本章所学的知识，设计相应的实例。以下是在 AI 工具中的一个可能的对话示例。

【问题】

假设想将一张图片以二进制格式保存到 SQL Server 数据库中，使用 C#应该如何实现？

【AI 建议】

在 C#中，将图片以二进制格式保存到 SQL Server 数据库中的过程可以分为以下几个步骤。

（1）准备数据库表：确保你的数据库中有一个适合存储二进制数据的表，通常使 VARBINARY(MAX) 类型来存储图片数据。

（2）读取图片文件：使用 C#读取图片文件并将其转换为字节数组。

（3）连接数据库：使用 ADO.NET 连接到 SQL Server 数据库。

（4）执行插入操作：将字节数组插入数据库表中。

假设已经有一个名为 Images 的表，结构如下：

```sql
CREATE TABLE Images (
    Id INT IDENTITY(1,1) PRIMARY KEY,
    FileName NVARCHAR(255),
    ImageData VARBINARY(MAX)
);
```

则实现代码如下：

```csharp
using System;
using System.Data.SqlClient;
using System.IO;
class Program
{
    static void Main()
    {
        //数据库连接字符串
        string connectionString = "Server=your_server;Database=your_database;User
ID=your_user;Password=your_password;";
        //图片文件路径
        string imagePath = @"C:\path\to\your\image.jpg";
        //读取图片文件为字节数组
        byte[] imageData = File.ReadAllBytes(imagePath);
        //插入图片到数据库
        InsertImageToDatabase(connectionString, imagePath, imageData);
        Console.WriteLine("图片已成功保存到数据库中。");
    }
    static void InsertImageToDatabase(string connectionString, string fileName,
byte[] imageData)
    {
        using (SqlConnection connection = new SqlConnection(connectionString))
        {
            connection.Open();
            //SQL 插入语句
            string sql = "INSERT INTO Images (FileName, ImageData) VALUES (@FileName,
@ImageData)";
            using (SqlCommand command = new SqlCommand(sql, connection))
            {
                //添加参数
                command.Parameters.AddWithValue("@FileName", Path.GetFileName (fileName));
                command.Parameters.AddWithValue("@ImageData", imageData);
                //执行插入操作
                command.ExecuteNonQuery();
            }
        }
    }
}
```

【追加问题】

如何读取上面保存到 SQL Server 数据库中的二进制图片？

【AI建议】

要从 SQL Server 数据库中读取以二进制格式存储的图片，并将其显示或保存回文件系统，你可以按照以下步骤操作。这里提供了简单的示例代码，演示如何实现这一过程。

步骤 1：准备工作

确保你已经有了一个连接字符串，可以访问包含图片数据的数据库。同时，你需要知道如何标识特定的图片记录（例如通过 ID 或其他唯一字段）。

步骤 2：编写读取并显示或保存图片的代码

下面是一个完整的 C#示例程序，用于从数据库中读取图片，并将其保存为文件：

```csharp
using System;
using System.Data.SqlClient;
using System.IO;
class Program
{
    static void Main()
    {
        //数据库连接字符串
        string connectionString = "Server=your_server;Database=your_database;User
ID= your_user;Password=your_password;";
        //图片 ID，根据实际情况修改
        int imageId = 1;
        //调用方法读取图片
        byte[] imageData = ReadImageFromDatabase(connectionString, imageId);
        if (imageData != null)
        {
            //将图片保存到本地文件系统
            string outputPath = @"C:\path\to\save\retrieved_image.jpg";
            File.WriteAllBytes(outputPath, imageData);
            Console.WriteLine($"图片已成功保存到 {outputPath}");
        }
        else
        {
            Console.WriteLine("未找到指定 ID 的图片。");
        }
    }
    static byte[] ReadImageFromDatabase(string connectionString, int imageId)
    {
        byte[] imageData = null;
        using (SqlConnection connection = new SqlConnection(connectionString))
        {
            connection.Open();
            //SQL 查询语句
            string sql = "SELECT ImageData FROM Images WHERE Id = @Id";
            using (SqlCommand command = new SqlCommand(sql, connection))
            {
                //添加参数
                command.Parameters.AddWithValue("@Id", imageId);
                //查询并读取结果
                using (SqlDataReader reader = command.ExecuteReader())
                {
                    if (reader.Read())
                    {
                        imageData = reader["ImageData"] as byte[];
                    }
                }
            }
        }
        return imageData;
    }
}
```

这段代码展示了如何从数据库中检索二进制图片数据，并将其保存为文件。当然，用户也可以直接在应用程序中使用这些数据来动态地显示图片，这取决于用户的具体需求。如果需要在 UI 中显示图片，可以考虑使用 Windows Forms 或 WPF 等的相关控件，并将字节数组转换为图像对象。

8.7.2 在 DataGridView 中直接编辑数据

在进行 C#项目开发的过程中，可以利用 AI 来帮助我们设计相应功能的参考代码，以提高开发效率。以下是在 AI 工具中的一个可能的对话示例。

【问题】

如何实现在 DataGridView 中直接编辑数据？

【AI 建议】

在 Windows Forms 应用程序中使用 DataGridView 控件时，可以直接对单元格中的数据进行编辑。为了实现这一功能，你需要做到以下几点。

（1）设置 DataGridView 的属性

- EditMode：设置为合适的值，默认是 EditOnEnter，这意味着用户单击一个单元格后就可以开始编辑。其他选项包括 EditProgrammatically（需要通过代码触发编辑）、EditOnKeystroke（用户输入任何键时开始编辑）等。

- ReadOnly：确保不是所有行或列都设置为只读。

（2）绑定数据源

如果你的 DataGridView 绑定了数据源（例如一个 DataTable），那么对 DataGridView 的更改会自动反映到数据源上。

（3）处理事件

你可以通过处理 CellBeginEdit、CellEndEdit、CellValidating 和 CellValueChanged 等事件来控制编辑过程，比如验证输入的数据是否有效。

使用 CellEndEdit 事件可以捕获用户完成编辑后的操作，比如更新数据库或者进行一些逻辑处理。

下面是一个简单的示例，展示如何设置一个 DataGridView 以允许直接编辑，并且在编辑结束后更新数据源：

```
//假设已经有一个名为 dataGridView1 的 DataGridView 控件
//绑定数据源
DataTable dt = new DataTable();
dt.Columns.Add("ID");
dt.Columns.Add("Name");
dt.Rows.Add(1, "Alice");
dt.Rows.Add(2, "Bob");
dataGridView1.DataSource = dt;
//设置 EditMode 属性
dataGridView1.EditMode = DataGridViewEditMode.EditOnEnter;
//处理 CellEndEdit 事件
dataGridView1.CellEndEdit += (sender, e) => {
    //在这里可以添加代码来处理编辑结束后的逻辑
    Console.WriteLine("Cell edited: Row {0}, Column {1}", e.RowIndex,
e.ColumnIndex);
};
```

8.8 小结

本章主要对如何使用 C#操作数据库进行了详细讲解。具体讲解时，首先介绍了
ADO.NET 对象模型和数据访问命名空间；然后重点讲解了 ADO.NET 提供的 Connection
对象、Command 对象、DataReader 对象、DataAdapter 对象和 DataSet 对象，这些对象是
C#操作数据库的主要对象，读者需要重点掌握；接着对 Visual Studio 开发环境中常用的
DataGridView 控件和 BindingSource 组件进行了讲解；最后对 AI 辅助编程——数据库应用
进行了介绍。

8.9 上机指导

上机指导

在进销存管理系统中，用户经常需要对某个月份的商品销售情况进行统
计（包括统计商品名称、销售数量和销售金额（单位：元）等信息），所以月销售统计表
在进销存系统中必不可少。本实例制作了一个商品月销售统计表，如图 8-15 所示。

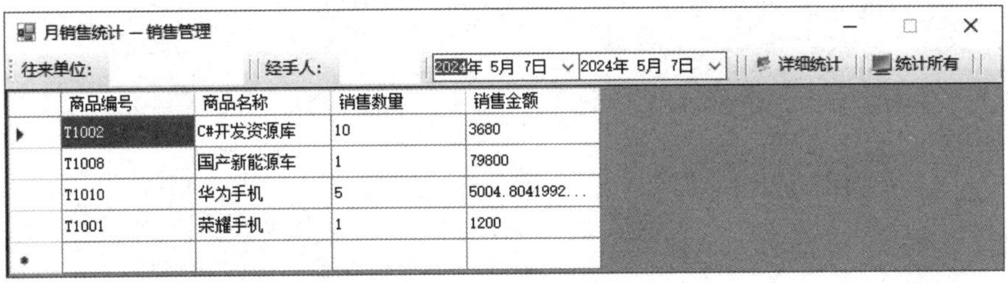

图 8-15　商品月销售统计表

程序开发步骤如下。

（1）创建一个 Windows 窗体应用程序，命名为 SaleReportInMonth。

（2）在当前项目中添加一个类文件 DataBase.cs，在该文件中编写 DataBase 类，主要用
于连接和操作数据库，主要代码如下：

```
class DataBase:IDisposable
{
    private SqlConnection con;                              //创建连接对象
    private void Open()                                     //创建并打开数据库连接
    {
        if (con == null)                                   //判断连接对象是否为空
        {
            con = new SqlConnection("Data Source=MRKJ_ZHD\\EAST;Database=db_EMS;User ID=sa;Pwd=");
                                                           //创建数据库连接对象
        }
        if (con.State == System.Data.ConnectionState.Closed)  //判断数据库连接是否关闭
            con.Open();                                    //打开数据库连接
    }
    public SqlParameter MakeInParam(string ParamName, SqlDbType DbType, int Size, object
Value)
    {
        //返回 SQL 参数对象
        return MakeParam(ParamName, DbType, Size, ParameterDirection.Input, Value);
    }
    public SqlParameter MakeParam(string ParamName, SqlDbType DbType, Int32 Size,
ParameterDirection Direction, object Value)                //创建并返回 SQL 参数对象
    {
```

```
                    SqlParameter param;                                      //声明 SQL 参数对象
                    if (Size > 0)                                            //判断参数字段是否大于 0
                        param = new SqlParameter(ParamName, DbType, Size);   //根据类型和大小创建参数
                    else
                        param = new SqlParameter(ParamName, DbType);         //根据指定的类型创建参数
                    param.Direction = Direction;                             //设置 SQL 参数的方向类型
                    //判断是否为输出参数
                    if (!(Direction == ParameterDirection.Output && Value == null))
                        param.Value = Value;                                 //设置参数返回值
                    return param;                                            //返回 SQL 参数对象
                }
                //执行查询命令，并且返回 DataSet 数据集
                public DataSet RunProcReturn(string procName, SqlParameter[] prams,string tbName)
                {
                    SqlDataAdapter dap = CreateDataAdapter(procName, prams); //创建适配器对象
                    DataSet ds = new DataSet();                              //创建数据集对象
                    dap.Fill(ds, tbName);                                    //填充数据集
                    this.Close();                                            //关闭数据库连接
                    return ds;                                               //返回数据集
                }
            //其他代码省略
```

（3）在当前项目下添加第二个类文件 BaseInfo.cs，在该文件中编写 BaseInfo 类和 cBillInfo 类，分别用于获得销售统计数据和定义数据表的实体结构，主要代码如下：

```
        //封装了商品销售数据信息
        class BaseInfo
        {
            DataBase data = new DataBase();                          //创建 DataBase 类的对象
            public DataSet SellStockSumDetailed(cBillInfo billinfo, string tbName, DateTime
        starDateTime, DateTime endDateTime)                          //统计商品销售明细数据
            {
                SqlParameter[] prams = {
                    data.MakeInParam("@units", SqlDbType.VarChar, 30,"%"+ billinfo.Units+"%"),
                                                                     //初始化 SQL 参数数组中的第一个元素
                    data.MakeInParam("@handle", SqlDbType.VarChar, 10,"%"+ billinfo.Handle+"%"),
                                                                     //初始化 SQL 参数数组中的第二个元素
                };
                return (data.RunProcReturn("SELECT b.tradecode AS 商品编号, b.fullname AS 商品名称,
        SUM(b.qty) AS 销售数量,SUM(b.tsum) AS 销售金额 FROM tb_sell_main a INNER JOIN (SELECT billcode, tradecode,
        fullname, SUM(qty) AS qty, SUM(tsum) AS tsum FROM tb_sell_detailed GROUP BY tradecode, billcode,
        fullname) b ON a.billcode=b.billcode AND a.units LIKE @units AND a.handle LIKE @units WHERE (a.billdate
        BETWEEN '" + starDateTime + "' AND '" + endDateTime + "') GROUP BY b.tradecode, b.fullname", prams,
        tbName));                                                    //返回包含销售明细表数据的 DataSet
            }
            public DataSet SellStockSum(string tbName)              //统计所有的商品销售数据
            {
                return (data.RunProcReturn("select tradecode as 商品编号,fullname as 商品名
        称,sum(qty) as 销售数量,sum(tsum) as 销售金额 from tb_sell_detailed group by tradecode, fullname",
        tbName));                                                    //返回包含所有商品销售数据的 DataSet
            }
        }
        //定义商品销售数据表的实体结构
        public class cBillInfo
        {
            //主表结构
            private DateTime billdate=DateTime.Now;
            private string billcode = "";
            private string units = "";
            private string handle = "";
            private string summary = "";
            private float fullpayment = 0;
            private float payment = 0;
            //其他字段的定义省略
                public DateTime BillDate                            //定义单据录入日期属性
                {
                    get { return billdate; }
                    set { billdate = value; }
```

```
    }
    public string BillCode                              //定义单据号属性
    {
        get { return billcode; }
        set { billcode = value; }
    }
    public string Units                                 //定义往来单位属性
    {
        get { return units; }
        set { units = value; }
    }
    //其他属性的定义省略
}
```

（4）将默认的 Form1 窗体更名为 frmSellStockSum.cs，然后在其上面添加一个
ToolStrip 和一个 DataGridView 控件，分别用来制作工具栏和显示销售数据，该窗体主
要代码如下：

```
public partial class frmSellStockSum : Form
{
    BaseInfo baseinfo = new BaseInfo();                 //获取商品销售信息
    cBillInfo billinfo = new cBillInfo();               //获取商品实体信息
    public frmSellStockSum()
    {
        InitializeComponent();
    }
    //单击"详细统计"按钮，统计销售数据
    private void tlbtnSumDetailed_Click(object sender, EventArgs e)
    {
        DataSet ds = null;                              //声明 DataSet 的引用
        billinfo.Handle = tltxtHandle.Text;             //获得经手人
        billinfo.Units = tltxtUnits.Text;               //获得往来单位
        ds = baseinfo.SellStockSumDetailed(billinfo, "tb_SellStockSumDetailed", dtpStart.Value,
dtpEnd.Value);                                          //获得商品销售明细
        dgvStockList.DataSource = ds.Tables[0].DefaultView;  //显示商品销售数据
    }
    //单击"统计所有"按钮，统计销售数据
    private void tlbtnSum_Click(object sender, EventArgs e)
    {
        DataSet ds = null;                              //声明 DataSet 的引用
        ds = baseinfo.SellStockSum("tb_SellStock");     //获得所有商品的销售数据
        dgvStockList.DataSource = ds.Tables[0].DefaultView;  //显示商品销售数据
    }
}
```

8.10 习题

8-1 对数据表执行添加、修改和删除操作时，分别使用什么语句？

8-2 ADO.NET 中主要包含哪几个对象？

8-3 如何连接 SQL Server 数据库？

8-4 DataSet 类主要有哪几个子类？

8-5 DataAdapter 对象和 DataSet 对象有什么关系？

8-6 如何访问 DataSet 数据集中的指定数据表？

8-7 简述 DataSet 对象与 DataReader 对象的区别。

8-8 简述 DataGridView 控件和 BindingSource 组件的主要作用。

第9章 LINQ 技术

本章要点

- LINQ 的基本概念
- var 关键字和 Lambda 表达式的使用方法
- LINQ 查询表达式的常用操作
- 使用 LINQ 查询 SQL Server 数据库
- 使用 LINQ 更新 SQL Server 数据库

语言集成查询（Language-Integrated Query，LINQ）能够将查询功能直接引入.NET Framework 所支持的编程语言中。查询操作可以通过编程语言自身来传达，而不是以字符串形式嵌入应用程序代码。本章将主要对 LINQ 查询表达式及如何使用 LINQ 操作 SQL Server 数据库进行详细讲解。

9.1 LINQ 基础

9.1.1 LINQ 概述

LINQ 可以为 C#和 VB 提供强大的查询功能。LINQ 引入了标准的、易于学习的查询和更新数据模式，可以对其技术进行扩展，以支持几乎所有类型的数据存储。Visual Studio 2017 包含 LINQ 提供程序的程序集，这些

LINQ 概述

程序集支持将 LINQ 与.NET Framework 集合、SQL Server 数据库、ADO.NET 数据集和 XML 文档一起使用，从而在对象领域和数据领域之间架起一座桥梁。

LINQ 包括 LINQ to Objects、LINQ to Entities 和 LINQ to XML，下面分别对 LINQ 的 3 个组成部分进行介绍。

- LINQ to Objects：可以查询 IEnumerable 或 IEnumerable<T>集合，也就是可以查询任何可枚举的集合，如数组（Array 和 ArrayList）、泛型列表 List<T>、泛型字典 Dictionary<T>等，以及用户自定义的集合。
- LINQ to Entities：允许开发人员使用 VB 或 Visual C#根据实体框架概念模型编写查询，并返回可同时被实体框架和 LINQ 使用的对象。
- LINQ to XML：可以查询或操作 XML 结构的数据（如 XML 文档、XML 片段、XML

格式的字符串等），并提供修改文档对象模型的内存文档和支持 LINQ 查询表达式等功能，以及可以处理 XML 文档的全新编程接口。

LINQ 架构如图 9-1 所示。

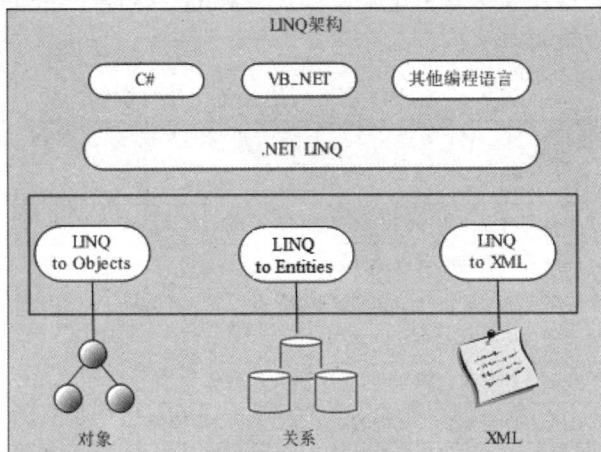

图 9-1　LINQ 架构

9.1.2　LINQ 查询

LINQ 是一组技术的名称，这些技术建立在将查询功能直接集成到 C#（以及 VB 和其他.NET 语言）的基础上。借助 LINQ，查询现在已是高级语言构造，就如同类、方法和事件等。

对编写查询语句的开发人员来说，LINQ 最明显的"语言集成"部分是查询表达式。查询表达式是使用 C#中引入的声明性查询语法编写的。通过使用查询语法，开发人员可以使用最少的代码对数据源执行复杂的筛选、排序和分组操作，并使用相同的基本查询表达式模式来查询和转换 SQL 数据库、ADO.NET 数据集、XML 文档和流，以及.NET 集合中的数据等。

使用 LINQ 查询表达式时，需要注意以下几点。

❑ 查询表达式可用于查询和转换任意支持 LINQ 的数据源中的数据。例如，单个查询可以从 SQL 数据库检索数据，并生成 XML 流作为输出。

❑ 查询表达式容易掌握，因为它们使用许多常见的 C#语法构造。

❑ 查询表达式中的变量都是强类型的，但许多情况下不需要显式提供类型，因为编译器可以推断类型。

❑ 在循环访问 foreach 语句中的查询变量之前，不会执行查询。

❑ 在编译时，根据 C#规范中设置的规则将查询表达式转换为"标准查询运算符"方法进行调用。任何可以使用查询语法表示的查询都可以使用方法语法表示，但是多数情况下查询语法更易读和简洁。

❑ 作为编写 LINQ 查询的一项规则，建议尽量使用查询语法，只在必须的情况下使用方法语法。

❑ 一些查询操作，如 Count 或 Max 等，由于没有等效的查询表达式子句，因此必须表示为方法调用。

- 查询表达式可以编译为表达式目录树或委托，具体取决于查询所应用到的类型。其中，IEnumerable<T>查询编译为委托，IQueryable 和 IQueryable<T>查询编译为表达式目录树。

LINQ 查询表达式包含 8 个基本子句，分别为 from、select、group、where、orderby、join、let 和 into，其说明如表 9-1 所示。

表 9-1 LINQ 查询表达式子句及其说明

子句	说明
from	指定数据源和范围变量
select	指定当执行查询时返回的序列中的元素将具有的类型和形式
group	按照指定的键值对查询结果进行分组
where	根据一个或多个由"逻辑与"和"逻辑或"运算符（&&或‖）分隔的布尔表达式筛选源元素
orderby	基于元素的默认比较器按升序或降序对查询结果进行排序
join	基于两个或多个数据源之间的共同属性将其进行连接
let	引入一个用于存储查询表达式中的子表达式结果的范围变量
into	提供一个标识符，它可以充当对 join、group 或 select 子句的结果的引用

【例 9-1】 创建一个控制台应用程序，首先定义一个字符串数组，然后使用 LINQ 查询表达式查找数组中长度小于 7 的所有项并输出。代码如下：

```
static void Main(string[] args)
{
    //定义一个字符串数组
    string[] strName = new string[] { "明日科技","C#编程词典","C#从入门到精通","C#程序设计实用教程" };
    //定义 LINQ 查询表达式，从数组中查找长度小于 7 的所有项
    IEnumerable<string> selectQuery =
        from Name in strName
        where Name.Length<7
        select Name;
    //执行 LINQ 查询，并输出结果
    foreach (string str in selectQuery)
    {
        Console.WriteLine(str);
    }
    Console.ReadLine();
}
```

程序运行结果如图 9-2 所示。

图 9-2 LINQ 查询表达式的使用

9.1.3 使用 var 关键字创建隐式类型局部变量

在 C#中声明变量时，可以不明确指定其数据类型，而使用 var 关键字来声明。var 关键字用来创建隐式类型局部变量，它指示编译器根据初始化语句右侧的表达式推断变量的类型。推断类型可以是内置类型、匿名类型、用户定义类型、.NET Framework 类库中定义的类型或任何表达式。

使用 var 关键字
创建隐式类型
局部变量

例如，使用 var 关键字声明一个隐式类型局部变量，并赋值为 2015。代码如下：

```
var number = 2015;                                      //声明隐式类型局部变量
```

在很多情况下，var 是可选的，它只是提供了语法上的便利。但在使用匿名类型初始化变量时，需要使用它，这在 LINQ 查询表达式中很常见。只有编译器知道匿名类型的名称，因此必须在源代码中使用 var。如果已经使用 var 初始化了查询变量，则还必须使用 var 作为对查询变量进行循环访问的 foreach 语句中迭代变量的类型。

【例 9-2】 创建一个控制台应用程序，首先定义一个字符串数组，然后定义隐式类型查询表达式将字符串数组中的单词分别转换为大写和小写，最后循环访问隐式类型查询表达式，并输出相应的大小写单词。代码如下：

```
static void Main(string[] args)
{
    string[] strWords = { "MingRi", "XiaoKe", "MRBccd" };        //定义字符串数组
    //定义隐式类型查询表达式
    var ChangeWord =
        from word in strWords
        select new { Upper = word.ToUpper(), Lower = word.ToLower() };
    //循环访问隐式类型查询表达式
    foreach (var vWord in ChangeWord)
    {
        Console.WriteLine("大写: {0}, 小写: {1}", vWord.Upper, vWord.Lower);
    }
    Console.ReadLine();
}
```

程序运行结果如图 9-3 所示。

使用隐式类型的变量时，需要遵循以下规则。

- 只有在同一语句中声明和初始化局部变量时，才能使用 var；不能将该变量初始化为 null。

图 9-3 var 关键字的使用

- 不能将 var 用于类范围的域。

- 由 var 声明的变量不能用在初始化表达式中，比如 "var v = v++;"，这样会产生编译时的错误。

- 不能在同一语句中初始化多个隐式类型局部变量。

- 如果一个名为 var 的类型位于当前作用域中，则当尝试用 var 关键字初始化局部变量时，将产生编译时的错误。

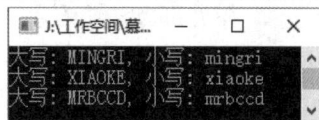

9.1.4 Lambda 表达式的使用

Lambda 表达式是一个匿名函数，它可以包含表达式和语句，并且可用于创建委托或表达式目录树类型。所有 Lambda 表达式都使用 Lambda 运算符 "=>"（读为 goes to）。Lambda 运算符的左边是输入参数（如果有），右边是表达式或语句块。例如，Lambda 表达式 x => x * x 读作 x goes to x times x。Lambda 表达式的基本形式如下：

Lambda 表达式
的使用

```
(input parameters) => expression
```

其中，input parameters 表示输入参数，expression 表示表达式或语句块。

说明：（1）Lambda 表达式用在基于方法的 LINQ 查询中时，作为诸如 Where 和 Where (IQueryable,String, Object[])等标准查询运算符方法的参数；（2）使用基于方法的语法在 Enumerable 类中调用 Where 方法时（像在 LINQ to Objects 和 LINQ to XML 中那样），

参数是委托类型 Func<T, TResult>，使用 Lambda 表达式创建委托最为方便。

【例 9-3】创建一个控制台应用程序，首先定义一个字符串数组，然后通过使用 Lambda 表达式查找数组中包含"C#"的字符串。代码如下：

```
static void Main(string[] args)
{
    //声明一个数组并初始化
    string[] strLists = new string[] { "明日科技", "C#编程词典", "C#编程词典珍藏版" };
    //使用 Lambda 表达式查找数组中包含"C#"的字符串
    string[] strList = Array.FindAll(strLists, s => (s.IndexOf("C#") >= 0));
    //使用 foreach 语句遍历输出
    foreach (string str in strList)
    {
        Console.WriteLine(str);
    }
    Console.ReadLine();
}
```

程序运行结果如图 9-4 所示。

下列规则适用于 Lambda 表达式中的变量。

□ 捕获的变量将不会被作为垃圾回收，直到引用变量的委托超出范围为止。

图 9-4 Lambda 表达式的使用

□ 在外部方法中看不到 Lambda 表达式内引入的变量。

□ Lambda 表达式无法从封闭方法中直接捕获 ref 或 out 参数。

□ Lambda 表达式中的返回语句不会导致封闭方法返回。

□ Lambda 表达式不能包含目标位于匿名函数主体外部或内部的 goto 语句、break 语句或 continue 语句。

9.2 LINQ 查询表达式

LINQ 查询
表达式

本节将对在 LINQ 查询表达式中常用的操作进行讲解。

9.2.1 获取数据源

在 LINQ 查询中，第一步是指定数据源。像在大多数编程语言中一样，在 C#中，必须先声明变量，才能使用它。在 LINQ 查询中，最先使用 from 子句的目的是引入数据源和范围变量。

例如，从库存商品基本信息表（tb_stock）中获取所有库存商品信息，代码如下：

```
var queryStock = from Info in tb_stock
                 select Info;
```

范围变量类似于 foreach 循环中的迭代变量，但在查询表达式中，实际上不发生迭代。执行查询时，范围变量将用作数据源中的每个后续元素的引用。编译器可以推断 queryStock 的类型，所以不必显式地指定此类型。

9.2.2 筛选

最常用的查询操作是应用布尔表达式的筛选器，该筛选器使查询只返回那些表达式结果为 true 的元素，在 LINQ 中使用 where 子句来设置要筛选的内容。

例如，查询库存商品信息表中名称为"计算机"的详细信息，代码如下：

```
var query = from Info in tb_stock
        where Info.name == "计算机"
        select Info;
```

也可以使用熟悉的 C#"逻辑与""逻辑或"运算符在 where 子句中根据需要应用任意数量的筛选表达式。例如，如果要只返回商品名称为"计算机"且型号为"S300"的商品信息，可以将 where 子句修改为如下代码：

```
where Info.name == "计算机" && Info.type == "S300"
```

如果要返回商品名称为"计算机"或"手机"的商品信息，可以将 where 子句修改为如下代码：

```
where Info.name == "计算机" || Info.name == "手机"
```

9.2.3 排序

orderby 子句可以很方便地将返回的数据进行排序，默认情况下，元素会按照其类型的默认比较器进行排序。

例如，在商品销售信息表（tb_sell_detailed）中查询信息时，将结果按销售金额降序排列，代码如下：

```
var query = from sellInfo in tb_sell_detailed
        orderby sellInfo.qty descending
        select sellInfo;
```

说明：qty 是商品销售信息表中的销售金额字段。

如果要对查询结果进行升序排列，则使用 orderby…ascending 子句。

9.2.4 分组

使用 group 子句可以按指定的键分组返回结果。例如，使用 LINQ 查询表达式按客户代码分组汇总销售金额，代码如下：

```
var query = from item in ds.Tables["V_SaleInfo"].AsEnumerable()
    group item by item.Field<string>("ClientCode") into g
    select new
    {
        客户代码 = g.Key,
        客户名称 = g.Max(itm => itm.Field<string>("ClientName")),
        销售总额 = g.Sum(itm => itm.Field<double>("Amount")).ToString("#,##0.00")
    };
```

说明：在使用 group 子句进行查询时，结果采用列表形式。列表中的每个分组是一个具有 Key 成员及根据该 Key 分组的元素列表的对象。在循环访问这些分组时，必须使用嵌套的 foreach 循环。其中，外部循环用于循环访问每个组，内部循环用于循环访问每个组的成员。

9.2.5 联接

联接运算可以创建数据源中没有显式定义的序列之间的关联，例如，可以通过执行联接运算来查找位于同一地点的所有客户和经销商。在 LINQ 中，join 子句始终针对对象集合而非直接针对数据库表运行。

例如，通过联接对销售主表（tb_sell_main）与销售明细表（tb_sell_detailed）进行查询，获取商品销售详细信息，代码如下：

```
var innerJoinQuery =
    from main in tb_sell_main
    join detailed in tb_sell_detailed on main.billcode equals detailed.billcode
    select new
    { 销售编号= main.billcode,
      购货单位= main.units,
      商品编号= detailed.tradecode,
      商品名称= detailed.fullname,
      单位= detailed.unit,
      数量= detailed.qty,
      单价= detailed.price,
      金额= detailed.tsum,
      录单日期= detailed.billdate};
```

9.2.6　选择（投影）

select 子句可以生成查询结果并指定每个返回的元素的"形状"或类型。例如，可以指定结果包含的是整个对象、仅一个成员、成员的子集，还是某个基于计算或新对象创建的完全不同的结果类型。当 select 子句生成除源元素以外的内容时，该操作称为"投影"。使用投影转换数据是 LINQ 查询表达式的一种强大的功能。

例如，上一小节代码中的 select 子句就是一个投影操作，它将联接查询的结果生成一个新的对象（新对象中用中文列名代替了原先的英文列名），代码如下：

```
select new
    { 销售编号= main.billcode,
      购货单位= main.units,
      商品编号= detailed.tradecode,
      商品名称= detailed.fullname,
      单位= detailed.unit,
      数量= detailed.qty,
      单价= detailed.price,
      金额= detailed.tsum,
      录单日期= detailed.billdate};
```

9.3　LINQ 操作 SQL Server 数据库

9.3.1　使用 LINQ 查询 SQL Server 数据库

使用 LINQ 查询 SQL 数据库时，首先需要创建 LinqToSql 类文件。创建 LinqToSql 类文件的步骤如下。

使用 LINQ 查询
SQL Server 数据库

（1）启动 Visual Studio 2022，创建一个 Windows 窗体应用程序。

（2）在解决方案资源管理器窗口中选中当前项目，单击鼠标右键，在弹出的快捷菜单中选择"添加"/"新建项"命令，弹出"添加新项"对话框。

（3）在"添加新项"对话框中选择"LINQ to SQL 类"选项并输入名称，单击"添加"按钮添加一个 LinqToSql 类文件，如图 9-5 所示。

（4）在服务器资源管理器窗口中连接 SQL Server 数据库，然后将指定数据库中的表映射到 DBML 文件中（可以将表拖曳到设计视图中），如图 9-6 所示。

（5）DBML 文件将自动创建一个名称为 DataContext 的数据上下文类，为开发者提供查询或操作数据库的方法。至此，LINQ 数据源创建完毕。

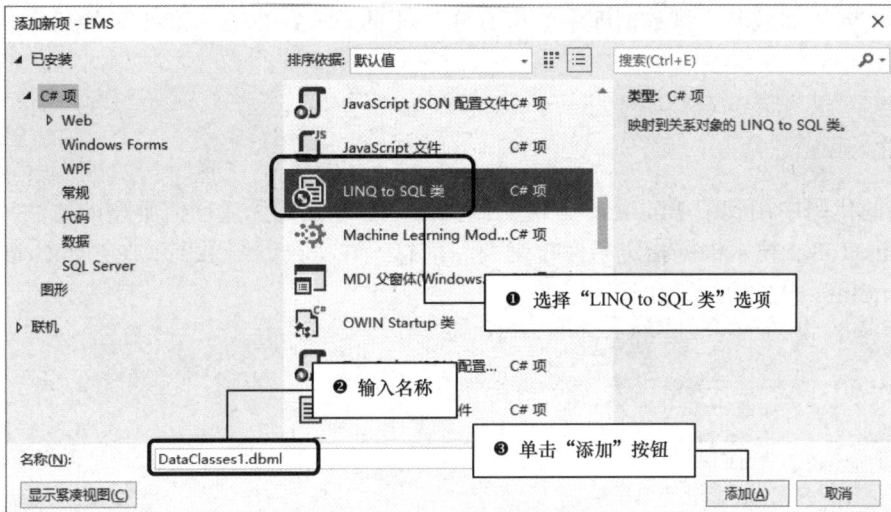

图 9-5 "添加新项"对话框

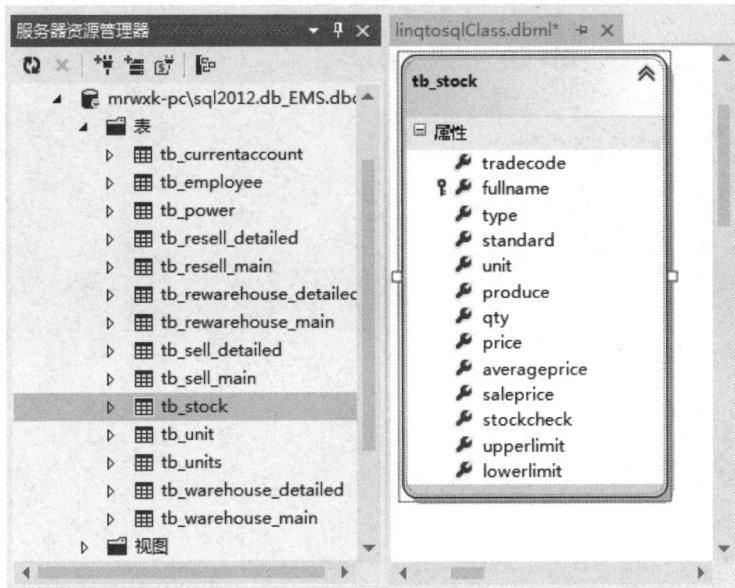

图 9-6 数据表映射到 DBML 文件

创建完 LinqToSql 类文件之后，接下来就可以使用它了。下面通过一个例子讲解如何使用 LINQ 查询 SQL Server 数据库。

【例 9-4】 创建一个 Windows 应用程序，使用 LINQ 技术分别根据商品编号、商品名称和产地查询库存商品信息。在 Form1 窗体中添加一个 ComboBox 控件，用来选择查询条件；添加一个 TextBox 控件，用来输入查询关键字；添加一个 Button 控件，用来执行查询操作；添加一个 DataGridView 控件，用来显示数据库中的数据。

首先在当前项目中依照上面所讲的步骤创建一个 LinqToSql 类文件，然后在 Form1 窗体中定义一个 string 类型变量，用来记录数据库连接字符串，并声明 linq 连接对象。代码如下：

```
//定义数据库连接字符串
string strCon = "Data Source=.;Database=db_EMS;Uid=sa;Pwd=;";
linqtosqlClassDataContext linq;          //声明 linq 连接对象
```

Form1 窗体加载时，将数据库中的所有商品信息显示到 DataGridView 控件中。实现代码如下：

```
private void Form1_Load(object sender, EventArgs e)
{
    BindInfo();
}
```

上面的代码中用到了 BindInfo 方法，该方法为自定义的无返回值类型的方法，主要用来使用 LinqToSql 技术根据指定条件查询商品信息，并将查询结果显示在 DataGridView 控件中。BindInfo 方法的代码如下：

```
private void BindInfo()
{
    linq = new linqtosqlClassDataContext(strCon);          //创建 linq 连接对象
    if (txtKeyWord.Text == "")
    {
        //获取所有商品信息
        var result = from info in linq.tb_stock
                select new
                {
                    商品编号 = info.tradecode,
                    商品名称 = info.fullname,
                    商品型号 = info.type,
                    商品规格 = info.standard,
                    单位 = info.unit,
                    产地 = info.produce,
                    库存数量 = info.qty,
                    进货时的最后一次进价 = info.price,
                    加权平均价 = info.averageprice
                };
        dgvInfo.DataSource = result;                       //对 DataGridView 控件进行数据绑定
    }
    else
    {
        switch (cboxCondition.Text)
        {
            case "商品编号":
                //根据商品编号查询商品信息
                var resultid = from info in linq.tb_stock
                        where info.tradecode == txtKeyWord.Text
                        select new
                        {
                            商品编号 = info.tradecode,
                            商品名称 = info.fullname,
                            商品型号 = info.type,
                            商品规格 = info.standard,
                            单位 = info.unit,
                            产地 = info.produce,
                            库存数量 = info.qty,
                            进货时的最后一次进价 = info.price,
                            加权平均价 = info.averageprice
                        };
                dgvInfo.DataSource = resultid;
                break;
            case "商品名称":
                //根据商品名称查询商品信息
                var resultname = from info in linq.tb_stock
                        where info.fullname.Contains(txtKeyWord.Text)
                        select new
                        {
                            商品编号 = info.tradecode,
```

```
                    商品名称 = info.fullname,
                    商品型号 = info.type,
                    商品规格 = info.standard,
                    单位 = info.unit,
                    产地 = info.produce,
                    库存数量 = info.qty,
                    进货时的最后一次进价 = info.price,
                    加权平均价 = info.averageprice
                };
        dgvInfo.DataSource = resultname;
        break;
    case "产地":
        //根据产地查询商品信息
        var resultsex = from info in linq.tb_stock
                    where info.produce == txtKeyWord.Text
                    select new
                    {
                        商品编号 = info.tradecode,
                        商品名称 = info.fullname,
                        商品型号 = info.type,
                        商品规格 = info.standard,
                        单位 = info.unit,
                        产地 = info.produce,
                        库存数量 = info.qty,
                        进货时的最后一次进价 = info.price,
                        加权平均价 = info.averageprice
                    };
        dgvInfo.DataSource = resultsex;
        break;
    }
  }
}
```

单击"查询"按钮，调用 BindInfo 方法查询商品信息，并将查询结果显示到 DataGridView 控件中。"查询"按钮的 Click 事件代码如下：

```
private void btnQuery_Click(object sender, EventArgs e)
{
    BindInfo();
}
```

程序运行结果如图 9-7 所示。

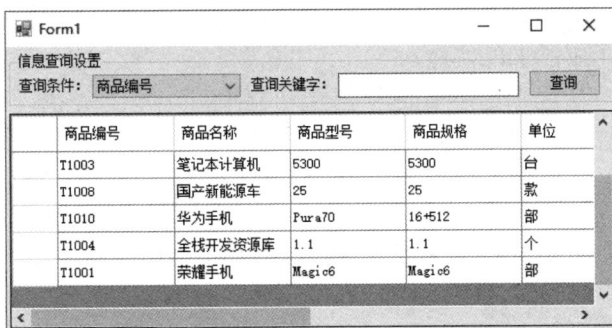

图 9-7　使用 LINQ 查询 SQL Server 数据库

说明：现在国内的大模型工具大多提供了代码助手工具，比如百度的文心快码、腾讯的 AI 代码助手、阿里巴巴的通义灵码等。在开发工具中使用这些代码助手工具，可以在开发时更加高效地编写代码。例如，在开发工具中可以使用代码助手工具自动生成示例代码等，如图 9-8 所示。

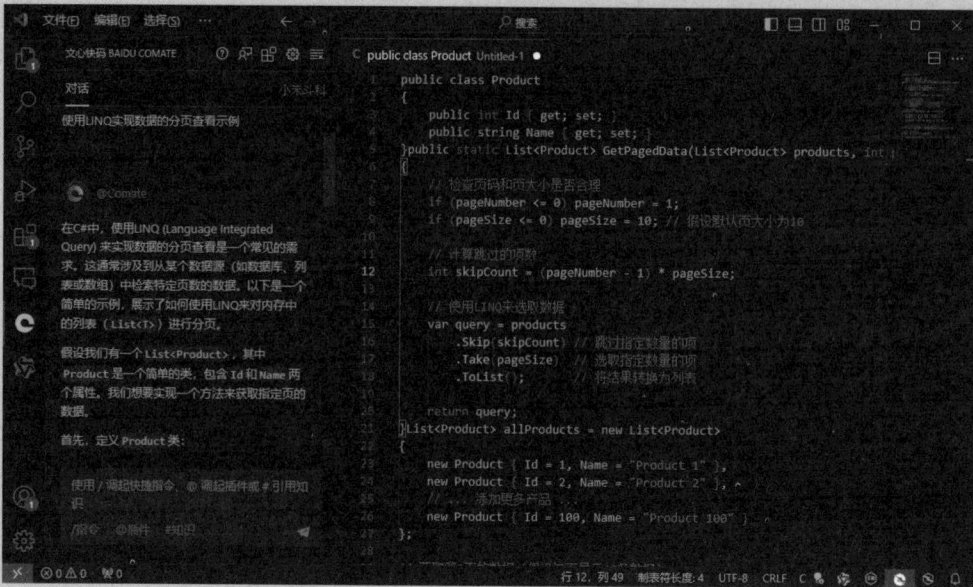

图 9-8 在开发工具中使用代码助手工具提高开发效率

9.3.2 使用 LINQ 更新 SQL Server 数据库

使用 LINQ 更新 SQL Server 数据库时，主要有添加数据、修改数据和
删除数据 3 种操作，本小节将分别进行详细讲解。

使用 LINQ 更新
SQL Server

1．添加数据

使用 LINQ 向 SQL Server 数据库中添加数据时，需要用到 InsertOnSubmit 方法和
SubmitChanges 方法。其中，InsertOnSubmit 方法用来将处于 pending insert 状态的实体添加
到 SQL 数据表中。其语法格式如下：

```
void InsertOnSubmit(TEntity entity)
```

其中，entity 表示要添加的实体。

SubmitChanges 方法用来记录要插入、更新或删除的对象，并执行相应命令，以实现对
数据库的更改。其语法格式如下：

```
public void SubmitChanges()
```

【例 9-5】 创建一个 Windows 应用程序，用来向库存商品信息表中添加数据。首先在
当前项目中创建一个 LinqToSql 类文件，然后在 Form1 窗体中定义一个 string 类型的变量，
用来记录数据库连接字符串，并声明 linq 连接对象。代码如下：

```
//定义数据库连接字符串
string strCon = "Data Source=.;Database=db_EMS;Uid=sa;Pwd=;";
linqtosqlClassDataContext linq;                    //声明 linq 连接对象
```

在 Form1 窗体中单击"添加"按钮，首先创建 linq 连接对象；然后创建 tb_stock 类对
象（该类为对应的 tb_stock 数据表类），并为 tb_stock 类对象中的各个属性赋值；最后调用
linq 连接对象中的 InsertOnSubmit 方法添加商品信息，并调用其 SubmitChanges 方法将添加
商品信息操作提交服务器。"添加"按钮的 Click 事件的代码如下：

```
private void btnAdd_Click(object sender, EventArgs e)
{
    linq = new linqtosqlClassDataContext(strCon);      //创建linq连接对象
    tb_stock stock = new tb_stock();                   //创建tb_stock类对象
    //为tb_stock类中的商品实体赋值
    stock.tradecode = txtID.Text;
    stock.fullname = txtName.Text;
    stock.unit = cbox.Text;
    stock.type= txtType.Text;
    stock.standard = txtISBN.Text;
    stock.produce = txtAddress.Text;
    stock.qty = Convert.ToInt32(txtNum.Text);
    stock.price= Convert.ToDouble(txtPrice.Text);
    linq.tb_stock.InsertOnSubmit(stock);               //添加商品信息
    linq.SubmitChanges();                              //提交操作
    MessageBox.Show("数据添加成功");
    BindInfo();
}
```

2．修改数据

使用 LINQ 修改 SQL Server 数据库中的数据时，需要用到 SubmitChanges 方法。该方法在"添加数据"中已经做过详细介绍，在此不再赘述。

【例 9-6】 创建一个 Windows 应用程序，主要用来对库存商品信息进行修改。在 Form1 窗体中单击"修改"按钮，首先判断是否选择了要修改的记录，如果没有，弹出提示信息；否则创建 linq 连接对象，并从该对象中的 tb_stock 表中查找是否有相关记录，如果有，就为 tb_stock 表中的字段赋值，并调用 linq 连接对象中的 SubmitChanges 方法修改指定编号的商品信息。"修改"按钮的 Click 事件代码如下：

```
private void btnEdit_Click(object sender, EventArgs e)
{
    if (txtID.Text == "")
    {
        MessageBox.Show("请选择要修改的记录");
        return;
    }
    linq = new linqtosqlClassDataContext(strCon);      //创建linq连接对象
    //查找要修改的商品信息
    var result = from stock in linq.tb_stock
                 where stock.tradecode == txtID.Text
                 select stock;
    //对指定的商品信息进行修改
    foreach (tb_stock stock in result)
    {
        stock.tradecode = txtID.Text;
        stock.fullname = txtName.Text;
        stock.unit = cbox.Text;
        stock.type = txtType.Text;
        stock.standard = txtISBN.Text;
        stock.produce = txtAddress.Text;
        stock.qty = Convert.ToInt32(txtNum.Text);
        stock.price = Convert.ToDouble(txtPrice.Text);
        linq.SubmitChanges();
    }
    MessageBox.Show("商品信息修改成功");
    BindInfo();
}
```

3．删除数据

使用 LINQ 删除 SQL Server 数据库中的数据时，需要用到 DeleteAllOnSubmit 方法和

SubmitChanges 方法。其中 SubmitChanges 方法在"添加数据"中已经做过详细介绍,这里主要讲解 DeleteAllOnSubmit 方法。

DeleteAllOnSubmit 方法用来将集合中的所有实体置于 pending delete 状态,其语法格式如下:

```
void DeleteAllOnSubmit(IEnumerable entities)
```

其中,entities 表示要移除所有项的集合。

【例9-7】创建一个 Windows 应用程序,主要用来删除指定的商品信息。在 DataGridView 控件上单击鼠标右键,在弹出的快捷菜单中选择"删除"命令,首先判断要删除的商品编号是否为空,如果为空,则弹出提示信息;否则,创建 linq 连接对象,并从该对象中的 tb_stock 表中查找是否有相关记录,如果有,则调用 linq 连接对象中的 DeleteAllOnSubmit 方法删除商品信息,并调用其 SubmitChanges 方法将删除商品操作提交服务器。"删除"命令的 Click 事件代码如下:

```csharp
private void 删除ToolStripMenuItem_Click(object sender, EventArgs e)
{
    if (strID == "")
    {
        MessageBox.Show("请选择要删除的记录");
        return;
    }
    linq = new linqtosqlClassDataContext(strCon);    //创建 linq 连接对象
    //查找要删除的商品信息
    var result = from stock in linq.tb_stock
                 where stock.tradecode == strID
                 select stock;
    linq.tb_stock.DeleteAllOnSubmit(result);         //删除商品信息
    linq.SubmitChanges();                            //创建 linq 连接对象提交操作
    MessageBox.Show("商品信息删除成功");
    BindInfo();
}
```

9.4 AI 辅助答疑

在学习 C#编程的过程中,可以利用 AI 来帮助我们利用 LINQ 技术解决实际开发中的问题。以下是在 AI 工具中的一个可能的对话示例。

【问题】

如何使用 LINQ 技术防止 SQL 注入式攻击?

【AI 建议】

使用 LINQ 技术可以帮助开发者避免 SQL 注入攻击,因为 LINQ 使用强类型查询表达式,而不是字符串拼接来构建查询语句。这意味着,即使用户输入恶意数据,这些数据也会被当作查询的一部分,而不是作为 SQL 命令来执行。下面是几个关键点,说明了如何使用 LINQ 来提高安全性。

1. 使用 LINQ to SQL

LINQ to SQL 是.NET Framework 提供的一种 ORM(对象关系映射)工具,它允许你使用 C#或 VB.NET 编写查询语句,而不需要直接编写 SQL 代码。由于 LINQ to SQL 自动处理参数化查询,所以可以有效地防止 SQL 注入。例如:

```
using (var db = new YourDataContext())
{
    var query = from user in db.Users
                where user.Username == username && user.Password == password
                select user;
    var user = query.FirstOrDefault();
}
```

2．参数化查询

即使在使用 LINQ 时，如果你需要执行原生 SQL 查询，也应该使用参数化查询来防止 SQL 注入。例如：

```
using (var context = new YourDbContext())
{
    string sql = "SELECT * FROM Users WHERE Username = @p0 AND Password = @p1";
    var user = context.Users.FromSqlRaw(sql, username, password)
                    .FirstOrDefault();
}
```

3．避免使用字符串拼接

在任何情况下，都应避免使用字符串拼接来构建 SQL 查询。即使是在使用 LINQ 时，也要确保所有的查询条件都是通过 LINQ 表达式传递的，而不是通过字符串拼接。

4．使用存储过程

如果你的应用程序需要复杂的查询逻辑，可以考虑使用存储过程。在调用存储过程时，仍然应该使用参数化查询来传递参数。例如：

```
using (var context = new YourDbContext())
{
    var user = context.Users.FromSqlInterpolated($"EXEC GetUserByUsernameAndPassword
{username}, {password}")
                    .FirstOrDefault();
}
```

9.5 小结

本章主要对 LINQ 查询表达式中常用的操作及如何使用 LINQ 操作 SQL Server 数据库进行了详细讲解。LINQ 技术是 C#中的一种非常实用的技术，可以在很大程度上方便程序开发人员对各种数据进行访问。通过本章的学习，读者应熟练掌握 LINQ 技术的基础语法及 LINQ 查询表达式的常用操作，并掌握如何使用 LINQ 对 SQL Server 数据库进行操作。

9.6 上机指导

数据的分页查看在 Windows 应用程序中会经常遇到，这里将演示如何使用 LINQ 技术实现分页查看库存商品信息的功能。程序运行结果如图 9-9 所示。

上机指导

程序开发步骤如下。

（1）创建一个 Windows 窗体应用程序，命名为 LinqPages。

（2）更改默认窗体 Form1 的 Name 属性为 Frm_Main。在窗体中添加一个 DataGridView 控件，用于显示数据库中的数据；添加两个 Button 控件，分别用来执行上一页和下一页操作。

（3）创建"LINQ to SQL 类"的 DBML 文件，并将 Address 表添加到 DBML 文件中。

（4）在窗体的代码页中，创建 LINQ 对象，并定义两个 int 类型的变量，分别用来记录每页显示的记录数和当前页数，代码如下：

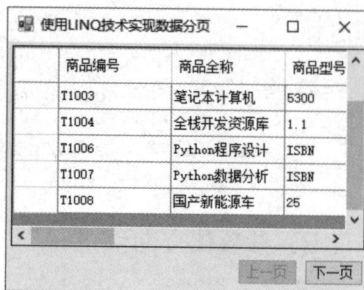

图 9-9　分页查看库存商品信息

```
LinqClassDataContext linqDataContext = new LinqClassDataContext();//创建 LINQ 对象
int pageSize = 7;                                              //设置每页显示 7 条记录
int page = 0;                                                 //记录当前页
```

（5）自定义一个 getCount 方法，用来根据数据库中的记录数计算总页数，代码如下：

```
protected int getCount()
{
    int sum = linqDataContext.tb_stock.Count();              //获取总数据行数
    int s1 = sum / pageSize;                                 //计算页面数
    //判断总行数对页数求余后是否大于 0，如果大于，则返回 1，否则返回 0
    int s2 = sum % pageSize > 0 ? 1 : 0;
    int count = s1 + s2;                                     //计算出总页数
    return count;
}
```

（6）自定义一个 bindGrid 方法，用来根据当前页获取指定区间的记录，并显示在 DataGridView 控件中，代码如下：

```
protected void bindGrid()
{
    int pageIndex = Convert.ToInt32(page);                  //获取当前页索引
    //使用 LINQ 查询，并对查询的数据进行分页
    var result = (from info in linqDataContext.tb_stock
                select new
                {
                    商品编号 = info.tradecode,
                    商品名称 = info.fullname,
                    商品型号 = info.type,
                    商品规格 = info.standard,
                    单位 = info.unit,
                    产地 = info.produce,
                    库存数量 = info.qty,
                    进货时的最后一次进价 = info.price,
                    加权平均价 = info.averageprice
                }).Skip(pageSize * pageIndex).Take(pageSize);
    dgvInfo.DataSource = result;                             //设置 DataGridView 控件的数据源
    btnBack.Enabled=btnNext.Enabled = true;
    //判断是否为第一页，如果为第一页，禁用"上一页"按钮
    if (page == 0)
    {
        btnBack.Enabled = false;
    }
    //判断是否为最后一页，如果为最后一页，禁用"下一页"按钮
    if (page == getCount() - 1)
    {
        btnNext.Enabled = false;
    }
}
```

（7）窗体加载时，设置当前页为第一页，并调用 bindGrid 方法显示指定的记录，代码

如下：

```
private void Form1_Load(object sender, EventArgs e)
{
    page = 0;                            //设置当前页索引
    bindGrid();                          //调用自定义 bindGrid 方法绑定 DataGridView 控件
}
```

（8）单击"上一页"按钮，使用当前页的索引减一作为将要显示的页的索引，并调用 bindGrid 方法显示指定的记录，代码如下：

```
private void btnBack_Click(object sender, EventArgs e)
{
    page = page - 1;                     //设置要显示的页
    bindGrid();                          //调用自定义 bindGrid 方法绑定 DataGridView 控件
}
```

（9）单击"下一页"按钮，使用当前页的索引加一作为将要显示的页的索引，并调用 bindGrid 方法显示指定的记录，代码如下：

```
private void btnNext_Click(object sender, EventArgs e)
{
    page = page + 1;                     //设置要显示的页
    bindGrid();                          //调用自定义 bindGrid 方法绑定 DataGridView 控件
}
```

9.7 习题

9-1 简述 LINQ 相对于 ADO.NET 的优势。

9-2 Lambda 表达式的标准格式是什么？

9-3 LINQ 查询表达式进行筛选操作时，需要使用什么关键字？

9-4 LINQ 查询表达式进行联接操作时，需要使用什么关键字？

9-5 什么是投影？

9-6 使用 LINQ 对 SQL Server 数据库进行添加数据、修改数据和删除数据操作时，主要用到哪些方法？

第10章 网络编程

本章要点

- 局域网与因特网的概念
- 常见的几种网络协议
- 端口及套接字
- System.Net 命名空间下相关类的使用方法
- System.Net.Sockets 命名空间下相关类的使用方法

计算机网络实现了多台计算机的连接，相互连接的计算机之间彼此能够进行数据交流。网络应用程序就是在已连接的不同的计算机上运行的程序，这些程序相互之间可以交换数据。编写网络应用程序，首先必须明确其要使用的网络协议，传输控制协议/互联网协议（Transmission Control Protocol/Internet Protocol，TCP/IP）是网络应用程序协议的首选。C#作为一种编程语言，提供了对网络编程的全面支持，例如开发人员可以通过 C#制作一个简单的局域网聊天室等。本章将详细讲解网络编程方面的相关知识。

10.1 计算机网络基础

10.1.1 局域网与因特网介绍

为了实现两台计算机的通信，必须要用网络连接两台计算机，如图 10-1 所示。

服务器是指提供信息的计算机或程序，客户端是指请求信息的计算机或程序，网络则主要是用来连接服务器与客户端实现两者相互通信的媒介。但有时，在某个网络中很难将服务器与客户端区分开。通常所说的局域网（Local Area Network，LAN），就是指在某一区域内由多台计算机通过一定形式连接起来的计算机组。局域网可以由同一区域内的两台计算机组成，也可以由同一区域内的上千台计算机组成。由 LAN 延伸到更大的范围，这样的网络称为广域网（Wide Area Network，WAN）。大家熟悉的因特网（Internet），就是由无数的 LAN 和 WAN 组成的。

图 10-1　服务器、客户端和网络

10.1.2　网络协议介绍

网络协议规定了计算机之间连接的物理、机械（网线与网卡的连接规定）、电气（有效的电平范围）等特征，以及计算机之间的相互寻址规则、数据发送冲突的解决方案、长数据如何分段传送与接收等。就像不同的国家有不同的法律一样，目前网络协议也有多种，下面介绍几种常用的网络协议。

1．IP

IP 其实是 Internet Protocol 的缩写，由此可知它是一种"网络协议"。Internet 采用的协议是 TCP/IP。Internet 依靠 TCP/IP，在全球范围内实现不同硬件结构、不同操作系统、不同网络系统的互联。Internet 上存在数以亿计的主机，每一台主机在网络上通过为其分配的 Internet 地址表示自己，这个地址就是 IP 地址。到目前为止，IP 地址用 4 字节（也就是 32 位）的二进制数来表示，这种地址格式称为 IPv4。为了便于使用，IPv4 地址通常用十进制数表示，并且每字节之间用圆点隔开，如 192.168.1.1。现在人们正在试验使用 16 字节来表示 IP 地址，这就是 IPv6。

TCP/IP 模式是一种层次结构，分为 4 层，分别为应用层（各种应用程序）、传输层（用来进行可靠的传递服务）、互联网层（进行无连接的分组投递服务）和主机到网络层（即物理层和网络接口层）。各层实现特定的功能，提供特定的服务和访问接口，并具有相对的独立性，如图 10-2 所示。

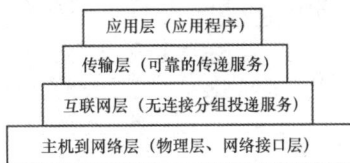

| 应用层（应用程序） |
| 传输层（可靠的传递服务） |
| 互联网层（无连接分组投递服务） |
| 主机到网络层（物理层、网络接口层） |

图 10-2　TCP/IP 层次结构

2．TCP 与 UDP

在网络协议栈中，有两个高级协议是网络应用程序开发人员应该了解的，分别是传输控制协议（Transmission Control Protocol，TCP）与用户数据报协议（User Datagram Protocol，UDP）。

TCP 是一种以连接为基础的协议，可提供两台计算机间可靠的数据传送。TCP 可以保证将数据从一端传送至连接的另一端时，数据能够准确送达，而且送达的数据的排列顺序和送出时的顺序相同。因此，该协议适合对可靠性要求比较高的场合。就像拨打电话一样，必须先拨号给对方，等两端确定连接后，相互才能听到对方说话，知道对方回应的是什么。

超文本传送协议（HyperText Transfer Protocol，HTTP）、文件传送协议（File Transfer Protocol，FTP）和 Telnet 等都需要使用可靠的通信频道，例如 HTTP 从某个统一资源定位符（Uniform Resource Locator，URL）读取数据时，如果收到的数据顺序与发送时不相同，就可能会出现一个混乱的 HTML 文件或一些无效的信息。

UDP 是无连接通信协议，不保证可靠的数据传输，但能够向若干个目标发送数据，或接收来自若干个源的数据。UDP 是以独立发送数据包的方式进行的。这种方式就像邮递员送信给收信人，可以送出很多信给同一个人，而每一封信都是相对独立的，每封信送达的顺序并不重要，并且收信人接收信件的顺序也不能保证与寄出信件的顺序相同。

UDP 适用于一些对数据准确性要求不高的场合，例如网络聊天室、在线影片等。TCP 在认证上存在额外的消耗，因此有可能使传输速度减慢；UDP 可能会更适合这些对传输速度和时效要求非常高的网站，即使有一小部分数据包遗失或传送顺序有所不同，也不会严重影响通信。

> 📖 **说明**：一些防火墙和路由器会被设置成不允许 UDP 数据包传输，因此若遇到 UDP 连

接方面的问题，应先确定防火墙和路由器是否允许 UDP。

3．POP3

邮局协议（Post Office Protocol，POP）用于电子邮件的接收，现在常用第 3 版，所以称为 POP3。通过 POP3，用户登录到服务器后，可以对自己的邮件进行删除或下载到本地。表 10-1 为 POP3 的常用命令及其描述。

表 10-1　POP3 的常用命令及其描述

命令	描述
USER	此命令与下面的 PASS 命令若都发送成功，将使用户状态转换为认证状态
PASS	用户名所对应的密码
APOP	MD5 消息摘要
STAT	请求服务器发回关于邮箱的统计资料（邮件总数和总字节数）
UIDL	回送邮件唯一标识符
LIST	回送邮件数量和每个邮件的大小
RETR	回送由参数标识的邮件的全部文本
DELE	服务器将由参数标识的邮件标记为删除，由 QUIT 命令执行
RSET	服务器将重置所有标记为删除的邮件，用于撤销 DELE 命令
TOP	服务器将回送由参数标识的邮件的前 n 行内容，n 是正整数
NOOP	服务器返回一个肯定的响应，但不做任何操作
QUIT	退出

10.1.3　端口及套接字介绍

一般而言，一台计算机只有一个连接到网络的"物理连接"（Physical Connection），所有的数据都通过此连接进出计算机，这就是端口。网络程序设计中的端口（Port）并非真实存在，而是一个假想的连接装置。端口被规定为一个 0～65535 的整数，HTTP 服务一般使用 80 端口，FTP 服务一般使用 21 端口。假如一台计算机提供了 HTTP、FTP 等多种服务，则客户端将通过不同的端口来确定连接到服务器的哪项服务上，如图 10-3 所示。

端口及套接字
介绍

> 说明：0～1023 的端口号通常用于一些比较知名的网络服务和应用，普通网络应用程序则通常使用 1024 以上的端口号，以避免端口号被另一个应用或网络服务所用。

网络程序中的套接字（Socket）用于将应用程序与端口连接起来。套接字是一个假想的连接装置，就像连接电器与插座的电线，如图 10-4 所示。C#将套接字抽象为类，开发人员只需创建 Socket 类的对象，就能使用套接字。

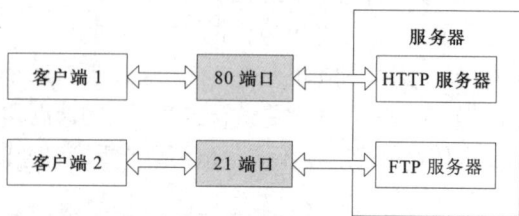

图 10-3　端口

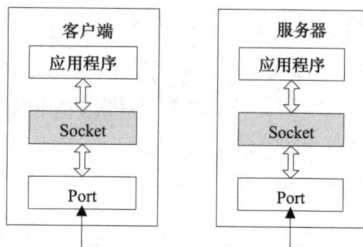

图 10-4　套接字

10.2 网络编程基础

使用 C#进行网络编程时，通常需要用到 System.Net 命名空间和 System.Net.Sockets 命名空间，下面对这两个命名空间及它们包含的主要类进行详细讲解。

10.2.1 System.Net 命名空间及相关类的使用

System.Net 命名空间为当前网络上使用的多种协议提供了简单的编程接口，而它所包含的 WebRequest 类和 WebResponse 类形成了可插接式协议的基础。可插接式协议是网络服务的一种实现，它使开发者能够开发出使用 Internet 资源的应用程序，而不必考虑不同协议的具体细节。下面对 System.Net 命名空间中的主要类进行详细讲解。

System.Net 命名空间及相关类的使用

1. Dns 类

Dns 类是一个静态类，它从 Internet 域名系统（Domain Name System，DNS）检索关于特定主机的信息，在 IPHostEntry 类的实例中返回查询到的主机信息。如果指定的主机在DNS 数据库中有多个入口，则 IPHostEntry 包含多个 IP 地址和别名。Dns 类的常用方法及其说明如表 10-2 所示。

表 10-2　Dns 类的常用方法及其说明

方法	说明
BeginGetHostAddresses	异步返回指定主机的 IP 地址
BeginGetHostByName	异步请求指定 DNS 主机名的 IPHostEntry 信息
EndGetHostAddresses	结束对 DNS 信息的异步请求，并返回指定主机的 IP 地址列表
EndGetHostByName	结束对 DNS 信息的异步请求，并返回包含一个主机 DNS 信息的 IPHostEntry 对象（该方法已过时）
EndGetHostEntry	结束对 DNS 信息的异步请求，并返回包含指定主机地址信息的 IPHostEntry 对象
GetHostAddresses	返回指定主机的 IP 地址
GetHostByAddress	获取指定 IP 地址的 DNS 主机信息
GetHostByName	获取指定 DNS 主机名的 DNS 信息
GetHostEntry	将主机名或 IP 地址解析为 IPHostEntry 实例
GetHostName	获取本地计算机的主机名

【例 10-1】　下面演示 Dns 类的使用方法，程序开发步骤如下。

（1）新建一个 Windows 应用程序，命名为 UseDns，默认窗体为 Form1.cs。

（2）在 Form1 窗体中添加 4 个 TextBox 控件和一个 Button 控件，其中 TextBox 控件分别用来输入主机地址、显示主机 IP 地址、显示本地主机名、显示 DNS 主机名，Button 控件用来调用 Dns 类中的各个方法以获得主机 IP 地址、本地主机名和 DNS 主机名，并显示在相应的文本框中。

（3）主要代码如下：

```
private void button1_Click(object sender, EventArgs e)
{
    if (textBox1.Text == string.Empty)          //判断是否输入了主机地址
```

```
        {
            MessageBox.Show("请输入主机地址!");
        }
        else
        {
            textBox2.Text = string.Empty;
            //获取指定主机的 IP 地址
            IPAddress[] ips = Dns.GetHostAddresses(textBox1.Text);
            //循环访问获得的 IP 地址
            foreach(IPAddress ip in ips)
            {
                textBox2.Text = ip.ToString();           //将得到的 IP 地址显示在文本框中
            }
            textBox3.Text = Dns.GetHostName();           //获取本地主机名
            //根据指定的主机名获取 DNS 信息
            textBox4.Text = Dns.GetHostEntry(Dns.GetHostName()).HostName;
        }
    }
```

程序运行结果如图 10-5 所示。

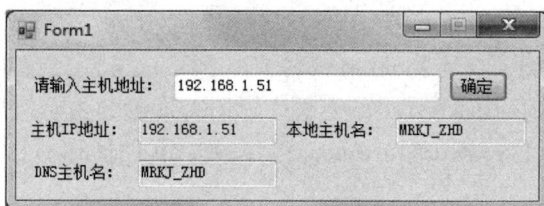

图 10-5　Dns 类的使用

2．IPAddress 类

IPAddress 类包含计算机在 IP 网络上的地址，主要用来提供 IP 地址。IPAddress 类中的常用字段、属性、方法及相应说明如表 10-3 所示。

表 10-3　IPAddress 类的常用字段、属性、方法及相应说明

字段、属性及方法	说明
Any 字段	提供一个 IP 地址，指示服务器应监听所有网络接口上的客户端活动。此字段为只读
Broadcast 字段	提供 IP 广播地址。此字段为只读
Loopback 字段	提供 IP 环回地址。此字段为只读
None 字段	提供指示不应使用任何网络接口的 IP 地址。此字段为只读
Address 属性	IP 地址
AddressFamily 属性	获取 IP 地址的地址族
IsIPv6LinkLocal 属性	确定地址是否为 IPv6 链路本地地址
IsIPv6Multicast 属性	确定地址是否为 IPv6 多播全局地址
IsIPv6SiteLocal 属性	确定地址是否为 IPv6 站点本地地址
ScopeId 属性	获取或设置 IPv6 地址范围标识符
GetAddressBytes 方法	以字节数组形式返回 IPAddress 的副本
IsLoopback 方法	指示指定的 IP 地址是否为环回地址
Parse 方法	将 IP 地址字符串转换为 IPAddress 实例
TryParse 方法	确定字符串是否为有效的 IP 地址

【例 10-2】 下面演示 IPAddress 类的使用方法，程序开发步骤如下。

（1）新建一个 Windows 应用程序，命名为 UseIPAddress，默认窗体为 Form1.cs。

（2）在 Form1 窗体中添加一个 TextBox 控件、一个 Button 控件和一个 Label 控件。其中 TextBox 控件用来输入主机的网络地址或 IP 地址，Button 控件用来调用 IPAddress 类中的各个属性获取指定主机的 IP 地址信息，Label 控件用来显示获得的 IP 地址信息。

（3）主要代码如下：

```
private void button1_Click(object sender, EventArgs e)
{
    label2.Text = string.Empty;              //初始化 Label 标签
    //获得指定主机的 IP 地址族
    IPAddress[] ips = Dns.GetHostAddresses(textBox1.Text);
    //循环遍历得到的 IP 地址
    foreach (IPAddress ip in ips)
    {
        //在 Label 标签中显示得到的 IP 地址信息
        label2.Text = "IP 地址: " + ip.Address + "\nIP 地址的地址族: "
            + ip.AddressFamily.ToString() + "\n是否 IPv6 链路本地地址: " + ip.IsIPv6LinkLocal;
    }
}
```

程序运行结果如图 10-6 所示。

3．IPEndPoint 类

IPEndPoint 类包含应用程序连接到主机上的服务所需的主机或本地的 IP 地址、远程端口信息。通过组合服务的主机 IP 地址和端口信息，IPEndPoint 类形成到服务的终结点。它主要用来将网络端点表示为 IP 地址和端口号。IPEndPoint 类的常用字段、属性及相应说明如表 10-4 所示。

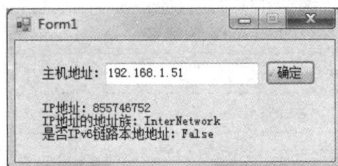

图 10-6　IPAddress 类的使用

表 10-4　IPEndPoint 类的常用字段、属性及相应说明

字段及属性	说明
MaxPort 字段	指定可以分配给 Port 属性的最大值。MaxPort 值设置为 0x0000FFFF。此字段为只读
MinPort 字段	指定可以分配给 Port 属性的最小值。此字段为只读
Address 属性	获取或设置终结点的 IP 地址
AddressFamily 属性	获取 IP 地址族
Port 属性	获取或设置终结点的端口号

【例 10-3】 下面演示 IPEndPoint 类的使用方法，程序开发步骤如下。

（1）新建一个 Windows 应用程序，命名为 UseIPEndPoint，默认窗体为 Form1.cs。

（2）在 Form1 窗体中添加一个 TextBox 控件、一个 Button 控件和一个 Label 控件。其中 TextBox 控件用来输入 IP 地址，Button 控件用来调用 IPEndPoint 类中的各个属性获取终结点的 IP 地址和端口号，Label 控件用来显示获得的 IP 地址和端口号。

（3）主要代码如下：

```
private void button1_Click(object sender, EventArgs e)
{
    //创建 IPEndPoint 类的对象
```

```
IPEndPoint IPEPoint = new IPEndPoint(IPAddress.Parse(textBox1.Text), 80);
//使用 IPEndPoint 类的对象获取终结点的 IP 地址和端口号
label2.Text = "IP 地址: "+IPEPoint.Address.ToString() + "\n 端口号: " + IPEPoint.Port;
}
```

程序运行结果如图 10-7 所示。

4．WebClient 类

WebClient 类提供向统一资源标识符（Uniform Resource Identifier，URI）标识的任何本地、Intranet 或 Internet 资源发送数据，以及从这些资源接收数据的公共方法。WebClient 类的常用属性、方法及相应说明如表 10-5 所示。

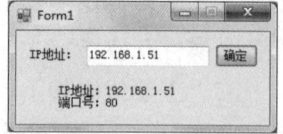

图 10-7　IPEndPoint 类的使用

表 10-5　WebClient 类的常用属性、方法及相应说明

属性及方法	说明
BaseAddress 属性	获取或设置 WebClient 发出的请求的基本 URI
Encoding 属性	获取或设置用于上传和下载字符串的字符编码
Headers 属性	获取或设置与请求关联的标头名称/值对集合
QueryString 属性	获取或设置与请求关联的查询名称/值对集合
ResponseHeaders 属性	获取与响应关联的标头名称/值对集合
DownloadData 方法	以 byte 数组形式通过指定的 URI 下载资源
DownloadFile 方法	将具有指定 URI 的资源下载到本地文件
DownloadString 方法	以 String 形式下载包含 URI 的资源
OpenRead 方法	为从指定 URI 下载的数据打开一个可读的流
OpenWrite 方法	打开一个流以将数据写入具有指定 URI 的资源
UploadData 方法	将数据缓冲区上传到具有指定 URI 的资源
UploadFile 方法	将本地文件上传到具有指定 URI 的资源
UploadString 方法	将指定的字符串上传到指定的资源
UploadValues 方法	将名称/值对集合上传到具有指定 URI 的资源

【例 10-4】 下面演示 WebClient 类的使用方法，程序开发步骤如下。

（1）新建一个 Windows 应用程序，命名为 UseWebClient，默认窗体为 Form1.cs。

（2）在 Form1 窗体中添加一个 TextBox 控件、一个 Button 控件和一个 RichTextBox 控件。其中 TextBox 控件用来输入标准网络地址，Button 控件用来获取指定网址中的网页内容并将内容保存到一个文本文件中，RichTextBox 控件用来显示从指定网址中获取的网页内容。

（3）主要代码如下：

```
private void button1_Click(object sender, EventArgs e)
{
    richTextBox1.Text = string.Empty;
    WebClient wclient = new WebClient();    //创建 WebClient 类的对象
    wclient.BaseAddress = textBox1.Text;    //设置 WebClient 的基本 URI
    wclient.Encoding = Encoding.UTF8;        //指定下载字符串的编码方式
    //为 WebClient 类的对象添加标头
    wclient.Headers.Add("Content-Type", "application/x-www-form-urlencoded");
    //使用 OpenRead 方法获取指定网站的数据，并保存到 Stream 流中
    Stream stream = wclient.OpenRead(textBox1.Text);
    //使用流 Stream 声明一个流读取变量 sreader
    StreamReader sreader = new StreamReader(stream);
    string str = string.Empty;              //声明一个变量，用来保存一行从 WebClient 下载的数据
```

```
//循环读取从指定网站获得的数据
while ((str = sreader.ReadLine()) != null)
{
    richTextBox1.Text += str + "\n";
}
//调用WebClient对象的DownloadFile方法将指定网站的内容保存到文件中
wclient.DownloadFile(textBox1.Text, DateTime.Now.ToFileTime() + ".txt");
MessageBox.Show("保存到文件成功");
}
```

程序运行结果如图 10-8 所示。

5．WebRequest 类和 WebResponse 类

WebRequest 类是.NET Framework 的请求/响应模型的抽象基类，用于访问 Internet 数据。使用该请求/响应模型的应用程序可以协议不可知的方式从 Internet 请求数据，在这种方式下，应用程序处理 WebRequest 类的实例，而协议特定的子类则执行请求的具体细节。

图 10-8　WebClient 类的应用

WebResponse 类也是抽象基类，应用程序可以使用 WebResponse 类的实例以协议不可知的方式参与请求和响应事务，而在 WebResponse 类派生的协议类中携带请求的详细信息。另外，需要注意的是，客户端应用程序不直接创建 WebResponse 对象，而是通过调用 WebRequest 实例的 GetResponse 方法来进行创建。

WebRequest 类的常用属性、方法及相应说明如表 10-6 所示。

表 10-6　WebRequest 类的常用属性、方法及相应说明

属性及方法	说明
ConnectionGroupName 属性	当在子类中被重写时，获取或设置请求的连接组的名称
ContentLength 属性	当在子类中被重写时，获取或设置所发送的请求数据的内容长度
ContentType 属性	当在子类中被重写时，获取或设置所发送的请求数据的内容类型
Headers 属性	当在子类中被重写时，获取或设置与请求关联的标头名称/值对集合
Method 属性	当在子类中被重写时，获取或设置要在此请求中使用的协议方法
RequestUri 属性	当在子类中被重写时，获取与请求关联的 Internet 资源的 URI
Timeout 属性	获取或设置请求超时时间
Abort 方法	中止请求
BeginGetResponse 方法	当在子类中被重写时，开始对 Internet 资源进行异步请求
Create 方法	初始化新的 WebRequest
EndGetResponse 方法	当在子类中被重写时，返回 WebResponse
GetRequestStream 方法	当在子类中被重写时，返回用于将数据写入 Internet 资源的 Stream
GetResponse 方法	当在子类中被重写时，返回对 Internet 请求的响应
RegisterPrefix 方法	为指定的 URI 注册 WebRequest 子类

WebResponse 类的常用属性、方法及相应说明如表 10-7 所示。

表 10-7　WebResponse 类的常用属性、方法及相应说明

属性及方法	说明
ContentLength 属性	当在子类中被重写时，获取或设置接收的数据的内容长度
ContentType 属性	当在子类中被重写时，获取或设置接收的数据的内容类型
Headers 属性	当在子类中被重写时，获取与此响应关联的标头名称/值对集合

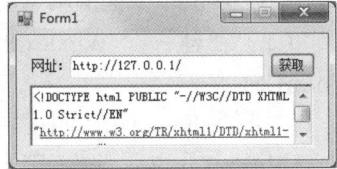

属性及方法	说明
ResponseUri 属性	当在子类中被重写时，获取实际响应此请求的 Internet 资源的 URI
Close 方法	当在子类中被重写时，将关闭响应流
GetResponseStream 方法	当在子类中被重写时，从 Internet 资源返回数据流

【例 10-5】 下面演示 WebRequest 类和 WebResponse 类的使用方法，程序开发步骤如下。

（1）新建一个 Windows 应用程序，命名为 UseWebResponseAndQuest，默认窗体为 Form1.cs。

（2）在 Form1 窗体中添加一个 TextBox 控件、一个 Button 控件和一个 RichTextBox 控件。其中 TextBox 控件用来输入标准网络地址，Button 控件用来调用 WebRequest 和 WebResponse 类中的属性、方法获取指定网站的网页请求信息和网页内容，RichTextBox 控件用来显示根据指定网址获取的网页请求信息及网页内容。

（3）主要代码如下：

```csharp
private void button1_Click(object sender, EventArgs e)
{
    richTextBox1.Text = string.Empty;
    //创建一个 WebRequest 对象
    WebRequest webrequest = WebRequest.Create(textBox1.Text);
    //设置用于对 Internet 资源请求进行身份验证的网络凭据
    webrequest.Credentials = CredentialCache.DefaultCredentials;
    //调用 WebRequest 对象的各种属性获取 WebRequest 请求的相关信息
    richTextBox1.Text = "请求数据的内容长度: " + webrequest.ContentLength;
    richTextBox1.Text += "\n 该请求的协议方法: " + webrequest.Method;
    richTextBox1.Text += "\n 访问 Internet 的网络代理: " + webrequest.Proxy;
    richTextBox1.Text += "\n 与该请求关联的 Internet URI: " + webrequest.RequestUri;
    richTextBox1.Text += "\n 超时时间: " + webrequest.Timeout;
    //调用 WebRequest 对象的 GetResponse 方法创建一个 WebResponse 对象
    WebResponse webresponse = webrequest.GetResponse();
    //获取 WebResponse 响应的 Internet 资源的 URI
    richTextBox1.Text += "\n 响应该请求的 Internet URI: " + webresponse.ResponseUri;
    //调用 WebResponse 对象的 GetResponseStream 方法返回数据流
    Stream stream = webresponse.GetResponseStream();
    //创建一个 StreamReader 流读取对象
    StreamReader sreader = new StreamReader(stream);
    //读取流中的内容，并显示在 RichTextBox 控件中
    richTextBox1.Text += "\n" + sreader.ReadToEnd();
    sreader.Close();
    stream.Close();
    webresponse.Close();
}
```

程序运行结果如图 10-9 所示。

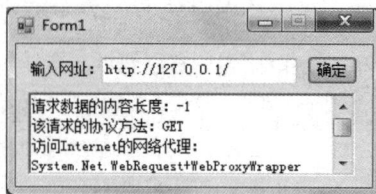

图 10-9　WebRequest 类和 WebResponse 类的应用

10.2.2　System.Net.Sockets 命名空间及相关类的使用

System.Net.Sockets 命名空间主要提供制作 Sockets 网络应用程序的
相关类，其中 Socket 类、TcpClient 类、TcpListener 类和 UdpClient 类较
为常用，下面对它们进行详细介绍。

System.Net.Sockets
命名空间及相关类
的使用

1．Socket 类

Socket 类为网络通信提供了一套丰富的方法和属性，主要用于管理连接，实现 Berkeley
通信端套接字接口。同时它还定义了绑定、连接网络端点及传输数据所需的各种方法，提
供了处理端点、连接传输等细节所需要的功能。WebRequest、TcpClient 和 UdpClient 等类
在内部使用该类。Socket 类的常用属性及其说明如表 10-8 所示。

表 10-8　Socket 类的常用属性及其说明

属性	说明
AddressFamily	获取 Socket 的地址族
Available	获取已经从网络接收且可供读取的数据量
Connected	获取一个值，该值指示 Socket 是在上次 Send 还是 Receive 操作时连接到远程主机
Handle	获取 Socket 的操作系统句柄
LocalEndPoint	获取本地终结点
ProtocolType	获取 Socket 的协议类型
RemoteEndPoint	获取远程终结点
SendTimeout	获取或设置发送操作的超时时间（以毫秒为单位）

Socket 类的常用方法及其说明如表 10-9 所示。

表 10-9　Socket 类的常用方法及其说明

方法	说明
Accept	为新建连接创建新的 Socket
BeginAccept	开始一个异步操作来接受一个传入的连接尝试
BeginConnect	开始一个对远程主机连接的异步请求
BeginDisconnect	开始一个从远程终结点断开连接的异步请求
BeginReceive	开始从连接的 Socket 中异步接收数据
BeginSend	将数据异步发送到连接的 Socket 中
BeginSendFile	将文件异步发送到连接的 Socket 中
BeginSendTo	向特定远程主机异步发送数据
Close	关闭 Socket 连接并释放所有关联的资源
Connect	建立与远程主机的连接
Disconnect	关闭套接字连接并允许重用套接字
EndAccept	异步接受传入的连接尝试
EndConnect	结束挂起的异步连接请求
EndDisconnect	结束挂起的异步断开连接请求
EndReceive	结束挂起的异步读取

方法	说明
EndSend	结束挂起的异步发送
EndSendFile	结束文件挂起的异步发送
EndSendTo	结束挂起的、向指定位置进行的异步发送
Listen	将 Socket 置于监听状态
Receive	接收来自与网络地址和端口绑定的 Socket 的数据
Send	将数据发送到连接的 Socket 中
SendFile	将文件和可选数据异步发送到连接的 Socket 中
SendTo	将数据发送到特定终结点
Shutdown	禁用某 Socket 上的发送和接收

【例 10-6】 下面演示 Socket 类的使用方法，程序开发步骤如下。

（1）新建一个 Windows 应用程序，命名为 UseSocket，默认窗体为 Form1.cs。

（2）在 Form1 窗体中添加两个 TextBox 控件和一个 Button 控件，其中 TextBox 控件分别用来输入要连接的主机名及端口号，Button 控件用来连接远程主机并获得其默认页面内容。

（3）主要代码如下：

```
private static Socket ConnectSocket(string server, int port)
{
    Socket socket = null;                            //创建 Socket 对象，并初始化为空
    IPHostEntry iphostentry = null;                  //创建 IPHostEntry 对象，并初始化为空
    iphostentry = Dns.GetHostEntry(server);          //获得主机信息
    //循环遍历得到的 IP 地址列表
    foreach(IPAddress address in iphostentry.AddressList)
    {
        //使用指定的 IP 地址和端口号创建 IPEndPoint 对象
        IPEndPoint IPEPoint = new IPEndPoint(address, port);
        //使用 Socket 的构造函数创建一个 Socket 对象，以便用来连接远程主机
        Socket newSocket=new Socket(IPEPoint.AddressFamily,SocketType.Stream,ProtocolType.Tcp);
        newSocket.Connect(IPEPoint);                 //调用 Connect 方法连接远程主机
        if (newSocket.Connected)                     //判断远程连接是否成功
        {
            socket = newSocket;
            break;
        }
        else
        {
            continue;
        }
    }
    return socket;
}
//获取指定服务器的默认页面内容
private static string SocketSendReceive(string server, int port)
{
    string request = "GET/HTTP/1.1\n 主机:" + server + "\n 连接:关闭\n";
    Byte[] btSend = Encoding.ASCII.GetBytes(request);
    Byte[] btReceived = new Byte[256];
    //调用自定义方法 ConnectSocket，使用指定的服务器名和端口号创建一个 Socket 对象
    Socket socket = ConnectSocket(server, port);
    if (socket == null)
        return ("连接失败! ");
    //将请求发送到连接的服务器
    socket.Send(btSend, btSend.Length, 0);
```

```
    int intContent = 0;
    string strContent = server + "上的默认页面内容:\n";
    do
    {
        //从 Socket 接收数据
        intContent = socket.Receive(btReceived, btReceived.Length, 0);
        //将接收到的数据转换为字符串类型
        strContent += Encoding.ASCII.GetString(btReceived, 0, intContent);
    }
    while (intContent > 0);
    return strContent;
}
private void button1_Click(object sender, EventArgs e)
{
    string server = textBox1.Text;                      //指定主机名
    int port = Convert.ToInt32(textBox2.Text);          //指定端口号
    //调用自定义方法 SocketSendReceive 获取指定主机的默认页面内容
    string strContent = SocketSendReceive(server, port);
    MessageBox.Show(strContent);
}
```

程序运行结果如图 10-10 和图 10-11 所示。

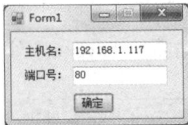

图 10-10　Socket 类的使用

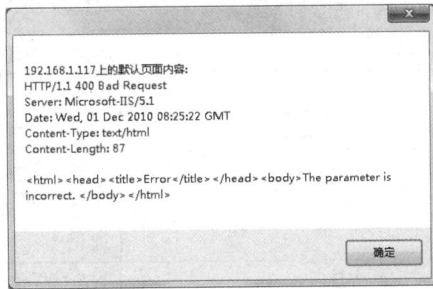

图 10-11　主机的默认页面内容

2．TcpClient 类和 TcpListener 类

TcpClient 类用于在阻止同步模式下通过网络建立连接，并发送和接收流数据。为了使 TcpClient 建立连接并交换数据，必须使用 TcpListener 实例或 Socket 实例监听是否有传入的连接请求。可以使用下面两种方法连接到该监听器。

□ 创建一个 TcpClient 实例，并调用 3 个可用的 Connect 方法之一。
□ 使用远程主机的主机名和端口号创建 TcpClient 实例，这种方式将自动尝试连接到监听器。

TcpListener 类用于在阻止同步模式下监听和接收传入的连接请求。可使用 TcpClient 类或 Socket 类来连接 TcpListener，并且可以使用 IPEndPoint、本地 IP 地址及端口号，或者仅使用端口号来创建 TcpListener 实例。

TcpClient 类的常用属性、方法及相应说明如表 10-10 所示。

表 10-10　TcpClient 类的常用属性、方法及相应说明

属性及方法	说明
Available 属性	获取已经从网络接收且可供读取的数据量
Client 属性	获取或设置基础 Socket
Connected 属性	获取一个值，该值指示 TcpClient 的基础 Socket 是否已连接到远程主机

属性及方法	说明
ReceiveBufferSize 属性	获取或设置接收缓冲区的大小
ReceiveTimeout 属性	获取或设置在初始化一个读取操作后，TcpClient 等待接收数据的时间
SendBufferSize 属性	获取或设置发送缓冲区的大小
SendTimeout 属性	获取或设置 TcpClient 等待发送操作成功完成的时间
BeginConnect 方法	开始一个对远程主机连接的异步请求
Close 方法	释放此 TcpClient 实例，而不关闭基础连接
Connect 方法	使用指定的主机名和端口号将客户端连接到 TCP 主机
EndConnect 方法	异步接受传入的连接尝试
GetStream 方法	返回用于发送和接收数据的 NetworkStream

TcpListener 类的常用属性、方法及相应说明如表 10-11 所示。

表 10-11　TcpListener 类的常用属性、方法及相应说明

属性及方法	说明
LocalEndPoint 属性	获取当前 TcpListener 的基础 Socket 的终结点
Server 属性	获取基础 Socket
AcceptSocket/AcceptTcpClient 方法	接受挂起的连接请求
BeginAcceptSocket/BeginAcceptTcpClient 方法	开始一个异步操作来接受一个传入的连接尝试
EndAcceptSocket 方法	异步接受传入的连接尝试，并创建新的 Socket 来处理远程主机通信
EndAcceptTcpClient 方法	异步接受传入的连接尝试，并创建新的 TcpClient 来处理远程主机通信
Start 方法	开始监听传入的连接请求
Stop 方法	关闭监听器

【例 10-7】　下面演示 TcpClient 类和 TcpListener 类的使用方法，程序开发步骤如下。

（1）新建一个 Windows 应用程序，命名为 UseTCP，默认窗体为 Form1.cs。

（2）在 Form1 窗体中添加两个 TextBox 控件、一个 Button 控件和一个 RichTextBox 控件。其中 TextBox 控件分别用来输入要连接的主机 IP 地址及端口号，Button 控件用来执行连接远程主机操作，RichTextBox 控件用来显示远程主机的连接状态。

（3）主要代码如下：

```
private void button1_Click(object sender, EventArgs e)
{
    //创建一个 TcpListener 对象，并初始化为空
    TcpListener tcplistener = null;
    //创建一个 IPAddress 对象，用来表示 IP 地址
    IPAddress ipaddress = IPAddress.Parse(textBox1.Text);
    //定义一个 int 类型变量，用来存储端口号
    int port = Convert.ToInt32(textBox2.Text);
    tcplistener = new TcpListener(ipaddress, port);          //初始化 TcpListener 对象
    tcplistener.Start();                                      //开始 TcpListener 监听
    richTextBox1.Text = "等待连接...\n";
    TcpClient tcpclient = null;                               //创建一个 TcpClient 对象
    if (tcplistener.Pending())                                //判断是否有挂起的连接请求
        tcpclient = tcplistener.AcceptTcpClient();           //初始化 TcpClient 对象
    else
        tcpclient = new TcpClient(textBox1.Text, port);      //初始化 TcpClient 对象
```

```
    richTextBox1.Text += "连接成功! \n";
    tcpclient.Close();                          //关闭 TcpClient 连接
    tcplistener.Stop();                         //停止 TcpListener 监听
}
```

程序运行结果如图 10-12 所示。

3．UdpClient 类

UdpClient 类用于在阻止同步模式下发
送和接收无连接 UDP 数据报。因为 UDP 是
无连接传输协议，所以不需要在发送和接收

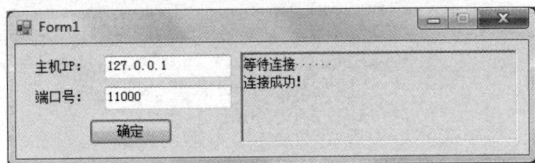

图 10-12　TcpClient 类和 TcpListener 类的使用

数据前建立远程主机连接，但可以选择下面两种方法之一来建立默认远程主机。

□ 使用远程主机名和端口号作为参数创建 UdpClient 类的实例。

□ 创建 UdpClient 类的实例，然后调用 Connect 方法。

UdpClient 类的常用属性、方法及相应说明如表 10-12 所示。

表 10-12　UdpClient 类的常用属性、方法及相应说明

属性及方法	说明
Available 属性	获取从网络接收的可读取的数据量
Client 属性	获取或设置基础 Socket
BeginReceive 方法	从远程主机异步接收数据报
BeginSend 方法	将数据报异步发送到远程主机
Close 方法	关闭 UDP 连接
Connect 方法	建立默认远程主机
EndReceive 方法	结束挂起的异步接收
EndSend 方法	结束挂起的异步发送
Receive 方法	返回已由远程主机发送的 UDP 数据报
Send 方法	将 UDP 数据报发送到远程主机

【例 10-8】　下面演示如何使用 UdpClient 类中的属性及方法，程序开发步骤如下。

（1）新建一个 Windows 应用程序，命名为 UseUDP，默认窗体为 Form1.cs。

（2）在 Form1 窗体中添加 3 个 TextBox 控件、一个 Button 控件和一个 RichTextBox 控
件。其中 TextBox 控件分别用来输入远程主机 IP 地址、端口号及要发送的信息，Button 控
件用来向指定的主机发送信息，RichTextBox 控件用来显示接收到的信息。

（3）主要代码如下：

```
private void button1_Click(object sender, EventArgs e)
{
    richTextBox1.Text = string.Empty;
    //创建 UdpClient 对象
    UdpClient udpclient = new UdpClient(Convert.ToInt32(textBox2.Text));
    //调用 UdpClient 对象的 Connect 方法建立默认远程主机
    udpclient.Connect(textBox1.Text, Convert.ToInt32(textBox2.Text));
    //定义一个字节数组，用来存放发送到远程主机的信息
    Byte[] sendBytes = Encoding.Default.GetBytes(textBox3.Text);
    //调用 UdpClient 对象的 Send 方法将 UDP 数据报发送到远程主机
    udpclient.Send(sendBytes, sendBytes.Length);
    //创建 IPEndPoint 对象，用来显示响应主机的标识
    IPEndPoint ipendpoint = new IPEndPoint(IPAddress.Any, 0);
```

```
//调用 UdpClient 对象的 Receive 方法获得从远程主机返回的 UDP 数据报
Byte[] receiveBytes = udpclient.Receive(ref ipendpoint);
//将获得的 UDP 数据报转换为字符串形式
string returnData = Encoding.Default.GetString(receiveBytes);
richTextBox1.Text = "接收到的信息: " + returnData.ToString();
//使用 IPEndPoint 对象的 Address 和 Port 属性获得响应主机的 IP 地址和端口号
richTextBox1.Text += "\n这条信息来自主机" + ipendpoint.Address.ToString()
    + "上的" + ipendpoint.Port.ToString() + "端口";
//关闭 UdpClient 连接
udpclient.Close();
}
```

程序运行结果如图 10-13 所示。

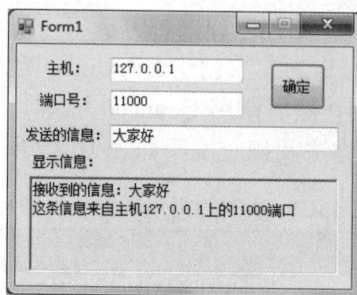

图 10-13 UdpClient 类的使用

10.3 AI 辅助编程——局域网文件传输

在学习 C#编程的过程中，可以利用 AI 来帮助我们巩固本章所学的知识，设计相应的实例。以下是在 AI 工具中的一个可能的对话示例。

【问题】

使用 C#编写一个实例，实现在局域网中传输文件的功能。

【AI 建议】

该实例可以使用 TCP/IP 进行通信，包括两个部分：发送文件的客户端和接收文件的服务器。
- 服务器端负责监听客户端的连接请求，并接收文件，代码如下：

```
using System;
using System.IO;
using System.Net;
using System.Net.Sockets;
using System.Text;
class FileServer
{
    static void Main(string[] args)
    {
        //设置监听的 IP 地址和端口号
        string ip = "127.0.0.1"; //本地回环地址，实际使用时应替换为局域网内的 IP 地址
        int port = 12345;
        //创建 TCP 监听器
        TcpListener listener = new TcpListener(IPAddress.Parse(ip), port);
        listener.Start();
        Console.WriteLine("服务器已启动，等待客户端连接...");
        //接受客户端连接
        TcpClient client = listener.AcceptTcpClient();
        Console.WriteLine("客户端已连接");
```

```
            //获取网络流
            NetworkStream stream = client.GetStream();
            //读取文件名
            byte[] fileNameBuffer = new byte[256];
            int bytesRead = stream.Read(fileNameBuffer, 0, fileNameBuffer.Length);
            string fileName = Encoding.UTF8.GetString(fileNameBuffer, 0, bytesRead).
Trim('\0');
            Console.WriteLine($"接收到文件名：{fileName}");
            //创建文件流
            using (FileStream fileStream = new FileStream(fileName, FileMode.Create))
            {
                //读取文件内容
                byte[] buffer = new byte[4096];
                while (true)
                {
                    bytesRead = stream.Read(buffer, 0, buffer.Length);
                    if (bytesRead == 0)
                        break;
                    fileStream.Write(buffer, 0, bytesRead);
                }
            }
            //关闭连接
            stream.Close();
            client.Close();
            listener.Stop();
            Console.WriteLine("文件接收完成");
        }
    }
```

- 客户端负责发送文件到服务器，代码如下：

```
using System;
using System.IO;
using System.Net.Sockets;
using System.Text;
class FileClient
{
    static void Main(string[] args)
    {
        //设置服务器的 IP 地址和端口号
        string serverIp = "127.0.0.1"; //本地回环地址，实际使用时应替换为服务器 IP 地址
        int serverPort = 12345;
        //创建 TCP 客户端
        TcpClient client = new TcpClient();
        client.Connect(serverIp, serverPort);
        Console.WriteLine("已连接到服务器");
        //获取网络流
        NetworkStream stream = client.GetStream();
        //获取要发送的文件路径
        string filePath = @"C:\path\to\your\file.txt";
        string fileName = Path.GetFileName(filePath);
        //发送文件名
        byte[] fileNameBuffer = Encoding.UTF8.GetBytes(fileName);
        stream.Write(fileNameBuffer, 0, fileNameBuffer.Length);
        //发送文件内容
        using (FileStream fileStream = new FileStream(filePath, FileMode.Open))
        {
            byte[] buffer = new byte[4096];
            int bytesRead;
            while ((bytesRead = fileStream.Read(buffer, 0, buffer.Length)) > 0)
            {
                stream.Write(buffer, 0, bytesRead);
```

```
            }
        }
        //关闭连接
        stream.Close();
        client.Close();
        Console.WriteLine("文件发送完成");
    }
}
```

【测试结果】

- 启动服务器: 先运行服务器端代码, 确保服务器已经开始监听。
- 启动客户端: 运行客户端代码, 选择要发送的文件。
- 观察结果: 服务器端会接收文件并保存到指定路径, 客户端会显示文件发送完成的消息。

【追加问题】

如果出现无法连接服务器的情况, 该如何解决?

【AI 建议】

如果在尝试连接服务器时遇到问题, 可以按照以下步骤进行排查和解决。

1. 检查网络配置

- IP 地址: 确保客户端使用的服务器 IP 地址是正确的。如果是本地测试, 使用 127.0.0.1 (回环地址) 是可以的; 但如果是在不同的机器上运行, 则需要使用服务器的实际 IP 地址。
- 端口: 确认服务器和客户端使用的是同一个端口号, 并且该端口没有被其他服务占用。

2. 防火墙设置

- 确保服务器上的防火墙允许 TCP 流量通过指定的端口。你可能需要添加一条规则来开放相应的端口。
- 如果是在云环境中部署, 还需要检查安全组或网络 ACL 设置, 确保它们允许入站 TCP 连接到你的服务器端口。

3. 检查服务器是否已启动

在客户端尝试连接之前, 确保服务器程序已经启动并且正在监听指定的端口。可以通过命令行工具, 如输入 "netstat -an | find "12345"" (Windows) 或 "netstat -tuln | grep 12345" (Linux/MacOS) 来检查端口是否处于监听状态。

4. 错误处理与日志记录

在客户端代码中增加错误处理逻辑, 捕获并输出所有异常信息。这可以帮助你确定问题所在。

```
try
{
    client.Connect(serverIp, serverPort);
    Console.WriteLine("已连接到服务器");
}
catch (SocketException ex)
{
    Console.WriteLine($"连接失败: {ex.Message}");
```

```
    return;
}
```

同样，在服务器端也可以增加类似的错误处理机制，以便更好地理解问题发生的原因。

5．测试连通性

使用简单的工具如 telnet 或者 nc（Netcat）从客户端机器测试能否到达服务器的监听端口。例如，在命令行输入"telnet 127.0.0.1 12345"（Windows）或"nc -zv 127.0.0.1 12345"（Linux/MacOS），查看是否有响应。

6．调整代码中的硬编码值

确保路径和文件名等硬编码值适合你的环境。比如，如果你在非 Windows 系统上运行，注意路径分隔符的不同。

通过以上步骤，你应该能够诊断并解决大部分无法连接的问题。如果仍然存在问题，请提供具体的错误消息或描述，以便进一步分析。

10.4 小结

本章主要讲解了使用 C#进行网络编程的知识。首先对计算机网络基础进行了简单介绍；然后重点讲解了使用 C#进行网络编程时用到的 System.Net 和 System.Net.Sockets 命名空间下的类，并通过实例演示了各个类的使用方法。通过本章的学习，读者应对计算机网络基础有所了解，并能熟练掌握 C#网络编程理论知识及开发 C#网络应用程序的方法。

10.5 上机指导

网络的快速发展使得信息交流的速度和方式发生了巨大的变化，网上聊天则是其中最常见的信息交换方式。常见的聊天程序一般都需要先将信息发送至服务器，然后发送给对方。这里使用 C#制作一个点对点聊天程序，该程序把本机作为服务器，可以直接将信息发送给本机。程序运行结果如图 10-14 所示。

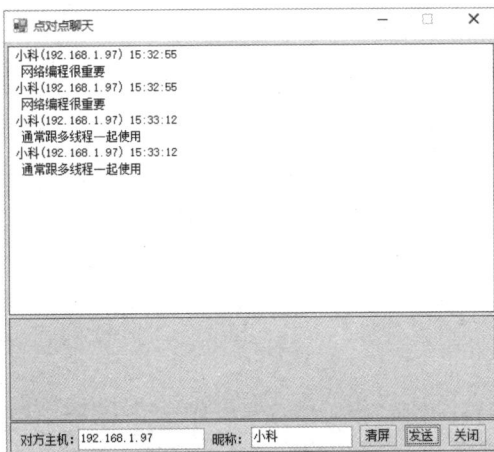

图 10-14　点对点聊天程序

程序开发步骤如下。

（1）新建一个 Windows 窗体应用程序，命名为 P2PChat，将窗体重命名为 frmMain。

（2）frmMain 窗体用到的主要控件及其设置和用途如表 10-13 所示。

表 10-13　frmMain 窗体用到的主要控件及其设置和用途

控件类型	控件 ID	主要属性设置	用途
RichTextBox	rtbContent	BorderStyle 属性设置为 None	显示聊天信息
	rtbSend	BorderStyle 属性设置为 None	输入信息
TextBox	txtIP	无	输入对方主机
	txtName	无	输入昵称
Button	button1	Text 属性设置为 "清屏"	清空聊天记录
	button2	Text 属性设置为 "发送"	发送信息
	button3	Text 属性设置为 "关闭"	退出当前应用程序
Timer	timer1	Interval 属性设置为 1000	时刻更新接收到的信息

（3）主要代码如下。

在 frmMain 窗体的后台代码中，首先创建程序所需要的.NET 类的对象及公共变量。代码如下：

```
private Thread td;                          //声明线程对象
private TcpListener tcpListener;            //声明监听对象
private static string message = "";         //记录发送的消息
```

在 frmMain 窗体加载时，启动消息监听线程。代码如下：

```
private void frmMain_Load(object sender, EventArgs e)
{
    td = new Thread(new ThreadStart(this.StartListen));  //创建线程类的对象
    td.Start();                                          //启动线程
    timer1.Start();                                      //启动计时器
}
```

消息监听线程调用 StartListen 方法，用来监听端口号是否有消息传输，如果有，则将消息记录下来。StartListen 方法的代码如下：

```
private void StartListen()
{
    message = "";                                        //清空消息
    tcpListener = new TcpListener(888);                  //创建监听对象
    tcpListener.Start();                                 //开始监听
    while (true)
    {
        TcpClient tclient = tcpListener.AcceptTcpClient();    //接受连接请求
        NetworkStream nstream = tclient.GetStream();          //获取数据流
        byte[] mbyte = new byte[1024];                        //建立缓存
        int i = nstream.Read(mbyte, 0, mbyte.Length);         //将数据流写入缓存
        message = Encoding.Default.GetString(mbyte, 0, i);    //记录发送的消息
    }
}
```

单击 "发送" 按钮，向指定主机发送聊天信息。代码如下：

```
private void button2_Click(object sender, EventArgs e)
{
    try
    {
        IPAddress[] ip = Dns.GetHostAddresses(Dns.GetHostName()); //获取主机名
        string strmsg = " "+txtName.Text + "("+ip[1].ToString()+") "+DateTime.Now. ToLongTime-
String()+"\n" +" "+ this.rtbSend.Text + "\n";//定义消息格式
        TcpClient client = new TcpClient(txtIP.Text, 888);   //创建 TcpClient 对象
```

```
        NetworkStream netstream = client.GetStream();              //创建NetworkStream网络流对象
        StreamWriter wstream = new StreamWriter(netstream, Encoding.Default);
        wstream.Write(strmsg);                                     //将消息写入网络流
        wstream.Flush();                                           //释放网络流对象
        wstream.Close();                                           //关闭网络流对象
        client.Close();                                            //关闭TcpClient
        rtbContent.AppendText(strmsg);                             //将发送的消息添加到文本框
        rtbContent.ScrollToCaret();                                //自动滚动文本框的滚动条
        rtbSend.Clear();                                           //清空发送消息文本框
    catch (Exception ex)
    {
        MessageBox.Show(ex.Message);
    }
}
```

启动计时器，在计时器的 Tick 事件中判断是否有消息传输。如果有，则将其显示在
RichTextBox 控件中，同时清空消息变量，以便重新记录。计时器的 Tick 事件代码如下：

```
private void timer1_Tick(object sender, EventArgs e)
{
    if (message != "")
    {
        rtbContent.AppendText(message);                           //将接收到的消息添加到文本框中
        rtbContent.ScrollToCaret();                               //自动滚动文本框的滚动条
        message = "";                                             //清空消息
    }
}
```

关闭 frmMain 窗体，停止网络监听，同时终止消息监听线程。代码如下：

```
private void frmMain_FormClosed(object sender, FormClosedEventArgs e)
{
    if (this.tcpListener != null)                                 //判断监听对象是否关闭
    {
        tcpListener.Stop();                                       //停止监听
    }
    if (td != null)                                               //判断线程是否为空
    {
        if (td.ThreadState == ThreadState.Running)                //判断线程是否正在运行
        {
            td.Abort();                                           //终止线程
        }
    }
}
```

10.6 习题

10-1 简述 TCP/IP 与 UDP 的区别。

10-2 通常使用哪两种方法来监听是否有传入的连接请求？

10-3 可以使用哪两种方法来实现建立默认的远程主机？

10-4 如何实现邮件的发送？

10-5 通过什么类可以向邮件中添加附件？

第 **11** 章 多线程编程

本章要点

- 线程概述
- 线程的创建与启动
- 线程的挂起与恢复
- 线程的休眠和终止
- 线程的优先级
- 线程的同步
- 线程池和计时器的使用方法
- 互斥对象

如果一次只完成一件事情，那是一个不错的想法，但事实上很多事情都是同时进行的。因此 C#为了模拟这种状态，引入了线程机制。简单地说，当程序能同时完成多件事情时，就是所谓的多线程程序。多线程运用广泛，开发人员可以使用多线程对要执行的操作进行分段，这样可以大大提高程序的运行速度和性能。本章将对 C#中的多线程编程进行详细讲解。

11.1 线程概述

线程概述

每个正在运行的应用程序都是一个进程，一个进程可以包括一个或多个线程。本节将对线程进行介绍。

11.1.1 多线程工作方式

线程是进程中可以并行执行的程序段，它可以独立占用处理器时间片，同一个进程中的线程可以共用进程的资源和空间。多线程的应用程序可以在"同一时刻"处理多项任务。

进程就像是一家公司，公司中的每个员工就相当于线程，公司想要运转就必须有负责人，负责人相当于主线程。

默认情况下，系统为应用程序分配一个主线程，该线程从 Main 方法开始执行程序中的代码，直至程序结束。

例如，新建一个 Windows 应用程序，程序会在 Program.cs 文件中自动生成一个 Main 方法，该方法就是主线程的启动入口点。Main 方法的代码如下：

```
[STAThread]
static void Main()
{
    Application.EnableVisualStyles();
    Application.SetCompatibleTextRenderingDefault(false);
    Application.Run(new Form1());
}
```

说明：在以上代码中，Application 类的 Run 方法用于在当前线程上运行标准应用程序，并使指定窗体可见。

11.1.2 何时使用多线程

多线程就是同时执行多个线程。但实际上，处理器每次都只会执行一个线程，只不过这个时间非常短，不会超过几毫秒。因此，在执行完一个线程之后，再执行下一个线程的过程几乎不会被人发觉。这种几乎不会被发觉的同时执行多个线程的过程就是多线程处理。

一般情况下，需要用户交互的软件都必须尽可能快地对用户的活动做出反应，以便提供良好的用户体验；但同时它又必须执行必要的计算，以便尽可能快地将数据呈现给用户。这时可以使用多线程来实现。

1．多线程的优点

为了提高对用户操作的响应速度，同时使程序能够实时地完成相应的数据处理任务，使用多线程技术可以很好地满足这些需求。在具有一个处理器的计算机上，多线程可以通过利用用户事件之间很短的时间在后台处理数据来实现这种效果。例如，通过使用多线程，在另一个线程正重新计算同一应用程序中的电子表格的其他部分时，用户可以编辑该电子表格。

单个应用程序可以使用多线程来完成以下任务。

❑ 通过网络与 Web 服务器和数据库进行通信。
❑ 执行占用大量时间的操作。
❑ 区分具有不同优先级的任务。
❑ 使用户界面在将时间分配给后台任务时仍能快速做出响应。

2．多线程的缺点

使用多线程也有缺点，一般建议不要在程序中使用太多的线程，以最大限度地减少对操作系统资源的占用，并提高性能。

如果在程序中使用了多线程，可能会产生如下问题。

❑ 系统将为进程、AppDomain 对象和线程所需的上下文信息分配内存。因此，可以创建的进程、AppDomain 对象和线程的数目会受到可用内存的限制。
❑ 跟踪大量的线程将占用大量的处理器时间。如果线程过多，则其中大多数线程的进度都会很慢。如果大多数当前线程处于一个进程中，则其他进程中的线程的调度频率就会很低。

□ 使用大量线程来控制代码执行是非常复杂的，并可能产生许多 bug。

□ 销毁线程需要了解可能发生的问题，并对这些问题进行处理。

11.2 线程的基本操作

C#中对线程进行操作时，主要用到了 Thread 类，该类位于 System.Threading 命名空间下。使用 Thread 类，可以对线程进行创建、启动、挂起、恢复、休眠、终止和设置优先级等操作。本节将对 Thread 类及线程的基本操作进行详细讲解。

11.2.1 线程的创建与启动

Thread 类位于 System.Threading 命名空间下，System.Threading 命名空间提供了一些可以进行多线程编程的类和接口。

线程的创建与启动

Thread 类主要用于创建并控制线程、设置线程优先级并获取其状态。一个进程可以创建一个或多个线程以执行与该进程关联的程序，线程执行的程序由 ThreadStart 委托或 ParameterizedThreadStart 委托指定。

线程运行期间，不同的时刻会表现为不同的状态，但它总是处于由 ThreadState 定义的一个或多个状态中。用户可以通过使用 ThreadPriority 枚举为线程定义优先级，但不能保证操作系统会接受该优先级。

Thread 类的常用属性及其说明如表 11-1 所示。

表 11-1　Thread 类的常用属性及其说明

属性	说明
CurrentThread	获取当前正在运行的线程
IsAlive	获取一个值，该值指示当前线程的执行状态
Name	获取或设置线程的名称
Priority	获取或设置一个值，该值指示线程的调度优先级
ThreadState	获取一个值，该值包含当前线程的状态

Thread 类的常用方法及其说明如表 11-2 所示。

表 11-2　Thread 类的常用方法及其说明

方法	说明
Abort	在调用此方法的线程上引发 ThreadAbortException，以终止此线程
Join	阻止调用线程，直到某个线程终止
ResetAbort	取消为当前线程请求的 Abort
Resume	继续已挂起的线程
Sleep	将当前线程阻止指定的毫秒数
Start	启动线程
Suspend	挂起线程，如果线程已挂起，则不起作用

创建一个线程非常简单，只需将其声明，并为其提供线程起始点处的方法委托。创建新的线程时，需要使用 Thread 类，Thread 类具有一个接受 ThreadStart 委托或 Parameterized ThreadStart 委托的构造函数，这些委托包装了调用 Start 方法时由新线程执行的方法。创建

了 Thread 类的对象之后，线程对象已存在并已配置，但并未创建实际的线程，只有在调用 Start 方法后，才会创建实际的线程。

Start 方法用来启动线程，它有两种重载形式，下面分别介绍。

（1）使操作系统将当前实例的状态更改为 ThreadState.Running。语法格式如下：

```
public void Start()
```

（2）使操作系统将当前实例的状态更改为 ThreadState.Running，并提供包含线程执行的方法要使用的数据的对象。语法格式如下：

```
public void Start(Object parameter)
```

❑ parameter 表示一个对象，包含线程执行的方法要使用的数据。

⚠️**注意**：如果线程已经终止，就无法通过再次调用 Start 方法来重新启动。

【**例 11-1**】创建一个控制台应用程序。其中自定义一个静态的 void 类型方法 ThreadFunction，然后在 Main 方法中通过创建 Thread 类的对象来创建一个新线程，最后调用 Start 方法启动该线程，代码如下：

```
static void Main(string[] args)
{
    Thread t;                                           //声明线程
    //用线程起点的 ThreadStart 委托创建该线程的实例
    t = new Thread(new ThreadStart(ThreadFunction));
    t.Start();                                          //启动线程
}
public static void ThreadFunction()                     //线程的执行方法
{
    Console.Write("创建一个新的线程，并且该线程已启动！");    //向控制台输出信息
```

程序运行结果如图 11-1 所示。

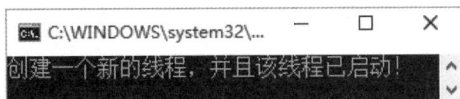

图 11-1　创建并启动线程

⚠️**注意**：线程的入口（本例中为 ThreadFunction）不带任何参数。

11.2.2　线程的挂起与恢复

创建完一个线程并启动之后，还可以挂起、恢复、休眠或终止它，本小节主要对线程的挂起与恢复进行讲解。

线程的挂起与恢复分别通过调用 Thread 类中的 Suspend 方法和 Resume 方法来实现，下面对这两个方法进行详细介绍。

（二维码）线程的挂起与恢复

1．Suspend 方法

该方法用来挂起线程，如果线程已挂起，则不起作用。语法格式如下：

```
public void Suspend()
```

📖 **说明**：调用 Suspend 方法挂起线程时，.NET 允许要挂起的线程再执行几个指令，目的是让 .NET 认为线程处于可以安全挂起的状态。

2．Resume 方法

该方法用来恢复已挂起的线程。语法格式如下：

```
public void Resume()
```

📓 **说明**：通过 Resume 方法来恢复挂起的线程时，无论调用了多少次 Suspend 方法，调用 Resume 方法仅会使一个线程脱离挂起状态，该线程会继续执行。

【例 11-2】 创建一个控制台应用程序。通过创建 Thread 类的对象创建一个新的线程，然后调用 Start 方法启动该线程，最后先后调用 Suspend 方法和 Resume 方法挂起和恢复线程，代码如下：

```
static void Main(string[] args)
{
    Thread t;                                       //声明线程
    //用线程起始点的 ThreadStart 委托创建该线程的实例
    t = new Thread(new ThreadStart(ThreadFucntion));
    t.Start();                                      //启动线程
    if (t.ThreadState == ThreadState.Running)       //若线程已经启动
    {
        t.Suspend();                                //挂起线程
        t.Resume();                                 //恢复挂起的线程
    }
    else                                            //若线程还未启动
    {
        Console.WriteLine(t.ThreadState.ToString()); //输出线程状态信息
    }
}
public static void ThreadFucntion()                 //线程执行方法
{
    Console.Write("创建一个新的线程，然后会被挂起");
}
```

11.2.3 线程休眠

线程休眠主要通过 Thread 类的 Sleep 方法实现，该方法用来将当前线程阻止指定的时间，它有两种重载形式，下面分别进行介绍。

线程休眠

（1）将当前线程阻止指定的毫秒数，语法格式如下：

```
public static void Sleep(int millisecondsTimeout)
```

❑ millisecondsTimeout 表示线程被阻止的毫秒数，指定为 0 则表示挂起此线程以使其他等待线程能够执行，指定为 Infinite 表示无限期阻止线程。

（2）将当前线程阻止指定的时间，语法格式如下：

```
public static void Sleep(TimeSpan timeout)
```

❑ timeout：线程被阻止的时间。指定为 Zero 则表示挂起此线程以使其他等待线程能够执行，指定为 Infinite TimeSpan 表示无限期阻止线程。

例如，使用 Thread 类的 Sleep 方法使当前线程休眠两秒，代码如下：

```
Thread.Sleep(2000);                                 //使线程休眠两秒
```

11.2.4 终止线程

终止线程可以分别使用 Thread 类的 Abort 方法和 Join 方法实现，下面对这两个方法进行详细介绍。

终止线程

1．Abort 方法

Abort 方法用来终止线程，它有两种重载形式，下面分别介绍。

（1）终止线程，在调用此方法的线程上引发 ThreadAbortException 异常。语法格式如下：

```
public void Abort()
```

（2）终止线程，在调用此方法的线程上引发 ThreadAbortException 异常，并提供有关线程终止的异常信息。语法格式如下：

```
public void Abort(Object stateInfo)
```

❑ stateInfo 表示一个对象，它包含应用程序特定的信息（如状态），该信息可供正被终止的线程使用。

【例 11-3】 创建一个控制台应用程序，在其中开始一个线程，然后调用 Thread 类的 Abort 方法终止已启动的线程，代码如下：

```
static void Main(string[] args)
{
    Thread t;                                          //声明线程
    //用线程起始点的 ThreadStart 委托创建该线程的实例
    t = new Thread(new ThreadStart(ThreadFunction));
    t.Start();                                         //启动线程
    t.Abort();                                         //终止线程
}
public static void ThreadFunction()                    //线程的执行方法
{
    Console.Write("创建线程，然后将被终止");             //输出信息
}
```

说明：由于使用 Abort 方法永久地终止了新创建的线程，所以编译并运行程序后，在控制台中看不到任何输出信息。

2．Join 方法

Join 方法用来阻止调用线程，直到某个线程终止为止，它有 3 种重载形式，下面分别介绍。

（1）阻塞当前线程，直到目标线程完全终止后才会继续执行，语法格式如下：

```
public void Join()
```

（2）阻塞当前线程，但最多等待指定的毫秒数，语法格式如下：

```
public bool Join(int millisecondsTimeout)
```

❑ millisecondsTimeout 表示等待线程终止的毫秒数。如果线程已终止，则该方法返回值为 true；如果线程在经过了 millisecondsTimeout 参数指定的时间后未终止，则该方法返回值为 false。

（3）阻塞当前线程，但最多等待指定的毫秒数（使用 TimeSpan 结构指定等待时间），语法格式如下：

```
public bool Join(TimeSpan timeout)
```

❑ timeout 表示等待线程终止的时间。如果线程已终止，则该方法返回值为 true；如果线程在超过 timeout 参数指定的时间后未终止，则该方法返回值为 false。

【例 11-4】 创建一个控制台应用程序，调用 Thread 类的 Join 方法阻止调用线程，代码如下：

```
static void Main(string[] args)
{
    Thread t;                                           //声明线程
    //用线程起始点的 ThreadStart 委托创建该线程的实例
    t = new Thread(new ThreadStart(ThreadFunction));
    t.Start();                                          //启动线程
    t.Join();                                           //阻止调用该线程,直到该线程终止
}
public static void ThreadFunction()
{
    Console.Write("创建线程,阻止调用该线程");
}
```

⚠️**注意**：如果在应用程序中使用了多线程，辅助线程还没有执行完毕，则在关闭窗体时必须要关闭辅助线程，否则会引发异常。

11.2.5　线程的优先级

线程优先级指定一个线程相对于另一个线程的相对优先级。每个线程都有一个分配的优先级，在公共语言运行库内创建的线程最初被分配为 Normal 优先级，而在公共语言运行库外创建的线程，在进入公共语言运行库时将保留其先前的优先级。

线程的优先级

线程是根据其优先级而调度执行的，用于确定线程执行顺序的调度算法随操作系统的不同而不同。在某些操作系统下，具有最高优先级（相对于可执行线程而言）的线程经过调度后总是首先运行。如果具有相同优先级的多个线程都可用，则程序将遍历处于该优先级的线程，并为每个线程提供一个固定的时间片来执行。只要具有较高优先级的线程可以执行，具有较低优先级的线程就不会执行。如果在当前的优先级上不再有可执行的线程，则程序将移到下一个较低的优先级并在该优先级上调度线程以执行。除此之外，当应用程序的用户界面在前台和后台之间移动时，操作系统还可以动态调整线程优先级。

⚠️**注意**：一个线程的优先级不影响该线程的状态，线程的状态在操作系统可以调度该线程之前必须为 Running。

线程的优先级值及其说明如表 11-3 所示。

表 11-3　线程的优先级值及其说明

优先级值	说明
AboveNormal	可以将 Thread 安排在具有 Highest 优先级的线程之后、具有 Normal 优先级的线程之前
BelowNormal	可以将 Thread 安排在具有 Normal 优先级的线程之后、具有 Lowest 优先级的线程之前
Highest	可以将 Thread 安排在具有任何其他优先级的线程之前
Lowest	可以将 Thread 安排在具有任何其他优先级的线程之后
Normal	可以将 Thread 安排在具有 AboveNormal 优先级的线程之后、具有 BelowNormal 优先级的线程之前。默认情况下，线程具有 Normal 优先级

开发人员可以通过访问线程的 Priority 属性来获取和设置其优先级。Priority 属性用来获取或设置一个值，该值指示线程的调度优先级。语法格式如下：

```
public ThreadPriority Priority { get; set; }
```

❑ 属性值：ThreadPriority 类型的枚举值之一，默认值为 Normal。

【例11-5】 使用线程实现大容量数据的计算，这里要求在新建的线程中计算"7 的 50 次幂"，而在主线程中计算"2 的 4 次幂"和"2 的 2 次幂"。程序运行结果如图 11-2 所示。

程序开发步骤如下。

（1）新建一个 Windows 窗体应用程序。在默认的 Form1 窗体中添加 3 个 TextBox 控件，分别用来显示"2 的 4 次幂""7 的 50 次幂""2 的 2 次幂"的运算结果；添加一个 Button 控件，用来执行计算操作。

图 11-2　设置线程的优先级

（2）在 Form1.cs 代码文件中创建一个 Thread 对象，代码如下：

```
Thread myThread=null;//声明线程引用
```

（3）创建一个 RunAddFile 方法，用来执行计算"7 的 50 次幂"的操作，执行完成后终止线程，代码如下：

```
public void RunAddFile()
{
    textBox2.Text = Math.Pow(7, 50).ToString();
    Thread.Sleep(0);                              //挂起主线程
    myThread.Abort();                             //终止线程
}
```

（4）定义一个委托，通过该委托对执行"7 的 50 次幂"的线程进行托管，代码如下：

```
public delegate void AddFile();                   //定义托管线程
public void SetAddFile()
{
    this.Invoke(new AddFile(RunAddFile));         //对指定的线程进行托管
}
```

（5）触发 Button 控件的 Click 事件，该事件分别计算"2 的 4 次幂"和"2 的 2 次幂"的结果，并通过线程计算"7 的 50 次幂"，代码如下：

```
private void button1_Click(object sender, EventArgs e)
{
    textBox1.Text = Math.Pow(2, 4).ToString();         //计算 2 的 4 次幂
    myThread = new Thread(new ThreadStart(SetAddFile)); //创建线程对象，绑定线程方法 SetAddFile
    myThread.Start();                                   //开始执行线程
    textBox3.Text = Math.Pow(2, 2).ToString();         //计算 2 的 2 次幂
}
```

（6）触发 Form1 窗体的 FormClosing 事件，该事件终止开启的线程，代码如下：

```
private void Form1_FormClosing(object sender, FormClosingEventArgs e)
{
    if (myThread != null)
        if (myThread.ThreadState == ThreadState.Running)
            myThread.Abort();
}
```

11.3　线程同步

在单线程程序中，每次只能做一件事情，后面的事情需要等待前面的事情完成后才可以进行。但是如果使用多线程程序，就会发生两个线程抢占资源的问题，例如两个人同时说话，两个人同时过同一座独木桥等。所以在多线程编程中，需要防止这种资源访问冲突的情况。为此，C#提供了线程同步机制。

线程同步机制是指并发线程高效、有序地访问共享资源所采用的技术。所谓同步，是指某一时刻只有一个线程可以访问资源，只有当资源所有者主动放弃了资源的所有权时，其他线程才

可以使用这些资源。线程同步技术主要会用到 lock 关键字、Monitor 类，下面分别进行讲解。

11.3.1　lock 关键字

lock 关键字可以用来确保代码块能够顺利运行完成而不会被其他线程中断，它是通过在代码块运行期间为指定对象获取互斥锁来实现的。

lock 语句以关键字 lock 开头，它有一个作为参数的对象，在该参数的后面还有一个一次只能执行一个线程的代码块。lock 语句的语法格式如下：

```
Object thisLock = new Object();
lock(thisLock)
{
    //要运行的代码块
}
```

📖 **说明**：提供给 lock 语句的参数必须为基于引用类型的对象，该对象用来定义锁的范围。严格来说，提供给 lock 语句的参数只是用来唯一标识由多个线程共享的资源，所以它可以是任意类的实例。然而，实际上，此参数通常表示需要进行线程同步的资源。

【例 11-6】 创建一个控制台应用程序，在其中定义一个公共资源类 Account，该类主要用来对一个账户进行转账操作，每次转入 1000 元，在 Main 方法中创建 Account 对象，并同时启动 3 个线程来访问 Account 类的转账方法，以便同时向同一账户进行转账操作。代码如下：

```
class Program
{
    static void Main(string[] args)
    {
        Account account = new Account();           //创建 Account 对象
        for (int i = 0; i < 3; i++)                //创建 3 个线程，模拟多线程运行
        {
            Thread th = new Thread(account.TofA);  //创建线程并绑定 TofA 方法
            th.Start();                            //启动线程
        }
        Console.Read();
    }
}
class Account
{
    private int i = 0;                             //定义整型变量 i
    public void TofA()                             //定义线程的绑定方法
    {
        lock (this)                                //锁定当前的线程，阻止其他线程的进入
        {
            Console.WriteLine("账户余额: " + i.ToString());
            Thread.Sleep(1000);                    //模拟做一些耗时的工作
            i+=1000;                               //变量 i 自增
            Console.WriteLine("转账后的账户余额: " + i.ToString());
        }
    }
}
```

程序运行结果如图 11-3 所示。

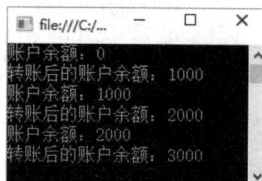

图 11-3　同时向同一账户转账

11.3.2 线程监视器——Monitor

Monitor 类提供了同步对对象的访问机制，它通过向单个线程授予对象锁来控制对对象的访问。对象锁提供限制访问代码块（通常称为临界区）的能力，当一个线程拥有对象锁时，其他任何线程都不能获取该锁。

Monitor 类的常用方法及其说明如表 11-4 所示。

表 11-4 Monitor 类的常用方法及其说明

方法	说明
Enter	在指定对象上获取对象锁
Exit	释放指定对象上的对象锁
Wait	释放对象上的锁并阻止当前线程，直到它重新获取该锁

【例 11-7】 创建一个控制台应用程序，在其中定义一个公共资源类 TestMonitor，在该类中定义一个线程的绑定方法 TestRun，在该方法中使用 Monitor.Enter 方法同步访问对象，再使用 Monitor.Exit 方法退出该同步，在 Main 方法中创建 TestMonitor 对象，并同时启动 3 个线程来访问 TestRun 方法。代码如下：

```
class Program
{
    static void Main(string[] args)
    {
        TestMonitor tm = new TestMonitor();          //创建 TestMonitor 对象
        for (int i = 0; i < 3; i++)                   //创建 3 个线程，模拟多线程运行
        {
            Thread th = new Thread(tm.TestRun);       //创建线程并绑定 TestRun 方法
            th.Start();                               //启动线程
        }
        Console.Read();
    }
}
class TestMonitor                                     //线程要访问的公共资源类
{
    private Object obj = new object();                //定义同步对象
    private int i = 0;                                //定义整型变量 i
    public void TestRun()                             //定义线程的绑定方法
    {
        Monitor.Enter(obj);                           //在同步对象上获取排他锁
        Console.WriteLine("i 的初始值为: " + i.ToString());
        Thread.Sleep(1000);                           //模拟做一些耗时的工作
        i++;                                          //变量 i 自增
        Console.WriteLine("i 在自增之后的值为: " + i.ToString());
        Monitor.Exit(obj);                            //释放同步对象上的排他锁
    }
}
```

程序运行结果如图 11-4 所示。

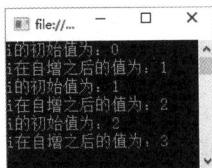

图 11-4 使用 Monitor 类

说明：Monitor 类有很好的控制能力。例如，它可以使用 Wait 方法指示活动的线程等待一段时间；当线程完成操作时，还可以使用 Pulse 方法或 PulseAll 方法通知等待中的线程。

11.4 线程池和计时器

System.Threading 命名空间中除了提供同步线程活动和访问数据的类（Thread 类、Mutex 类、Monitor 类等）外，还包含一个 ThreadPool 类（它允许用户使用系统提供的线程池）和一个 Timer 类（它在线程池线程上执行回调方法），本节将分别对它们进行介绍。

11.4.1 线程池

许多应用程序创建的线程都要在休眠状态中消耗大量时间，以等待事件发生，这些线程进入休眠状态时会被定期唤醒以轮询更改或更新状态信息。线程池通过为应用程序提供一个由系统管理的辅助线程池，使使用者可以更有效地使用线程。

.NET 中的 ThreadPool 类用来提供一个线程池，该线程池可用于执行任务、发送工作项、处理异步 I/O、代表其他线程等待，以及处理计时器。

如果要请求由线程池中的一个线程来处理工作项，需要使用 QueueUserWorkItem 方法，该方法将一个方法或委托的引用作为参数。它有两种重载形式，下面分别介绍。

（1）将方法排入队列以便执行，该方法在线程池的线程变得可用时执行。语法格式如下：

```
public static bool QueueUserWorkItem(WaitCallback callBack)
```

❑ callBack：一个 WaitCallback 委托，表示要执行的方法。

❑ 返回值：如果方法成功排队，则为 true；如果无法将工作项排队，则引发 NotSupported-Exception。

（2）将方法排入队列以便执行，并指定包含该方法所用数据的对象，该方法在线程池的线程变得可用时执行。语法格式如下：

```
public static bool QueueUserWorkItem(WaitCallback callBack,Object state)
```

❑ callBack：一个 WaitCallback 委托，表示要执行的方法。

❑ state：包含方法所用数据的对象。

❑ 返回值：如果成功排队，则为 true；如果无法将工作项排队，则引发 NotSupportedException。

每个进程都有一个线程池。从.NET Framework 4 开始，进程的线程池的默认大小由虚拟地址空间的大小等多个因素决定。进程可以调用 GetMaxThreads 方法以确定线程池中线程的数量，调用 SetMaxThreads 方法可以更改线程池中的最大线程数。每个线程使用默认的堆栈大小，并按照默认的优先级运行。

例如，下面的代码将自定义方法安排到线程池中执行：

```
public static void Main()
{
    //使用线程池执行自定义的方法
    ThreadPool.QueueUserWorkItem(new WaitCallback(ThreadProc));
}
static void ThreadProc(Object stateInfo)
{
    Console.WriteLine("线程池示例");
}
```

11.4.2 计时器

.NET 中的 Timer 类表示计时器，用来提供以指定的时间间隔执行方法的机制。使用 TimerCallback 委托指定 Timer 执行的方法。该委托在构造计时器时指定，并且不能更改。委托指定的方法不在创建计时器的线程上执行，而是在系统提供的 ThreadPool 线程上执行。

创建计时器时，可以指定在第一次执行方法之前等待的时间，以及此后执行期间等待的时间（时间周期）。创建计时器时，需要使用 Timer 类的构造函数，有 5 种形式，分别如下：

```
public Timer(TimerCallback callback)
public Timer(TimerCallback callback,Object state,int dueTime,int period)
public Timer(TimerCallback callback,Object state,long dueTime,long period)
public Timer(TimerCallback callback,Object state,TimeSpan dueTime,TimeSpan period)
public Timer(TimerCallback callback,Object state,uint dueTime,uint period)
```

- ❏ callback：一个 TimerCallback 委托，表示要执行的方法。
- ❏ state：一个包含回调方法要使用的信息的对象，或者为 null。
- ❏ dueTime：调用 callback 之前延迟的时间（以毫秒为单位）。指定其为 Timeout.Infinite 可防止启动计时器，指定为 0 可立即启动计时器。
- ❏ period：调用 callback 的时间间隔（以毫秒为单位）。指定其为 Timeout.Infinite 可以禁用定期调用。

Timer 类最常用的方法有两个：一个是 Change 方法，用来更改计时器的启动时间和方法调用的时间间隔；另外一个是 Dispose 方法，用来释放 Timer 对象使用的所有资源。

例如，下面的代码初始化一个计时器，然后将计时器方法调用的时间间隔更改为 500 毫秒，停止计时 10 毫秒后生效：

```
Timer stateTimer = new Timer(tcb, autoEvent, 1000, 250);
stateTimer.Change(10, 500);
```

第一行代码中的 tcb 表示 TimerCallback 代理对象；autoEvent 用来作为一个对象传递给要调用的方法；1000 表示延迟时间，单位为毫秒；250 表示计时器调用方法的初始时间间隔，单位也是毫秒。

11.5 互斥对象——Mutex

当两个或更多线程需要同时访问一个共享资源时，系统需要使用同步机制来确保一次只有一个线程使用该资源。Mutex 类是同步基元，它只向一个线程授予对共享资源的独占访问权。如果一个线程获取了互斥体，则获取该互斥体的第二个线程将被挂起，直到第一个线程释放该互斥体。Mutex 类与监视器类似，它可以防止多个线程在某一时间同时执行某个代码块。然而与监视器不同的是，Mutex 类可以用来使跨进程的线程同步。

可以使用 Mutex 类的 WaitOne 方法请求互斥体的所属权，拥有互斥体的线程可以在对 WaitOne 方法的重复调用中请求相同的互斥体而不会阻止其执行，但线程必须调用同样次数的 Mutex 类的 ReleaseMutex 方法来释放互斥体的所属权。Mutex 类强制线程标识，因此互斥体只能由获得它的线程释放。

Mutex 类的常用方法及其说明如表 11-5 所示。

表 11-5　Mutex 类的常用方法及其说明

方法	说明
Close	在派生类中被重写时，释放由当前 WaitHandle 持有的所有资源
ReleaseMutex	释放 Mutex 对象一次
WaitOne	阻止当前线程，直到当前的 WaitHandle 收到信号

【例 11-8】 创建一个控制台应用程序。在其中定义一个公共资源类 TestMutex，在该类中定义一个线程的绑定方法 TestRun；在该方法中首先使用 Mutex 类的 WaitOne 方法阻止当前线程，然后再调用 Mutex 类的 ReleaseMutex 方法释放 Mutex 对象，即释放当前线程；最后在 Main 方法中创建 TestMutex 对象，并同时启动 3 个线程来访问 TestRun 方法，代码如下：

```
class Program
{
    static void Main(string[] args)
    {
        TestMutex tm = new TestMutex();                    //创建 TestMutex 对象
        for (int i = 0; i < 3; i++)                        //创建 3 个线程，模拟多线程运行
        {
            Thread th = new Thread(tm.TestRun);            //创建线程并绑定 TestRun 方法
            th.Start();                                    //启动线程
        }
        Console.Read();
    }
}
class TestMutex                                            //线程要访问的公共资源类
{
    private int i = 0;                                     //定义整型变量 i
    Mutex myMutex = new Mutex(false);                      //创建 Mutex 对象
    public void TestRun()                                  //定义线程的绑定方法
    {
        while(true)
        {
            if (myMutex.WaitOne())                         //阻止线程，等待 WaitHandle 收到信号
            {
                break;
            }
        }
        Console.WriteLine("i 的初始值为: " + i.ToString());
        Thread.Sleep(1000);                                //模拟做一些耗时的工作
        i++;                                               //变量 i 自增
        Console.WriteLine("i 在自增之后的值为: " + i.ToString());
        myMutex.ReleaseMutex();                            //执行完毕释放资源
    }
}
```

程序运行结果请参考图 11-4。

11.6　AI 辅助编程——多线程编程

11.6.1　实现多线程计数器

在学习 C#编程的过程中，可以利用 AI 来帮助我们巩固本章所学的知识，设计相应的实例。以下是在 AI 工具中的一个可能的对话示例。

【问题】

编写一个实例，展示 C#中 Thread 类、线程池及线程同步技术的应用。

【AI 建议】

创建一个简单的计数器应用程序，代码中使用多线程同时增加计数器的值，并使用线程同步技术来确保线程安全，该应用中用到了 C#中的 Thread 类、线程池以及线程同步技术（如 lock 关键字和 Monitor 类）。代码如下：

```
using System;
using System.Threading;
class Program
{
    static void Main(string[] args)
    {
        //创建一个共享的计数器对象
        Counter counter = new Counter();
        //使用 Thread 类创建线程
        Thread thread1 = new Thread(() => IncrementCounter(counter));
        Thread thread2 = new Thread(() => IncrementCounter(counter));
        //使用线程池创建任务
        ThreadPool.QueueUserWorkItem(state => IncrementCounter(counter));
        ThreadPool.QueueUserWorkItem(state => IncrementCounter(counter));
        //启动线程
        thread1.Start();
        thread2.Start();
        //等待所有线程完成
        thread1.Join();
        thread2.Join();
        //等待线程池中的任务完成
        Thread.Sleep(1000); //确保线程池中的任务完成
        //输出最终的计数器值
        Console.WriteLine($"最终计数器值：{counter.Value}");
        Console.ReadLine();
    }
    //增加计数器的方法
    static void IncrementCounter(Counter counter)
    {
        for (int i = 0; i < 10000; i++)
        {
            counter.Increment();
        }
    }
}
//计数器类
class Counter
{
    private int value;
    private object lockObject = new object();
    public int Value
    {
        get { return value; }
    }
    //使用 lock 关键字进行线程同步
    public void Increment()
    {
        lock (lockObject)
        {
            value++;
        }
    }
    //使用 Monitor 类进行线程同步
    public void IncrementWithMonitor()
```

```
    {
        Monitor.Enter(lockObject);
        try
        {
            value++;
        }
        finally
        {
            Monitor.Exit(lockObject);
        }
    }
}
```

【测试结果】

最终计数器值: 40000

该示例展示了如何在 C#中使用 Thread 类、线程池以及线程同步技术（如 lock 关键字和 Monitor 类）来实现多线程编程。通过这些技术，用户可以有效地管理和调度多个任务，确保线程安全。

11.6.2 同步对共享资源进行访问

在学习 C#编程的过程中，可以利用 AI 来帮助我们巩固本章所学的知识，设计相应的实例。以下是在 AI 工具中的一个可能的对话示例。

【问题】

编写一个实例，展示 C#中 Mutex 对象的使用。

【AI 建议】

在多线程环境中，Mutex 对象用于确保同一时间内只有一个线程可以访问共享资源。下面是一个简单的示例程序，展示了如何在 C#中使用 Mutex 对象来同步两个线程对共享资源的访问：

```
using System;
using System.Threading;
class Program
{
    private static Mutex mutex = new Mutex();
    static void Main()
    {
        //创建并启动两个线程
        Thread thread1 = new Thread(new ThreadStart(WriteData));
        Thread thread2 = new Thread(new ThreadStart(WriteData));
        thread1.Start();
        thread2.Start();
        //等待两个线程完成
        thread1.Join();
        thread2.Join();
        Console.WriteLine("Both threads have completed.");
    }
    static void WriteData()
    {
        mutex.WaitOne();//请求获取互斥锁
        try
        {
            for (int i = 0; i < 5; i++)
            {
                Console.WriteLine($"Thread {Thread.CurrentThread.ManagedThreadId}:{i}");
                Thread.Sleep(100); //模拟耗时操作
            }
        }
```

```
            finally
            {
                mutex.ReleaseMutex();//释放互斥锁
            }
        }
    }
}
```

【测试结果】

```
Thread 3: 0
Thread 3: 1
Thread 3: 2
Thread 3: 3
Thread 3: 4
Thread 4: 0
Thread 4: 1
Thread 4: 2
Thread 4: 3
Thread 4: 4
Both threads have completed.
```

【追加问题】

如何将上述代码修改为对共享资源的异步访问？

【AI 建议】

要将上述同步代码改为支持异步访问的版本，可以使用 C#中的 async 和 await 关键字，以及基于任务的异步模式（TAP）。然而，值得注意的是，在处理需要互斥访问的共享资源时，直接转换为"异步"可能并不完全适用，因为互斥锁本质上是为了确保线程安全而设计的同步机制。

但是，我们可以通过将 Thread 替换为 Task 来模拟异步行为，并且仍然使用 Mutex 来保护共享资源。下面是修改后的示例代码：

```
using System;
using System.Threading;
using System.Threading.Tasks;
class Program
{
    private static Mutex mutex = new Mutex();
    static async Task Main(string[] args)
    {
        //创建并启动两个异步任务
        Task task1 = WriteDataAsync();
        Task task2 = WriteDataAsync();
        //等待所有任务完成
        await Task.WhenAll(task1, task2);
        Console.WriteLine("Both tasks have completed.");
    }
    static async Task WriteDataAsync()
    {
        //使用 WaitOne 等待获取互斥锁
        mutex.WaitOne();
        try
        {
            for (int i = 0; i < 5; i++)
            {
                Console.WriteLine($"Task {Task.CurrentId}: {i}");
                await Task.Delay(100); //模拟异步耗时操作
            }
        }
        finally
        {
            mutex.ReleaseMutex(); //释放互斥锁
        }
    }
}
```

11.7 小结

本章首先对线程的分类做了一个简单的介绍，然后详细讲解了 C#中进行线程编程的主要类 Thread，并对线程的基本操作、线程同步与互斥，以及线程池和计时器的使用方法进行了详细讲解。通过本章的学习，读者应该熟练掌握使用 C#进行线程编程的知识，并能在实际开发中利用线程处理各种多任务问题。

11.8 上机指导

上机指导

在局域网中扫描 IP 地址，为了使计算机不出现假死现象，可以利用多线程来完成 IP 地址的扫描。首先应用 IPAddress 类将字符串形式的 IP 地址转换

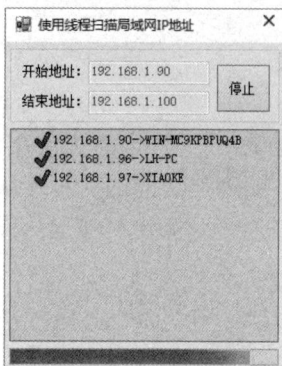

图 11-5 使用线程扫描局域网 IP 地址

成 IPAddress 对象，然后使用 IPHostEntry 对象加载 IP 地址来获取其对应的主机名，如果有主机名，则表示当前 IP 地址已被使用，并将该 IP 地址显示在列表中。这个过程可以通过执行线程来完成，程序运行结果如图 11-5 所示。

程序开发步骤如下。

（1）打开 VS 2022，新建一个 Windows 窗体应用程序，命名为 ScanIP。

（2）更改默认窗体 Form1 的 Name 属性为 Frm_Main。在该窗体上添加两个 TextBox 控件，分别用来输入开始地址和结束地址；添加一个 Button 控件，用来执行扫描局域网 IP 地址操作；添加一个 ListView 控件，用来显示搜索到的 IP 地址；添加一个 ProgressBar 控件，用来显示扫描进度；添加一个 Timer 控件，用来刷新 ListView 控件中的 IP 地址和 ProgressBar 控件的进度。

（3）在 Frm_Main 窗体的后台代码中声明一些成员变量，用来存储线程和 IP 地址的扫描范围，代码如下：

```
private Thread myThread;                              //声明线程引用
int intStart =0;                                      //定义存储扫描起始值的变量
int intEnd = 0;                                       //定义存储扫描终止值的变量
```

（4）单击"开始"按钮，按照指定范围扫描局域网内的 IP 地址，其 Click 事件的代码如下：

```
private void button1_Click(object sender, EventArgs e)
{
    try
    {
        if (button1.Text == "开始")                   //若还未开始搜索
        {
            listView1.Items.Clear();                  //清空 ListView 控件中的项
            textBox1.Enabled = textBox2.Enabled = false;
            strIP = "";                               //将字符串变量赋为空字符串
            strflag = textBox1.Text;
            StartIPAddress = textBox1.Text;           //获取开始 IP 地址
            EndIPAddress = textBox2.Text;             //获取终止 IP 地址
            //扫描的起始值
            intStart = Int32.Parse(StartIPAddress.Substring(StartIPAddress.LastIndexOf (".") + 1));
            //扫描的终止值
            intEnd = Int32.Parse(EndIPAddress.Substring(EndIPAddress.LastIndexOf (".") + 1));
            progressBar1.Minimum = intStart;          //指定进度条的最小值
            progressBar1.Maximum = intEnd;            //指定进度条的最大值
```

```
            progressBar1.Value = progressBar1.Minimum;          //指定进度条的初始值
            timer1.Start();                                      //开始运行计时器
            button1.Text = "停止";                               //设置按钮文本为"停止"
            //使用 StartScan 方法创建线程
            myThread = new Thread(new ThreadStart(this.StartScan));
            myThread.Start();                                    //开始运行扫描 IP 地址的线程
        }
        else                                                     //若已开始搜索
        {
            textBox1.Enabled = textBox2.Enabled = true;
            button1.Text = "开始";                               //设置按钮文本为"开始"
            timer1.Stop();                                       //停止运行计时器
            progressBar1.Value = intEnd;                         //设置进度条的值为最大值
            if (myThread != null)                                //判断线程对象是否为空
            {
                //若扫描 IP 地址的线程正在运行
                if (myThread.ThreadState == ThreadState.Running)
                {
                    myThread.Abort();                            //终止线程
                }
            }
        }
    }
    catch { }
```

（5）自定义 StartScan 方法，该方法实现按照指定范围扫描局域网内的 IP 地址，代码如下：

```
private void StartScan()
{
    //循环扫描指定的 IP 地址范围
    for (int i = intStart; i <= intEnd; i++)
    {
        string strScanIP = StartIPAddress.Substring(0, StartIPAddress.LastIndexOf(".") + 1)
+ i.ToString();                                                  //得到 IP 地址字符串
        IPAddress myScanIP = IPAddress.Parse(strScanIP);         //转换IP地址为IPAddress对象
        strflag = strScanIP;                                     //临时存储扫描到的 IP 地址
        try
        {
            IPHostEntry myScanHost = Dns.GetHostByAddress(myScanIP); //获取 DNS 主机信息
            string strHostName = myScanHost.HostName.ToString();     //获取主机名
            if (strIP == "")                                     //若 IP 地址列表为空
                strIP += strScanIP + "->" + strHostName;         //IP 地址与主机名组合的字符串
            else
                strIP += "," + strScanIP + "->" + strHostName;
        }
        catch { }
    }
}
```

11.9 习题

11-1 简述多线程的优点。

11-2 创建线程有几种方法？

11-3 如何设置线程的优先级？

11-4 简述 lock 关键字的主要作用。

11-5 简述 Monitor 类与 Mutex 类的主要区别。

11-6 如何将线程加入线程池？

第**12**章 综合案例——腾龙进销存管理系统

本章要点

- 系统功能结构及业务流程图
- 系统的数据库设计
- 系统的公共类设计
- 系统主窗体设计
- 库存商品管理模块设计
- 进货管理模块设计

腾龙进销存管理
系统使用说明

前面章节中讲解了使用 C#进行程序开发的主要技术，而本章则给出一个完整的应用案例——腾龙进销存管理系统。该系统能够为使用者提供进货管理、销售管理、库存商品管理、基础数据管理等功能；另外，还可以为使用者提供系统维护功能、辅助工具等。通过该案例，读者可以熟悉实际项目的开发流程，掌握 C#在实际项目开发中的综合应用。

12.1 需求分析

目前市场上的进销存管理系统很多，但企业很难找到一款真正称心、符合自身情况的进销存管理系统。由于系统存在各种不足，企业在选择进销存管理系统时倍感困惑，主要集中在以下方面。

（1）大多数自称进销存管理系统的软件其实只是简单的库存管理系统，难以真正地让企业提高工作效率，且降低管理成本的效果也不明显。

（2）系统功能不切实际，大多是互相模仿，不是根据企业实际需求开发出来的。

（3）大部分系统安装部署、管理极不方便，或者选用的小型数据库不能满足企业海量数据存取的需求。

（4）系统操作不方便，界面设计不美观、不标准、不专业、不统一，用户实施及学习费时费力。

12.2 总体设计

12.2.1 系统目标

本系统属于中小型的数据库系统，可以对中小型企业的进销存工作进行有效管理。通过本系统可以达到以下目标。

- 灵活地运用表格批量录入数据，使信息的传递更加快捷。
- 系统采用人机交互方式，界面美观友好，信息查询灵活方便，数据存储安全可靠。
- 与供应商和代理商的账目清晰。
- 功能强大的月营业额分析。
- 实现各种查询（如定位查询、模糊查询等）。
- 实现商品进货分析与统计、销售分析与统计、商品销售成本明细展示等功能。
- 强大的库存预警功能，可尽量减少商家的损失。
- 实现灵活的打印功能（如单页、多页和复杂打印等）。
- 系统对用户输入的数据进行严格的数据检验，尽可能排除人为的错误。
- 系统能最大限度地实现易安装性、易维护性和易操作性。

12.2.2 构建开发环境

- 系统开发平台：Microsoft Visual Studio 2022。
- 系统开发语言：C#。
- 数据库管理软件：Microsoft SQL Server 2017。
- 运行平台：推荐 Windows 10/Windows 11。
- 运行环境：Microsoft .NET Framework SDK v4.8。

12.2.3 系统功能结构

腾龙进销存管理系统是一个典型的数据库开发应用程序，主要由进货管理、销售管理、库存商品管理、基础数据管理、系统维护和辅助工具等模块组成，具体规划如下。

- 进货管理模块

进货管理模块主要负责商品的进货数据录入、进货退货数据录入、进货分析、进货统计（不包含退货）、与供应商往来对账。

- 销售管理模块

销售管理模块主要负责商品的销售数据录入、销售退货数据录入、销售统计（不含退货）、制作商品销售成本表、分析月销售状况、与代理商往来对账、制作商品销售排行榜。

- 库存商品管理模块

库存商品管理模块主要负责分析库存状况、库存商品上限报警、库存商品下限报警、商品进销存变动、库存盘点（自动盘赢盘亏）。

- 基础数据管理模块

基础数据管理模块主要负责对系统基本数据的录入，基础数据包括库存商品、往来单位、公司职员。

❑ 系统维护模块

系统维护模块主要负责本单位信息、系统管理设置、操作权限设置、系统数据备份和恢复、系统数据清理。

❑ 辅助工具模块

辅助工具模块主要负责登录 Internet、启动 Word、启动 Excel 和计算器等。

腾龙进销存管理系统功能结构如图 12-1 所示。

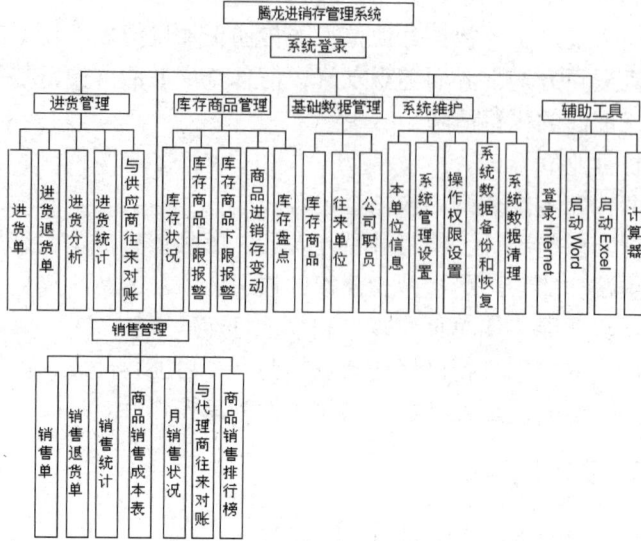

图 12-1 系统功能结构

12.2.4 业务流程图

腾龙进销存管理系统的部分业务流程图如图 12-2 所示。

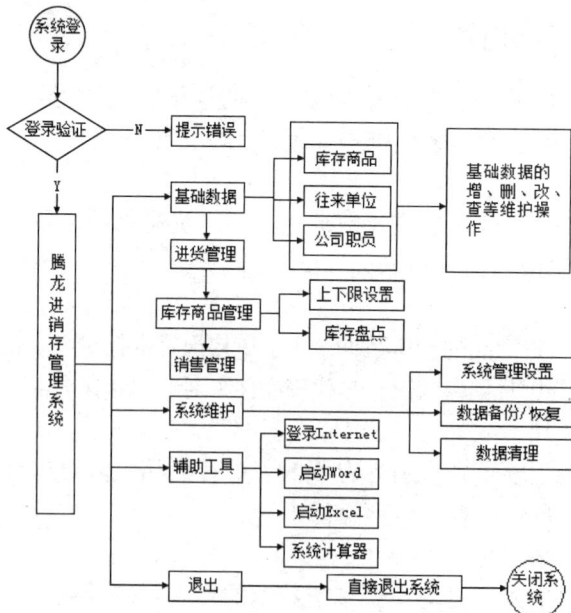

图 12-2 腾龙进销存管理系统部分业务流程图

12.3 数据库设计

数据库设计是完成项目时非常重要的一环。腾龙进销存管理系统采用 SQL Server 2017 数据库，名称为 db_EMS，其中包含 14 张数据表。下面分别给出数据表概要说明、数据库 E-R 图以及比较重要的数据表结构。

12.3.1 数据表概要说明

为了使读者对本系统数据库中的数据表有更清晰的认识，笔者在此设计了数据表树形结构图，如图 12-3 所示，其中包含了对系统中所有数据表的相关描述。

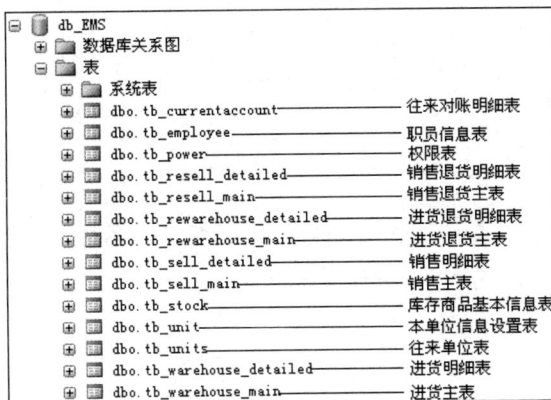

图 12-3　数据表树形结构图

12.3.2 数据库 E-R 图

通过对系统进行的需求分析、业务流程设计及系统功能结构的确定，规划出系统中使用的数据库实体对象及 E-R 图。

腾龙进销存管理系统的主要功能是商品的入库、出库管理，因此需要规划库存商品基本信息实体，它包括商品编号、商品名称、商品简称、商品型号、商品规格、单位、产地、库存数量、最后一次进价、加权平均价、最后一次销价、盘点数量、存货报警上限和存货报警下限等属性。库存商品基本信息 E-R 图如图 12-4 所示。

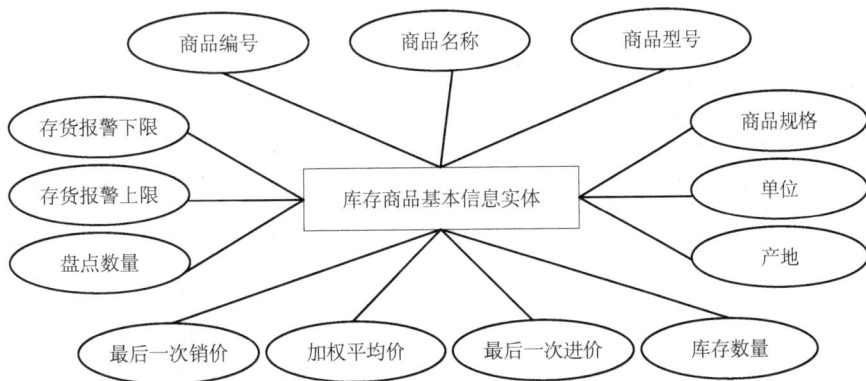

图 12-4　库存商品基本信息 E-R 图

腾龙进销存管理系统中，对库存信息进行管理时，涉及库存商品的各个方面，比如进货信息、销售信息、往来对账信息和盘点信息等，因此在规划数据库实体时，应该考虑到这些实体设计。下面介绍几个重要的库存商品相关实体。

进货主表信息实体主要包括录单日期、进货编号、供货单位、经手人、摘要、应付金额和实付金额等属性，其 E-R 图如图 12-5 所示。

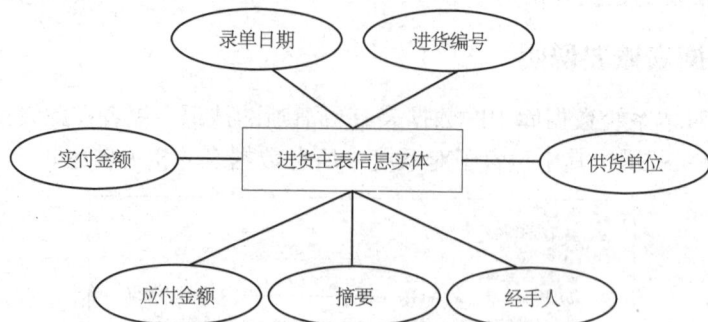

图 12-5　进货主表信息 E-R 图

进货明细表信息实体主要包括进货编号、商品编号、商品名称、单位、数量、进价、金额和录单日期等属性，其 E-R 图如图 12-6 所示。

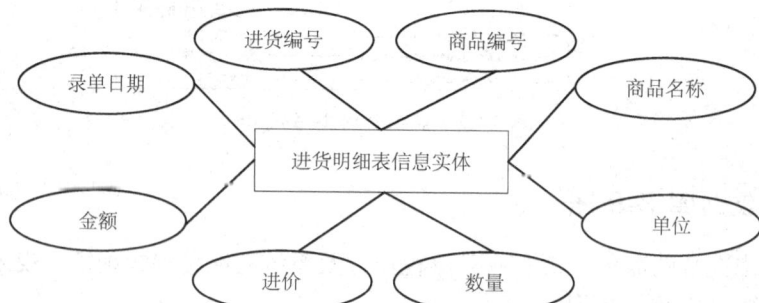

图 12-6　进货明细表信息 E-R 图

销售主表信息实体主要包括录单日期、销售编号、购货单位、经手人、摘要、应收金额和实收金额等属性，其 E-R 图如图 12-7 所示。

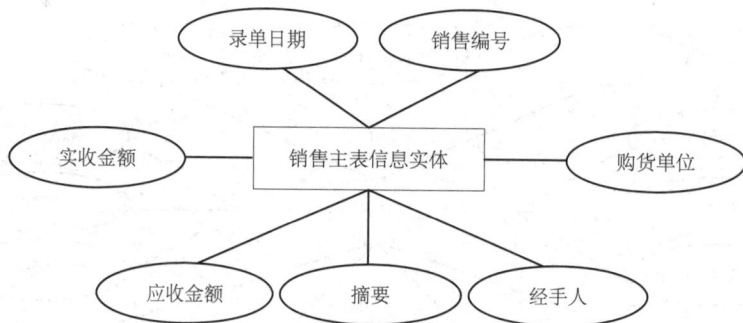

图 12-7　销售主表信息 E-R 图

销售明细表信息实体主要包括销售编号、商品编号、商品名称、单位、数量、单价、金额和录单日期等属性，其 E-R 图如图 12-8 所示。

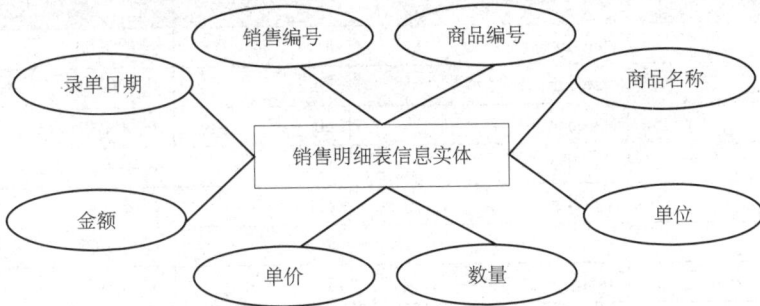

图 12-8　销售明细表信息 E-R 图

> 说明：腾龙进销存管理系统中还有很多信息实体，比如职员信息实体、往来对账明细信息实体、往来单位信息实体等。这里由于篇幅限制，不一一介绍，详情请参见本书配套资源中的数据库。

12.3.3　数据表结构

根据设计好的 E-R 图在数据库中创建数据表，下面给出比较重要的数据表结构，其他数据表结构可参见本书配套资源。

❑ tb_stock（库存商品基本信息表）

库存商品基本信息表用于存储库存商品的基本信息，该表的结构如表 12-1 所示。

表 12-1　库存商品基本信息表

字段名称	数据类型	字段大小	说明
tradecode	varchar	5	商品编号
fullname	varchar	30	商品名称
type	varchar	10	商品型号
standard	varchar	10	商品规格
unit	varchar	10	单位
produce	varchar	20	产地
qty	float	8	库存数量
price	float	8	最后一次进价
averageprice	float	8	加权平均价
saleprice	float	8	最后一次销价
stockcheck	float	8	盘点数量
upperlimit	int	4	存货报警上限
lowerlimit	int	4	存货报警下限

❑ tb_warehouse_main（进货主表）

进货主表用于存储进货商品的主要信息，该表的结构如表 12-2 所示。

表 12-2　进货主表

字段名称	数据类型	字段大小	说明
billdate	datetime	8	录单日期
billcode	varchar	20	进货编号
units	varchar	30	供货单位
handle	varchar	10	经手人
summary	varchar	100	摘要
fullpayment	float	8	应付金额
payment	float	8	实付金额

❑ tb_warehouse_detailed（进货明细表）

进货明细表用于存储进货商品的详细信息，该表的结构如表 12-3 所示。

表 12-3　进货明细表

字段名称	数据类型	字段大小	说明
billcode	varchar	20	进货编号
tradecode	varchar	20	商品编号
fullname	varchar	20	商品名称
unit	varchar	4	单位
qty	float	8	数量
price	float	8	进价
tsum	float	8	金额
billdate	datetime	8	录单日期

❑ tb_sell_main（销售主表）

销售主表用于保存销售商品的主要信息，该表的结构如表 12-4 所示。

表 12-4　销售主表

字段名称	数据类型	字段大小	说明
billdate	datetime	8	录单日期
billcode	varchar	20	销售编号
units	varchar	30	购货单位
handle	varchar	10	经手人
summary	varchar	100	摘要
fullgathering	float	8	应收金额
gathering	float	8	实收金额

❑ tb_sell_detailed（销售明细表）

销售明细表用于存储销售商品的详细信息，该表的结构如表 12-5 所示。

表 12-5　销售明细表

字段名称	数据类型	字段大小	说明
billcode	varchar	20	销售编号
tradecode	varchar	20	商品编号
fullname	varchar	20	商品名称

字段名称	数据类型	字段大小	说明
unit	varchar	4	单位
qty	float	8	数量
price	float	8	单价
tsum	float	8	金额
billdate	datetime	8	录单日期

> 说明：由于篇幅有限，这里只列举了重要的数据表结构，其他的数据表结构可参见本书配套资源中的数据库文件。

12.4 公共类设计

开发项目时，编写公共类可以减少重复代码的编写，有利于代码的重用及维护。腾龙进销存管理系统中创建了两个公共类文件 DataBase.cs（数据库操作类）和 BaseInfo.cs（基础功能模块类）。其中，数据库操作类主要用来访问 SQL 数据库，基础功能模块类主要用于实现业务逻辑功能，透彻地说就是实现功能窗体（表示层）与数据库（数据层）的业务功能。下面分别对以上两个公共类中的方法进行详细介绍。

12.4.1 DataBase 公共类

DataBase 类中自定义了 Open、Close、MakeInParam、MakeParam、RunProc、RunProcReturn、CreateDataAdapter 和 CreateCommand 等多个方法，下面分别对它们进行介绍。

1．Open 方法

建立数据库的连接主要通过 SqlConnection 类实现。初始化数据库连接字符串，然后通过 State 属性判断连接状态，如果数据库连接状态为关，则打开数据库连接。实现打开数据库连接的 Open 方法的代码如下：

```
private void Open()
{
    if (con == null)                                    //判断连接对象是否为空
    {
        //创建数据库连接对象
        con = new SqlConnection("Data Source=.;Database=db_EMS;User ID=sa;Pwd=");
    }
    if (con.State == System.Data.ConnectionState.Closed)    //判断数据库连接是否关闭
        con.Open();                                         //打开数据库连接
}
```

> 说明：读者在运行本系统时，需要将 Open 方法中的数据库连接字符串中的 Data Source 属性修改为本机的 SQL Server 2017 服务器名，并且将 User ID 属性和 Pwd 属性分别修改为本机登录 SQL Server 2017 服务器的用户名和密码。

2．Close 方法

关闭数据库连接主要通过 SqlConnection 对象的 Close 方法实现。自定义 Close 方法关闭数据库连接的代码如下：

```
public void Close()
{
    if (con != null)                              //判断连接对象是否不为空
        con.Close();                              //关闭数据库连接
}
```

3. MakeInParam 和 MakeParam 方法

本系统向数据库中读写数据是以参数形式实现的。MakeInParam 方法用于传入参数，MakeParam 方法用于转换参数。实现 MakeInParam 方法和 MakeParam 方法的关键代码如下：

```
//转换参数
public SqlParameter MakeInParam(string ParamName, SqlDbType DbType, int Size, object Value)
{
    //创建 SQL 参数
    return MakeParam(ParamName, DbType, Size, ParameterDirection.Input, Value);
}
public SqlParameter MakeParam(string ParamName, SqlDbType DbType, Int32 Size,
ParameterDirection Direction, object Value)                    //初始化参数值
{
    SqlParameter param;                           //声明 SQL 参数对象
    if (Size > 0)                                 //判断参数是否大于 0
        param = new SqlParameter(ParamName, DbType, Size);     //根据类型和大小创建 SQL 参数
    else
        param = new SqlParameter(ParamName, DbType);           //创建 SQL 参数对象
    param.Direction = Direction;                  //设置 SQL 参数的类型
    if (!(Direction == ParameterDirection.Output && Value == null))//判断是否输出参数
        param.Value = Value;                      //设置参数返回值
    return param;                                 //返回 SQL 参数
}
```

4. RunProc 方法

RunProc 方法为可重载方法，用来执行带 SqlParameter 参数的命令文本。其中，第一种重载形式主要用于执行添加、修改和删除等操作；第二种重载形式用来直接执行 SQL 语句，如数据库备份与数据库恢复。实现可重载方法 RunProc 的关键代码如下：

```
public int RunProc(string procName, SqlParameter[] prams)    //执行命令
{
    SqlCommand cmd = CreateCommand(procName, prams);         //创建 SqlCommand 对象
    cmd.ExecuteNonQuery();                        //执行 SQL 命令
    this.Close();                                 //关闭数据库连接
    return (int)cmd.Parameters["ReturnValue"].Value;         //得到执行成功返回值
}
public int RunProc(string procName)                          //直接执行 SQL 语句
{
    this.Open();                                  //打开数据库连接
    SqlCommand cmd = new SqlCommand(procName, con);          //创建 SqlCommand 对象
    cmd.ExecuteNonQuery();                        //执行 SQL 命令
    this.Close();                                 //关闭数据库连接
    return 1;                                     //返回 1，表示执行成功
}
```

5. RunProcReturn 方法

RunProcReturn 方法为可重载方法，返回值类型为 DataSet。其中，第一种重载形式主

要用于执行带参数 SqlParameter 的查询命令文本，第二种重载形式用来直接执行查询 SQL 语句。可重载方法 RunProcReturn 的关键代码如下：

```
//执行查询命令文本，并且返回 DataSet 数据集
public DataSet RunProcReturn(string procName, SqlParameter[] prams,string tbName)
{
    SqlDataAdapter dap = CreateDataAdapter(procName, prams); //创建桥接器对象
    DataSet ds = new DataSet();                              //创建数据集对象
    dap.Fill(ds, tbName);                                    //填充数据集
    this.Close();                                            //关闭数据库连接
    return ds;                                               //返回数据集
}
//执行 SQL 语句，并且返回 DataSet 数据集
public DataSet RunProcReturn(string procName, string tbName)
{
    SqlDataAdapter dap = CreateDataAdapter(procName, null);  //创建适配器对象
    DataSet ds = new DataSet();                              //创建数据集对象
    dap.Fill(ds, tbName);                                    //填充数据集
    this.Close();                                            //关闭数据库连接
    return ds;                                               //返回数据集
}
```

6．CreateDataAdapter 方法

CreateDataAdapter 方法将带参数 SqlParameter 的命令文本添加到 SqlDataAdapter 中，并执行命令文本。CreateDataAdapter 方法的关键代码如下：

```
private SqlDataAdapter CreateDataAdapter(string procName, SqlParameter[] prams)
{
    this.Open();                                             //打开数据库连接
    SqlDataAdapter dap = new SqlDataAdapter(procName, con);  //创建适配器对象
    dap.SelectCommand.CommandType = CommandType.Text;        //设置要执行的类型为命令文本
    if (prams != null)                                       //判断 SQL 参数是否不为空
    {
        foreach (SqlParameter parameter in prams)            //遍历传递的每个 SQL 参数
            dap.SelectCommand.Parameters.Add(parameter);     //将参数添加到命令对象中
    }
    //添加返回参数
    dap.SelectCommand.Parameters.Add(new  SqlParameter("ReturnValue",  SqlDbType.Int,
4,ParameterDirection.ReturnValue, false, 0, 0,string.Empty, DataRowVersion.Default, null));
    return dap;                                               //返回桥接器对象
}
```

7．CreateCommand 方法

CreateCommand 方法将带参数 SqlParameter 的命令文本添加到 CreateCommand 中，并执行命令文本。CreateCommand 方法的关键代码如下：

```
private SqlCommand CreateCommand(string procName, SqlParameter[] prams)
{
    this.Open();                                             //打开数据库连接
    SqlCommand cmd = new SqlCommand(procName, con);          //创建 SqlCommand 对象
    cmd.CommandType = CommandType.Text;                      //设置要执行的类型为命令文本
    //依次把参数传入命令文本
    if (prams != null)                                       //判断 SQL 参数是否不为空
    {
        foreach (SqlParameter parameter in prams)            //遍历传递的每个 SQL 参数
            cmd.Parameters.Add(parameter);                   //将参数添加到命令文本中
    }
    //添加返回参数
    cmd.Parameters.Add(new SqlParameter("ReturnValue", SqlDbType.Int, 4,
```

```
                ParameterDirection.ReturnValue, false, 0, 0,string.Empty, DataRowVersion.Default,
null));
      return cmd;                                              //返回 SqlCommand 命令对象
    }
```

12.4.2　BaseInfo 公共类

BaseInfo 类是基础功能模块类，它主要用来处理业务逻辑功能。下面对该类中的实体类及相关方法进行详细讲解。

> 📟 说明：BaseInfo 类中包含库存商品管理、基础数据管理、进货管理、销售管理等多个模块的业务代码，而它们的原理大致相同。这里由于篇幅限制，在讲解 BaseInfo 类的实现时，将以库存商品管理为例进行详细讲解，其他模块的具体业务代码请参见本书配套资源中的 BaseInfo 类源代码文件。

1．cStockInfo 实体类

当读取或设置库存商品数据时，都是通过库存商品类 cStockInfo 实现的。库存商品类 cStockInfo 的关键代码如下：

```
public class cStockInfo
{
    private string tradecode = "";
    private string fullname = "";
    private string tradetpye = "";
    private string standard = "";
    private string tradeunit = "";
    private string produce = "";
    private float qty = 0;
    private float price = 0;
    private float averageprice = 0;
    private float saleprice = 0;
    private float check = 0;
    private float upperlimit = 0;
    private float lowerlimit = 0;
    ///<summary>
    ///商品编号
    ///</summary>
    public string TradeCode
    {
        get { return tradecode; }
        set { tradecode = value; }
    }
    ///<summary>
    ///单位全称
    ///</summary>
    public string FullName
    {
        get { return fullname; }
        set { fullname = value; }
    }
    ///<summary>
    ///商品型号
    ///</summary>
    public string TradeType
    {
        get { return tradetype; }
        set { tradetype = value; }
```

```
}
///<summary>
///商品规格
///</summary>
public string Standard
{
    get { return standard; }
    set { standard = value; }
}
///<summary>
///单位
///</summary>
public string Unit
{
    get { return tradeunit; }
    set { tradeunit = value; }
}
///<summary>
///产地
///</summary>
public string Produce
{
    get { return produce; }
    set { produce = value; }
}
///<summary>
///库存数量
///</summary>
public float Qty
{
    get { return qty; }
    set { qty = value; }
}
///<summary>
///最后一次进价
///</summary>
public float Price
{
    get { return price; }
    set { price = value; }
}
///<summary>
///加权平均价
///</summary>
public float AveragePrice
{
    get { return averageprice; }
    set { averageprice = value; }
}
///<summary>
///最后一次销价
///</summary>
public float SalePrice
{
    get { return saleprice; }
    set { saleprice = value; }
}
///<summary>
///盘点数量
///</summary>
public float Check
{
```

```
        get { return check; }
        set { check = value; }
    }
    ///<summary>
    ///存货报警上限
    ///</summary>
    public float UpperLimit
    {
        get { return upperlimit; }
        set { upperlimit = value; }
    }
    ///<summary>
    ///存货报警下限
    ///</summary>
    public float LowerLimit
    {
        get { return lowerlimit; }
        set { lowerlimit = value; }
    }
}
```

2．AddStock 方法

库存商品管理模块主要用于完成对库存商品基本信息的添加、修改、删除及查询等操作，下面对其相关的方法进行详细讲解。

AddStock 方法主要用于实现添加库存商品基本信息。实现该方法的关键技术为：创建 SqlParameter 参数数组，通过数据库操作类（DataBase）中的 MakeInParam 方法将参数值传入 SqlParameter 数组，并储存在数组中，调用数据库操作类（DataBase）中的 RunProc 方法执行命令文本。AddStock 方法的关键代码如下：

```
public int AddStock(cStockInfo stock)
{
    SqlParameter[] prams = {
            data.MakeInParam("@tradecode", SqlDbType.VarChar, 5, stock.TradeCode),
        data.MakeInParam("@fullname", SqlDbType.VarChar, 30,stock.FullName),
        data.MakeInParam("@type", SqlDbType.VarChar, 10, stock.TradeType),
        data.MakeInParam("@standard", SqlDbType.VarChar, 10, stock.Standard),
        data.MakeInParam("@unit", SqlDbType.VarChar, 4, stock.Unit),
        data.MakeInParam("@produce", SqlDbType.VarChar, 20, stock.Produce),
    };
    return (data.RunProc("INSERT INTO tb_stock (tradecode, fullname, type, standard, unit,
produce) VALUES (@tradecode,@fullname,@type,@standard,@unit,@produce)", prams));
}
```

3．UpdateStock 方法

UpdateStock 方法主要实现修改库存商品基本信息，代码如下：

```
public int UpdateStock(cStockInfo stock)
{
    SqlParameter[] prams = {
            data.MakeInParam("@tradecode", SqlDbType.VarChar, 5, stock.TradeCode),
        data.MakeInParam("@fullname", SqlDbType.VarChar, 30,stock.FullName),
        data.MakeInParam("@type", SqlDbType.VarChar, 10, stock.TradeType),
        data.MakeInParam("@standard", SqlDbType.VarChar, 10, stock.Standard),
        data.MakeInParam("@unit", SqlDbType.VarChar, 4, stock.Unit),
        data.MakeInParam("@produce", SqlDbType.VarChar, 20, stock.Produce),
    };
    return (data.RunProc("update tb_stock set fullname=@fullname,type=@type, standard=
@standard,unit=@unit,produce=@produce where tradecode=@tradecode", prams));
}
```

4．DeleteStock 方法

DeleteStock 方法主要实现删除库存商品基本信息，代码如下：

```
public int DeleteStock(cStockInfo stock)
{
    SqlParameter[] prams = {
            data.MakeInParam("@tradecode", SqlDbType.VarChar, 5, stock.TradeCode),
        };
    return (data.RunProc("delete from tb_stock where tradecode=@tradecode", prams));
}
```

5．FindStockByProduce、FindStockByFullName 和 GetAllStock 方法

本系统中主要根据商品产地和商品名称查询库存商品信息，以及得到所有库存商品信息。FindStockByProduce 方法根据商品产地得到库存商品信息，FindStockByFullName 方法根据商品名称得到库存商品信息，GetAllStock 方法得到所有库存商品信息。以上 3 种方法的关键代码如下：

```
//根据商品产地得到库存商品信息
public DataSet FindStockByProduce(cStockInfo stock, string tbName)
{
    SqlParameter[] prams = {
            data.MakeInParam("@produce", SqlDbType.VarChar, 5, stock.Produce+"%"),
        };
    return (data.RunProcReturn("select * from tb_stock where produce like @produce", prams,
tbName));
}
//根据商品名称得到库存商品信息
public DataSet FindStockByFullName(cStockInfo stock, string tbName)
{
    SqlParameter[] prams = {
            data.MakeInParam("@fullname", SqlDbType.VarChar, 30, stock.FullName+"%"),
        };
    return (data.RunProcReturn("select * from tb_stock where fullname like @fullname",
prams, tbName));
}
//得到所有库存商品信息
public DataSet GetAllStock(string tbName)
{
    return (data.RunProcReturn("select * from tb_Stock ORDER BY tradecode", tbName));
}
```

12.5 系统主要模块开发

本节将对腾龙进销存管理系统的几个主要功能模块用到的主要技术及实现过程进行详细讲解。

12.5.1 系统主窗体设计

主窗体是程序操作过程中必不可少的部分，它是人机交互的重要环节。通过主窗体，用户可以调用系统的各个模块，快速掌握系统中的各个功能。在腾龙进销存管理系统中，当登录窗体验证成功后，用户将进入主窗体，主窗体提供了系统菜单栏，可以通过它调用系统中的所有子窗体。主窗体运行结果如图 12-9 所示。

图 12-9　系统主窗体

1．使用 MenuStrip 控件设计菜单栏

本系统的菜单栏是通过 MenuStrip 控件实现的，设计菜单栏的具体步骤如下。

（1）从工具箱中拖动一个 MenuStrip 控件置于腾龙进销存管理系统的主窗体中，如图 12-10 所示。

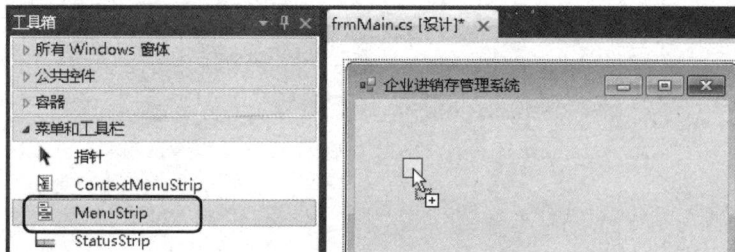

图 12-10　拖放 MenuStrip 控件

（2）为菜单栏中的各个菜单设置菜单名称，如图 12-11 所示。在输入菜单名称时，系统会自动产生输入下一个菜单名称的提示。

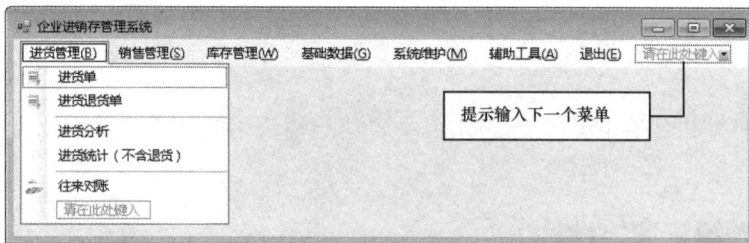

图 12-11　设置菜单名称

（3）选中菜单，单击其属性窗口中的 DropDownItems 属性后面的 ⃞ 按钮，弹出"项集合编辑器"对话框，如图 12-12 所示。在该对话框中可以为菜单设置名称，也可以通过单击其 DropDownItems 属性后面的 ⃞ 按钮继续添加子项。

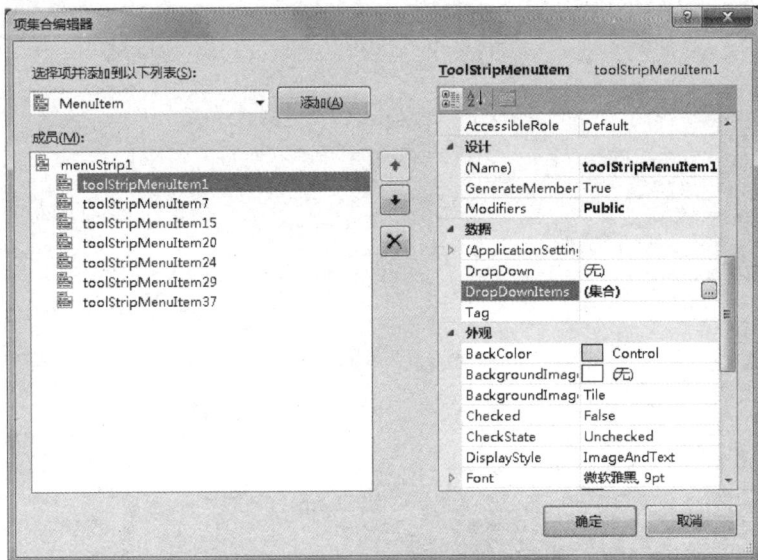

图 12-12　为菜单栏中的菜单命名并添加子项

2．系统主窗体实现过程

（1）新建一个 Windows 窗体，命名为 frmMain.cs，用来作为腾龙进销存管理系统的主窗体，在该窗体中添加一个 MenuStrip 控件，用来作为窗体的菜单栏。

（2）单击菜单栏中的各菜单调用相应的子窗体，以单击"进货管理"/"进货单"菜单项为例进行说明，代码如下：

```
private void fileBuyStock_Click(object sender, EventArgs e)
{
    new EMS.BuyStock.frmBuyStock().Show();              //调用进货单窗体
}
```

📖 **说明：** 其他菜单的 Click 事件与"进货管理"/"进货单"菜单项的 Click 事件实现原理一致，都是使用 new 关键字创建指定的窗体对象，然后使用 Show 方法显示指定的窗体。

12.5.2　库存商品管理模块设计

库存商品管理模块主要用来添加、修改、删除和查询库存商品的基本信息，其运行结果如图 12-13 所示。

1．自动生成库存商品编号

实现库存商品管理模块时，首先需要为每种商品设置一个库存编号，本系统中实现了自动生成商品库存编号的功能，以便能够更好地识别商品。具体实现时，首先需要从库存商品基本信息表（tb_stock）中获取所有商品信息，并按编号降序排列，从而获得已经存在的最大编号；然后根据获得的最大编号，为其数字码加一，从而生成一个最新的编号。关键代码如下：

```
DataSet ds = null;                                      //创建数据集对象
string P_Str_newTradeCode = "";                         //设置库存商品编号为空
int P_Int_newTradeCode = 0;                             //初始化商品编号中的数字码
ds = baseinfo.GetAllStock("tb_stock");                  //获取库存商品信息
if (ds.Tables[0].Rows.Count == 0)                       //判断数据集中是否有值
{
    txtTradeCode.Text = "T1001";                        //设置默认商品编号
```

```
            }
        else
        {
            //获取已经存在的最大编号
            P_Str_newTradeCode =Convert. ToString(ds.Tables[0].Rows[ds.Tables[0].Rows. Count -
        1]["tradecode"]);
            //获取一个最新的数字码
            P_Int_newTradeCode = Convert.ToInt32(P_Str_newTradeCode.Substring(1, 4)) + 1;
            P_Str_newTradeCode = "T" + P_Int_newTradeCode.ToString();//获取最新商品编号
            txtTradeCode.Text = P_Str_newTradeCode;                    //将商品编号显示在文本框中
        }
```

图 12-13　库存商品管理模块

2．库存商品管理模块实现过程

（1）新建一个 Windows 窗体，命名为 frmStock.cs，主要用来对库存商品信息进行添加、修改、删除和查询等操作。该窗体主要用到的控件及其设置和用途如表 12-6 所示。

表 12-6　库存商品管理窗体主要用到的控件及其设置和用途

控件类型	控件 ID	主要属性设置	用途
ToolStrip	toolStrip1	在其 Items 属性中添加相应的工具栏项	作为窗体的工具栏
TextBox	txtTradeCode	无	输入或显示商品编号
	txtFullName	无	输入或显示商品名称
	txtType	无	输入或显示商品型号
	txtStandard	无	输入或显示商品规格
	txtUnit	无	输入或显示商品单位
	txtProduce	无	输入或显示商品产地
DataGridView	dgvStockList	无	显示所有库存商品信息

（2）frmStock.cs 代码文件中，声明全局业务层 BaseInfo 类对象、库存商品数据结构 cStockInfo 类对象，以及定义全局变量 G_Int_addOrUpdate，用来识别是添加库存商品信息还是修改库存商品信息。代码如下：

```
BaseClass.BaseInfo baseinfo = new EMS.BaseClass.BaseInfo(); //创建 BaseInfo 类的对象
//创建 cStockInfo 类的对象
```

```
BaseClass.cStockInfo stockinfo = new EMS.BaseClass.cStockInfo();
int G_Int_addOrUpdate = 0;                                        //定义添加/修改操作标识
```

（3）窗体的 Load 事件中主要实现检索库存商品所有信息，并使用 DataGridView 控件进行显示。关键代码如下：

```
private void frmStock_Load(object sender, EventArgs e)
{
    txtTradeCode.ReadOnly = true;                        //设置"商品编号"文本框为只读
    this.cancelEnabled();                                //设置各按钮的可用状态
    //显示所有库存商品信息
    dgvStockList.DataSource = baseinfo.GetAllStock("tb_stock").Tables[0].DefaultView;
    this.SetdgvStockListHeadText();                      //设置 DataGridView 控件的列标题
}
```

（4）单击"添加"按钮，实现库存商品自动编号功能，编号格式为 T1001。同时将 G_Int_addOrUpdate 变量设置为 0，以标识"保存"按钮的操作为添加数据。"添加"按钮的 Click 事件代码如下：

```
private void tlBtnAdd_Click(object sender, EventArgs e)
{
    this.editEnabled();                                  //设置各个控件的可用状态
    this.clearText();                                    //清空文本框
    G_Int_addOrUpdate = 0;                               //等于 0 为添加数据
    DataSet ds = null;                                   //创建数据集对象
    string P_Str_newTradeCode = "";                      //设置库存商品编号为空
    int P_Int_newTradeCode = 0;                          //初始化商品编号中的数字码
    ds = baseinfo.GetAllStock("tb_stock");               //获取库存商品信息
    if (ds.Tables[0].Rows.Count == 0)                    //判断数据集中是否有值
    {
        txtTradeCode.Text = "T1001";                     //设置默认商品编号
    }
    else
    {
        //获取已经存在的最大编号
        P_Str_newTradeCode = Convert.ToString(ds.Tables[0].Rows[ds.Tables[0].Rows. Count
- 1]["tradecode"]);
        //获取一个最新的数字码
        P_Int_newTradeCode = Convert.ToInt32(P_Str_newTradeCode.Substring(1, 4)) + 1;
        P_Str_newTradeCode = "T" + P_Int_newTradeCode.ToString(); //获取最新商品编号
        txtTradeCode.Text = P_Str_newTradeCode;          //将商品编号显示在文本框中
    }
}
```

（5）单击"编辑"按钮，将 G_Int_addOrUpdate 变量设置为 1，以标识"保存"按钮的操作为修改数据，关键代码如下：

```
private void tlBtnEdit_Click(object sender, EventArgs e)
{
    this.editEnabled();                                  //设置各个按钮的可用状态
    G_Int_addOrUpdate = 1;                               //等于 1 为修改数据
}
```

（6）单击"保存"按钮，保存新增或更改的库存商品信息，其功能的实现主要通过全局变量 G_Int_addOrUpdate 控制。关键代码如下：

```
private void tlBtnSave_Click(object sender, EventArgs e)
{
    if (G_Int_addOrUpdate == 0)                          //判断是添加还是修改数据
    {
        try
        {
            //添加数据
            stockinfo.TradeCode = txtTradeCode.Text;
            stockinfo.FullName = txtFullName.Text;
```

```
            stockinfo.TradeType = txtType.Text;
            stockinfo.Standard = txtStandard.Text;
            stockinfo.Unit = txtUnit.Text;
            stockinfo.Produce = txtProduce.Text;
            int id = baseinfo.AddStock(stockinfo);          //执行添加操作
            MessageBox.Show("新增库存商品数据成功! ","成功提示! ",MessageBoxButtons.OK,
MessageBoxIcon.Information);
          }
        catch (Exception ex)
        {
            MessageBox.Show(ex.Message,"错误提示", MessageBoxButtons.OK,MessageBoxIcon.
Error);
        }
      }
      else
      {
          //修改数据
          stockinfo.TradeCode = txtTradeCode.Text;
          stockinfo.FullName = txtFullName.Text;
          stockinfo.TradeType = txtType.Text;
          stockinfo.Standard = txtStandard.Text;
          stockinfo.Unit = txtUnit.Text;
          stockinfo.Produce = txtProduce.Text;
          int id = baseinfo.UpdateStock(stockinfo);          //执行修改操作
          MessageBox.Show("修改库存商品数据成功! ","成功提示! ",MessageBoxButtons.OK, MessageBoxIcon.
Information);
      }
      //显示最新的库存商品信息
      dgvStockList.DataSource = baseinfo.GetAllStock("tb_stock").Tables[0].DefaultView;
      this.SetdgvStockListHeadText();                        //设置 DataGridView 标题
      this.cancelEnabled();                                 //设置各个按钮的可用状态
}
```

（7）单击"删除"按钮，删除选中的库存商品信息，关键代码如下：

```
private void tlBtnDelete_Click(object sender, EventArgs e)
{
    if (txtTradeCode.Text.Trim() == string.Empty)          //判断是否选择了商品编号
    {
        MessageBox.Show("删除库存商品数据失败! ","错误提示! ",MessageBoxButtons.OK,MessageBox
Icon.Error);
        return;
    }
    stockinfo.TradeCode = txtTradeCode.Text;                //记录商品编号
    int id = baseinfo.DeleteStock(stockinfo);              //执行删除操作
    MessageBox.Show("删除库存商品数据成功! ","成功提示! ",MessageBoxButtons.OK,MessageBoxIcon.
Information);
    //显示最新的库存商品信息
    dgvStockList.DataSource = baseinfo.GetAllStock("tb_stock").Tables[0].DefaultView;
    this.SetdgvStockListHeadText();                        //设置 DataGridView 标题
    this.clearText();                                     //清空文本框
```

（8）单击"查询"按钮，根据设置的查询条件查询库存商品数据信息，并使用 DataGridView
控件进行显示。关键代码如下：

```
private void tlBtnFind_Click(object sender, EventArgs e)
{
    if (tlCmbStockType.Text == string.Empty)               //判断查询类别是否为空
    {
        MessageBox.Show("查询类别不能为空! ", "错误提示! ", MessageBoxButtons.OK,MessageBoxIcon.
Error);
        tlCmbStockType.Focus();                            //使查询类别下拉列表获得鼠标焦点
        return;
    }
```

```
    else
    {
        if (tlTxtFindStock.Text.Trim() == string.Empty)   //判断查询关键字是否为空
        {
            //显示所有库存商品信息
            dgvStockList.DataSource = baseinfo.GetAllStock("tb_stock").Tables[0].DefaultView;
            this.SetdgvStockListHeadText();                      //设置 DataGridView 控件的列标题
            return;
        }
    }
    DataSet ds = null;                                           //创建 DataSet 对象
    if (tlCmbStockType.Text == "商品产地")                       //按商品产地查询
    {
        stockinfo.Produce = tlTxtFindStock.Text;                 //记录商品产地
        ds = baseinfo.FindStockByProduce(stockinfo, "tb_Stock"); //根据商品产地查询
        dgvStockList.DataSource = ds.Tables[0].DefaultView;      //显示查询到的信息
    }
    else                                                         //按商品名称查询
    {
        stockinfo.FullName = tlTxtFindStock.Text;                //记录商品名称
        ds = baseinfo.FindStockByFullName(stockinfo, "tb_stock"); //根据商品名称查询商品信息
        dgvStockList.DataSource = ds.Tables[0].DefaultView;      //显示查询到的信息
    }
    this.SetdgvStockListHeadText();                              //设置 DataGridView 标题
}
```

12.5.3　进货管理模块设计

进货管理模块主要包括对进货单及进货退货单的管理，由于它们的实现原理是相同的，所以这里以进货单管理为例来讲解进货管理模块的实现过程。进货单管理窗体主要用来批量添加进货信息，其运行结果如图 12-14 所示。

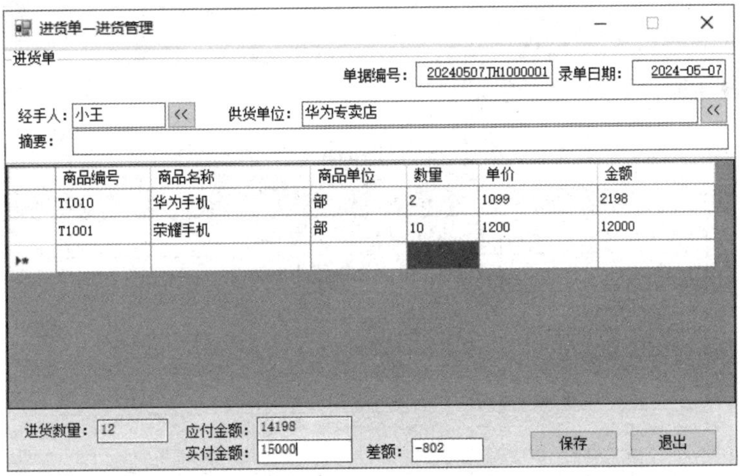

图 12-14　进货单管理窗体

1．向进货单中批量添加商品

进货管理模块实现时，每一个进货单都会对应多种商品，这样就需要向进货单中批量添加进货信息，那么该功能是如何实现的呢？本系统通过一个 for 循环，遍历进货单中已经选中的商品，从而实现向进货单中批量添加商品的功能，关键代码如下：

```
for (int i = 0; i < dgvStockList.RowCount - 1; i++)
{
    billinfo.BillCode = txtBillCode.Text;
```

```
billinfo.TradeCode = dgvStockList[0, i].Value.ToString();
billinfo.FullName = dgvStockList[1, i].Value.ToString();
billinfo.TradeUnit = dgvStockList[2, i].Value.ToString();
billinfo.Qty = Convert.ToSingle(dgvStockList[3, i].Value.ToString());
billinfo.Price = Convert.ToSingle(dgvStockList[4, i].Value.ToString());
billinfo.TSum = Convert.ToSingle(dgvStockList[5, i].Value.ToString());
//执行多行录入数据（添加到明细表中）
baseinfo.AddTableDetailedWarehouse(billinfo, "tb_warehouse_detailed");
//更改库存数量和加权平均价
DataSet ds = null;                              //创建数据集对象
stockinfo.TradeCode = dgvStockList[0, i].Value.ToString();
ds = baseinfo.GetStockByTradeCode(stockinfo, "tb_stock");
stockinfo.Qty = Convert.ToSingle(ds.Tables[0].Rows[0]["qty"]);
stockinfo.Price = Convert.ToSingle(ds.Tables[0].Rows[0]["price"]);
stockinfo.AveragePrice = Convert.ToSingle(ds.Tables[0].Rows[0]["averageprice"]);
//处理加权平均价
if (stockinfo.Price == 0)
{
    stockinfo.AveragePrice = billinfo.Price;     //第一次进货时，加权平均价等于进货价格
    stockinfo.Price = billinfo.Price;            //获取单价
}
else
{
    //加权平均价=(加权平均价×库存总数量+本次进货价格×本次进货数量)/(库存总数量+本次进货数量)
    stockinfo.AveragePrice = ((stockinfo.AveragePrice * stockinfo.Qty + billinfo.Price
* billinfo.Qty) / (stockinfo.Qty + billinfo.Qty));
}
stockinfo.Qty = stockinfo.Qty + billinfo.Qty;//更新商品库存数量
int d = baseinfo.UpdateStock_QtyAndAveragerprice(stockinfo);//执行更新操作
}
```

2. 进货管理模块实现过程

（1）新建一个 Windows 窗体，命名为 frmBuyStock.cs，主要用于实现批量进货功能。该窗体主要用到的控件如表 12-7 所示。

表 12-7 进货单管理窗体主要用到的控件

控件类型	控件 ID	主要属性设置	用途
abl TextBox	txtBillCode	ReadOnly 属性设置为 true	显示单据编号
	txtBillDate	ReadOnly 属性设置为 true	显示录单日期
	txtHandle	Modifiers 属性设置为 public	输入经手人
	txtUnits	Modifiers 属性设置为 public	输入供货单位
	txtSummary	无	输入摘要
	txtStockQty	ReadOnly 属性设置为 true	显示进货数量
	txtFullPayment	ReadOnly 属性设置为 true，Text 属性设置为 0	显示应付金额
	txtpayment	Text 属性设置为 0	输入实付金额
	txtBalance	Text 属性设置为 0	显示或输入差额
ab Button	btnSelectHandle	Text 属性设置为 <<	选择经手人
	btnSelectUnits	Text 属性设置为 <<	选择供货单位
	btnSave	Text 属性设置为 "保存"	保存进货信息
	btnExit	Text 属性设置为 "退出"	退出当前窗体
DataGridView	dgvStockList	在其 Columns 属性中添加 "商品编号" "商品名称" "商品单位" "数量" "单价" "金额" 6 列	选择并显示进货单中的所有商品信息

（2）在 frmBuyStock.cs 代码文件中，声明全局业务层 BaseInfo 类对象、单据数据结构 cBillInfo 类对象、往来对账数据结构 cCurrentAccount 类对象和库存商品信息数据结构 cStockInfo 类对象。代码如下：

```
BaseClass.BaseInfo baseinfo = new EMS.BaseClass.BaseInfo();        //创建 BaseInfo 类的对象
BaseClass.cBillInfo billinfo = new EMS.BaseClass.cBillInfo();      //创建 cBillInfo 类的对象
//创建 cCurrentAccount 类的对象
BaseClass.cCurrentAccount currentAccount = new EMS.BaseClass.cCurrentAccount();
//创建 cStockInfo 类的对象
BaseClass.cStockInfo stockinfo = new EMS.BaseClass.cStockInfo();
```

（3）在 frmBuyStock 窗体的 Load 事件中编写代码，主要用于实现自动生成进货商品单据编号的功能，代码如下：

```
private void frmBuyStock_Load(object sender, EventArgs e)
{
    txtBillDate.Text = DateTime.Now.ToString("yyyy-MM-dd");       //获取录单日期
    DataSet ds = null;                                            //创建数据集对象
    string P_Str_newBillCode = "";                                //记录新的单据编号
    int P_Int_newBillCode = 0;                                    //记录单据编号中的数字码
    ds = baseinfo.GetAllBill("tb_warehouse_main");                //获取所有进货单信息
    if (ds.Tables[0].Rows.Count == 0)                             //判断数据集中是否有值
    {
        //生成新的单据编号
        txtBillCode.Text = DateTime.Now.ToString("yyyyMMdd") + "JH" + "1000001";
    }
    else
    {
        //获取已经存在的最大编号
        P_Str_newBillCode =   Convert.ToString(ds.Tables[0].Rows[ds.Tables[0].Rows.Count -
1]["billcode"]);
        //获取一个最新的数字码
        P_Int_newBillCode = Convert.ToInt32(P_Str_newBillCode.Substring(10, 7)) + 1;
        //获取最新单据编号
        P_Str_newBillCode = DateTime.Now.ToString("yyyyMMdd") + "JH" + P_Int_newBillCode.
ToString();
        txtBillCode.Text = P_Str_newBillCode;                     //将单据编号显示在文本框中
    }
    txtHandle.Focus();                                            //使"经手人"文本框获得焦点
}
```

（4）单击"经手人"文本框后的 按钮弹出经手人窗体，用于选择进货单据经手人。关键代码如下：

```
private void btnSelectHandle_Click(object sender, EventArgs e)
{
    EMS.SelectDataDialog.frmSelectHandle selecthandle;            //声明窗体对象
    selecthandle = new EMS.SelectDataDialog.frmSelectHandle();    //初始化窗体对象
    //将新创建的窗体对象设置为同一个窗体类的对象
    selecthandle.buyStock = this;
    //用于识别是哪一个窗体调用的 selecthandle 窗体
    selecthandle.M_str_object = "BuyStock";
    selecthandle.ShowDialog();                                    //显示窗体
}
```

（5）单击"供货单位"文本框后的 按钮，弹出供货单位窗体，用于选择供货单位。关键代码如下：

```
private void btnSelectUnits_Click(object sender, EventArgs e)
{
    EMS.SelectDataDialog.frmSelectUnits selectUnits;             //声明窗体对象
    selectUnits = new EMS.SelectDataDialog.frmSelectUnits();     //初始化窗体对象
    //将新创建的窗体对象设置为同一个窗体类的对象
    selectUnits.buyStock = this;
```

```
                //用于识别是哪一个窗体调用的 selectUnits 窗体
                selectUnits.M_str_object = "BuyStock";
                selectUnits.ShowDialog();                                    //显示窗体
        }
```

（6）双击 DataGridView 控件的单元格，弹出库存商品数据，用于选择进货商品。关键代码如下：

```
    private void dgvStockList_CellDoubleClick(object sender, DataGridViewCellEventArgs e)
    {
        //创建 frmSelectStock 窗体对象
        SelectDataDialog.frmSelectStock    selectStock    =    new    EMS.SelectDataDialog.
frmSelectStock();
        //将新创建的窗体对象设置为同一个窗体类的对象
        selectStock.buyStock = this;
        selectStock.M_int_CurrentRow = e.RowIndex;                       //记录选中的行索引
        //用于识别是哪一个窗体调用的 selectStock 窗体
        selectStock.M_str_object = "BuyStock";
        //显示 frmSelectStock 窗体
        selectStock.ShowDialog();
    }
```

（7）为了实现自动计算某一商品进货金额，在 DataGridView 控件的单元格中的 CellValueChanged 事件中添加如下代码：

```
    private void dgvStockList_CellValueChanged(objectsender, DataGridViewCellEventArgse)
    {
        if (e.ColumnIndex == 3)                                          //计算商品金额
        {
            try
            {
                float tsum = Convert.ToSingle(dgvStockList[3, e.RowIndex].Value.ToString()) *
Convert.ToSingle(dgvStockList[4, e.RowIndex].Value.ToString());          //计算商品总金额
                dgvStockList[5, e.RowIndex].Value = tsum.ToString();     //显示商品总金额
            }
            catch { }
        }
        if (e.ColumnIndex == 4)
        {
            try
            {
                float tsum = Convert.ToSingle(dgvStockList[3, e.RowIndex].Value.ToString()) *
Convert.ToSingle(dgvStockList[4, e.RowIndex].Value.ToString());          //计算商品总金额
                dgvStockList[5, e.RowIndex].Value = tsum.ToString();     //显示商品总金额
            }
            catch { }
        }
    }
```

（8）为了统计进货单的进货数量和应付金额，在 DataGridView 控件的 CellStateChanged 事件中添加如下代码：

```
    private void dgvStockList_CellStateChanged(object sender, DataGridViewCellStateChangedEventArgs e)
    {
        try
        {
            float tqty = 0;                                              //记录进货数量
            float tsum = 0;                                              //记录应付金额
            //遍历 DataGridView 控件中的所有行
            for (int i = 0; i <= dgvStockList.RowCount; i++)
            {
                //计算应付金额
                tsum = tsum + Convert.ToSingle(dgvStockList[5, i].Value.ToString());
                //计算进货数量
                tqty = tqty + Convert.ToSingle(dgvStockList[3, i].Value.ToString());
```

```
        txtFullPayment.Text = tsum.ToString();              //显示应付金额
        txtStockQty.Text = tqty.ToString();                 //显示进货数量
    }
}
catch { }
}
```

（9）在"实付金额"文本框的 TextChanged 事件中添加如下代码，用于实现计算应付金额和实付金额的差值：

```
private void txtpayment_TextChanged(object sender, EventArgs e)
{
    try
    {
        txtBalance.Text  =  Convert.ToString(Convert.ToSingle(txtFullPayment.Text)  -
Convert.ToSingle(txtpayment.Text));                          //自动计算差额
    }
    catch(Exception ex)
    {
        MessageBox.Show("录入非法字符!"+ex.Message,"错误提示",MessageBoxButtons.OK,Message
BoxIcon.Error);
        //使"实付金额"文本框获得鼠标焦点
        txtpayment.Focus();
    }
}
```

（10）单击"保存"按钮，保存单据中的所有进货商品信息，关键代码如下：

```
private void btnSave_Click(object sender, EventArgs e)
{
    //往来单位和经手人不能为空
    if (txtHandle.Text == string.Empty || txtUnits.Text == string.Empty)
    {
        MessageBox.Show("供货单位和经手人为必填项！", "错误提示",MessageBoxButtons.
OK,MessageBoxIcon.Error);
        return;
    }
    if (Convert.ToString(dgvStockList[3, 0].Value) == string.Empty || Convert.
ToString(dgvStockList[4, 0].Value) == string.Empty || Convert.ToString(dgvStockList[5,
0].Value) == string.Empty)                                  //列表中数据不能为空
    {
        MessageBox.Show("请核实列表中数据：数量、单价、金额不能为空！","错误提示", MessageBox
Buttons.OK, MessageBoxIcon.Error);
        return;
    }
    if (txtFullPayment.Text.Trim() == "0")                  //应付金额不能为0
    {
        MessageBox.Show("应付金额不能为0！","错误提示", MessageBoxButtons.OK, Message BoxIcon.Error);
        return;
    }
    //向进货主表中录入商品单据信息
    billinfo.BillCode = txtBillCode.Text;
    billinfo.Handle = txtHandle.Text;
    billinfo.Units = txtUnits.Text;
    billinfo.Summary = txtSummary.Text;
    billinfo.FullPayment =Convert.ToSingle(txtFullPayment.Text);
    billinfo.Payment = Convert.ToSingle(txtpayment.Text);
    baseinfo.AddTableMainWarehouse(billinfo, "tb_warehouse_main");//执行添加操作
    //向进货明细表中录入商品单据信息
    for (int i = 0; i < dgvStockList.RowCount - 1; i++)
    {
        billinfo.BillCode = txtBillCode.Text;
        billinfo.TradeCode = dgvStockList[0, i].Value.ToString();
        billinfo.FullName = dgvStockList[1, i].Value.ToString();
```

```
            billinfo.TradeUnit = dgvStockList[2, i].Value.ToString();
            billinfo.Qty = Convert.ToSingle(dgvStockList[3, i].Value.ToString());
            billinfo.Price = Convert.ToSingle(dgvStockList[4, i].Value.ToString());
            billinfo.TSum = Convert.ToSingle(dgvStockList[5, i].Value.ToString());
            //执行多行录入数据（添加到明细表中）
            baseinfo.AddTableDetailedWarehouse(billinfo, "tb_warehouse_detailed");
            //更改库存数量和加权平均价
            DataSet ds = null;                                      //创建数据集对象
            stockinfo.TradeCode = dgvStockList[0, i].Value.ToString();
            ds = baseinfo.GetStockByTradeCode(stockinfo, "tb_stock");
            stockinfo.Qty = Convert.ToSingle(ds.Tables[0].Rows[0]["qty"]);
            stockinfo.Price = Convert.ToSingle(ds.Tables[0].Rows[0]["price"]);
            stockinfo.AveragePrice = Convert.ToSingle(ds.Tables[0].Rows[0]["averageprice"]);
            //处理加权平均价
            if (stockinfo.Price == 0)
            {
                //第一次进货时，加权平均价等于进货价格
                stockinfo.AveragePrice = billinfo.Price;
                stockinfo.Price = billinfo.Price;                   //获取单价
            }
            else
            {
                //加权平均价=（加权平均价×库存总数量+本次进货价格×本次进货数量)/(库存总数量+本次进货数量)
                stockinfo.AveragePrice = ((stockinfo.AveragePrice * stockinfo.Qty + billinfo.Price
* billinfo.Qty) / (stockinfo.Qty + billinfo.Qty));
            }
            stockinfo.Qty = stockinfo.Qty + billinfo.Qty;          //更新商品库存数量
            int d = baseinfo.UpdateStock_QtyAndAveragerprice(stockinfo);  //执行更新操作
        }
        //向往来对账明细表中添加明细数据
        currentAccount.BillCode = txtBillCode.Text;
        currentAccount.ReduceGathering =Convert.ToSingle(txtFullPayment.Text);
        currentAccount.FactReduceGathering =Convert.ToSingle(txtpayment.Text);
        currentAccount.Balance =Convert.ToSingle(txtBalance.Text);
        currentAccount.Units = txtUnits.Text;
        int ca = baseinfo.AddCurrentAccount(currentAccount);       //执行添加操作
        MessageBox.Show("进货单过账成功！","成功提示",MessageBoxButtons.OK,MessageBoxIcon.Informa tion);
        this.Close();                                              //关闭当前窗体
    }
    sellStockDesc.Show();                                          //显示商品销售排行榜窗体
    this.Close();                                                 //关闭当前窗体
}
```

12.6 运行项目

模块设计及代码编写完成之后，单击 VS 2022 工具栏中的 ▶ 按钮，或者选择"调试"/
"开始调试"菜单项或"调试"/"开始执行（不调试）"菜单项，运行该项目，弹出腾龙进
销存管理系统的"登录进销存管理系统"对话框，如图 12-15 所示。

在"登录进销存管理系统"对话框中输入用户
名和密码，单击"登录"按钮，进入腾龙进销存管
理系统的主窗体，然后可以对主窗体中的菜单进行
操作，以便调用各个模块。例如，在主窗体中选择
"进货管理"/"进货单"菜单项，可以弹出"进货
单—进货管理"窗体，如图 12-16 所示。在该窗体
中，可以添加进货信息。

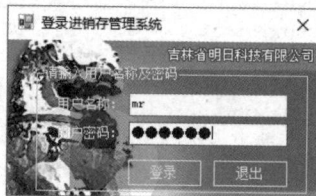

图 12-15 "登录进销存管理系统"对话框

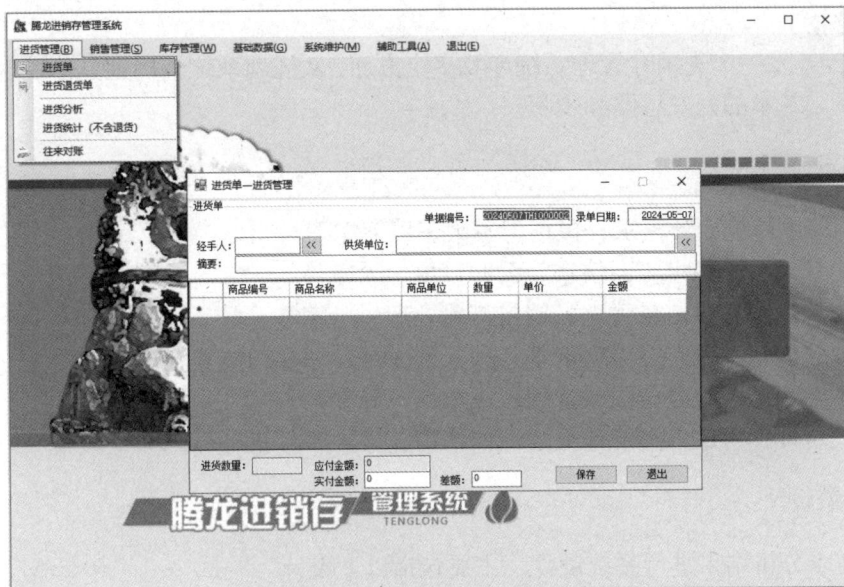

图 12-16 "进货单—进货管理"窗体

在添加进货信息时，还可以单击"经手人"文本框后面的 按钮，在弹出的"选择经手人"对话框中选择经手人，如图 12-17 所示。

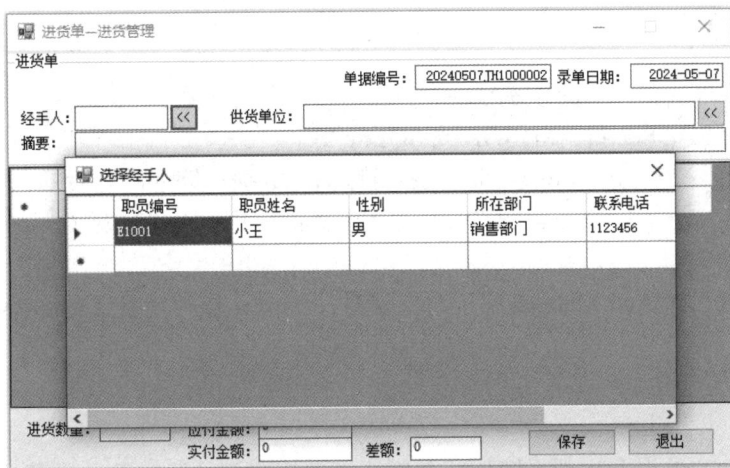

图 12-17 在弹出的"选择经手人"对话框中选择经手人

12.7 AI 辅助编程——分析并优化项目

在开发 C#项目时，可以利用 AI 提供开发思路，提高项目开发效率。下面利用 AI 来优化本章的进销存管理系统。

12.7.1 提供项目开发思路

【问题】

请给出使用 C#开发一个进销存管理系统的基本思路。

【AI 建议】

使用 C#开发一个进销存管理系统涉及多个方面，从规划系统架构到具体实现各个功能模块。以下是基本的开发思路和步骤。

1. 需求分析

首先明确系统的业务需求，包括但不限于以下需求。
- 采购管理：记录供应商信息、采购订单、入库等。
- 销售管理：客户信息管理、销售订单处理、出库等。
- 库存管理：实时监控库存水平、预警低库存、库存调整等。
- 财务管理：应收应付账款管理、成本核算等。
- 报表统计：生成各类统计报表，如销售趋势、库存状态等。

2. 系统设计

基于需求分析结果进行系统设计，主要包括以下设计。
- 数据库设计：确定需要的数据表结构，比如产品表、供应商表、客户表、订单表、库存变动记录表等。
- 架构设计：选择合适的架构模式（如 MVC、MVVM），定义各层之间的交互方式。
- 接口设计：如果系统中包含外部服务调用或 API，则需要设计相应的接口。

3. 技术选型

根据项目要求选择合适的技术栈。
- 数据库：SQL Server、MySQL 或 SQLite 等。
- ORM 框架：Entity Framework Core 可以简化数据访问层的开发。
- UI 框架：Windows Forms 或 WPF 适用于桌面应用，ASP.NET Core MVC/Blazor 适用于 Web 应用。
- 其他工具：如 AutoMapper 用于对象映射，Dapper 作为轻量级的 ORM 替代方案等。

4. 开发阶段

数据库层
- 使用所选的数据库管理系统创建数据库，并按照设计好的 E-R 图建立相应的表格。
- 编写数据访问代码，利用 ORM 工具或直接使用 ADO.NET 与数据库交互。

业务逻辑层
- 实现核心业务逻辑，例如添加新商品、更新库存、处理订单等操作。
- 引入领域模型来表示业务实体，并确保遵循面向对象的设计原则。

表示层/UI 层
- 根据用户体验设计界面布局，提供用户友好的交互方式。
- 绑定视图与后台数据模型，实现实时更新显示效果。

5. 测试

- 单元测试：对每个独立的功能模块编写单元测试，保证其正确性。

□ 集成测试：验证不同模块间是否正常协作。

□ 用户验收测试：邀请最终用户参与测试，收集反馈并优化系统。

6．部署与维护

□ 准备部署环境，打包应用程序及其依赖项。

□ 部署到目标服务器或客户端设备上。

□ 定期维护软件，修复 bug，增加新特性，保持系统的稳定性和安全性。

12.7.2　为项目添加统计报表模块

【问题】

请给出为进销存管理系统添加统计报表模块的思路及方法。

【AI 建议】

为进销存管理系统添加统计报表模块，可以通过以下思路和方法来实现。这个过程涉及了解业务需求、设计数据模型、选择合适的图表库或报表工具以及编写相应的逻辑代码。

- 思路

1. 需求分析：首先明确需要生成哪些类型的统计报表。例如，按时间范围（日、周、月、季度、年）统计的销售量、销售额，按产品类别统计的库存情况，按供应商统计的采购金额等。

2. 数据准备：确保数据库中存储了所有必要的信息，包括但不限于销售记录、采购记录、库存变动记录等。如果现有数据不足以支持所需的统计分析，则可能需要对数据库模式进行调整或者增加额外的数据收集机制。

3. 选择技术栈。

□ 图表库：如 LiveCharts、OxyPlot 等，用于在应用程序内部直接展示图表。

□ 报表工具：如 Crystal Reports、Telerik Reporting 等，可以生成更加专业和复杂的报表，并支持导出为 PDF、Excel 等多种格式。

□ ORM 框架：如 Entity Framework，简化数据库操作。

4. 设计 UI：创建用户界面以便用户选择统计维度（如时间段、产品类型）、查看统计结果。可以考虑使用 ComboBox、DatePicker 等控件让用户自定义查询条件。

5. 开发逻辑层：编写服务层代码执行查询操作，从数据库中获取数据并进行必要的处理（如聚合计算）。这一步骤通常涉及 LINQ 查询，可以灵活地筛选和整理数据。

6. 集成与测试：将前端 UI 与后端逻辑和服务集成起来，并进行全面测试确保功能正确性和用户体验良好。

- 方法示例

假设我们使用 Entity Framework 作为 ORM 框架、LiveCharts 作为图表库来展示简单的销售趋势图。

（1）安装依赖

通过 NuGet 安装 Entity Framework 和 LiveCharts 包。

（2）数据模型

假设有如下实体类：

```
public class SaleRecord
{
    public int Id { get; set; }
```

```
    public DateTime Date { get; set; }
    public decimal Amount { get; set; }
    //其他属性
}
```

（3）服务层逻辑

编写一个服务类来获取特定时间段内的销售总额：

```
public class SalesReportService
{
    private readonly DbContext _context;
    public SalesReportService(DbContext context)
    {
        _context = context;
    }
    public IEnumerable<decimal> GetSalesByMonth(DateTime startDate, DateTime endDate)
    {
        return _context.Set<SaleRecord>()
                    .Where(s => s.Date >= startDate && s.Date <= endDate)
                    .GroupBy(s => new { Year = s.Date.Year, Month = s.Date.Month })
                    .Select(g => g.Sum(s => s.Amount))
                    .ToList();
    }
}
```

（4）UI 层

在 WPF 应用中使用 LiveCharts 显示数据：

```
<Window x:Class="YourNamespace.MainWindow"
        xmlns="http://schemas.microsoft.com/winfx/2006/xaml/presentation"
        xmlns:x="http://schemas.microsoft.com/winfx/2006/xaml"
        Title="Sales Report" Height="350" Width="525">
    <Grid>
        <lvc:CartesianChart Series="{Binding LineSeriesCollection}">
            <!-- 其他配置 -->
        </lvc:CartesianChart>
    </Grid>
</Window>
```

在后台代码中绑定数据：

```
public partial class MainWindow : Window
{
    public LineSeriesCollection LineSeriesCollection { get; set; }
    public MainWindow()
    {
        InitializeComponent();
        var service = new SalesReportService(new YourDbContext());
        var salesData = service.GetSalesByMonth(new DateTime(2024, 1, 1), new DateTime
(2024, 12, 31));
        LineSeriesCollection = new LineSeriesCollection
        {
            new LineSeries
            {
                Values = new ChartValues<decimal>(salesData),Title = "Monthly Sales"
            }
        };
        DataContext = this;
    }
}
```

以上是一个基本的示例，实际项目中还需要根据具体需求进行调整和完善。

【追加问题】

如果想设计报表实现进销存管理系统中的报表模块，应该在 Visual Studio 中如何配置？

【AI 建议】

要在 Visual Studio 中配置并使用 Crystal Reports 为进销存管理系统添加报表模块，你需要遵循以下步骤进行设置。这里假设你已经安装了 Visual Studio，并准备开始集成 Crystal Reports。

步骤 1：安装 Crystal Reports for Visual Studio

首先，确保你的开发环境中已安装 Crystal Reports for Visual Studio。你可以从 SAP 官网下载适合你的 Crystal Reports for Visual Studio。

❑ 访问下载页面并选择适用于你 Visual Studio 版本的 Crystal Reports。

❑ 下载后按照指示完成安装过程。

❑ 安装完成后，可能需要重启 Visual Studio。

步骤 2：添加 Crystal Reports 到项目

（1）打开或创建你的项目：在 Visual Studio 中打开你的进销存管理系统项目。

（2）添加新的 Crystal Reports。

❑ 右击解决方案资源管理器窗口中的项目名称，选择 Add -> New Item...。

❑ 在弹出的窗口中找到 Reporting 类别，然后选择 Crystal Reports。

❑ 给报表命名（如 SalesReport.rpt），然后单击 Add 按钮。

（3）设计你的报表。

❑ 在新建的 Crystal Reports 设计器中，你可以选择数据源。通常你会连接到数据库并选择特定的表、视图或存储过程作为数据源。

❑ 根据需求拖曳字段到报表的设计区域，包括标题、细节部分和页脚等。

❑ 使用 Crystal Reports 提供的工具来格式化报表，比如添加图表、调整布局等。

步骤 3：配置项目引用

确保你的项目包含必要的 Crystal Reports 运行时库引用。

（1）使用鼠标右击项目，选择 Manage NuGet Packages...。

（2）搜索并安装 CrystalDecisions.CrystalReports.Engine 等相关包。（注意：根据你的.NET 框架版本，可能需要安装不同的包。）

或者，如果使用的是非 NuGet 方式，可以直接添加对 CrystalDecisions 组件的引用。

❑ 使用鼠标右击项目，选择 Add -> Reference...。

❑ 在.NET 标签下查找 CrystalDecisions.CrystalReports.Engine 等相关的 DLL 文件并添加。

步骤 4：编写代码加载并显示报表

在你的应用程序中编写代码以加载并显示 Crystal Reports。例如，在一个 Windows Forms 应用中，可以这样做：

```
private void ShowReport()
{
    //创建报表实例
    ReportDocument cryRpt = new ReportDocument();
    //加载报表文件
    cryRpt.Load(@"path_to_your_report\SalesReport.rpt");
    //设置数据库登录信息（如果需要）
    TableLogOnInfos crtableLogoninfos = new TableLogOnInfos();
    TableLogOnInfo crtableLogoninfo = new TableLogOnInfo();
    ConnectionInfo crConnectionInfo = new ConnectionInfo();
    Tables CrTables;
    crConnectionInfo.ServerName = "your_server_name";
    crConnectionInfo.DatabaseName = "your_database_name";
    crConnectionInfo.UserID = "your_username";
    crConnectionInfo.Password = "your_password";
    CrTables = cryRpt.Database.Tables;
    foreach (CrystalDecisions.CrystalReports.Engine.Table CrTable in CrTables)
```

```
    {
        crtableLogoninfo = CrTable.LogOnInfo;
        crtableLogoninfo.ConnectionInfo = crConnectionInfo;
        CrTable.ApplyLogOnInfo(crtableLogoninfo);
    }
    //显示报表
    crystalReportViewer1.ReportSource = cryRpt;
    crystalReportViewer1.Refresh();
}
```

请根据实际情况修改上述代码中的路径、服务器名称、数据库名称、用户名和密码等参数。

通过以上步骤，你应该能够在 Visual Studio 中成功配置并使用 Crystal Reports 来为进销存管理系统添加报表功能。记得测试你的报表是否能够正确显示数据，并根据用户反馈进一步优化报表的设计和功能。

12.7.3 升级进销存管理系统框架

【问题】

如何将本章基于.NET Framework 实现的进销存管理系统升级为.NET？

【AI 建议】

如果你的目标是将基于.NET Framework 的应用程序升级到更新的.NET（例如.NET 5 或.NET 6），这通常涉及迁移过程。以下是将基于.NET Framework 的进销存管理系统迁移到.NET 的主要步骤。

1．准备工作

- 备份：在开始之前确保对现有项目进行完整备份。
- 了解差异：熟悉.NET 和.NET Framework 之间的主要区别，特别是那些可能影响你项目的部分，比如 API 的变化、废弃的功能等。

2．使用.NET Upgrade Assistant 工具

微软提供了一个名为 Upgrade Assistant 的命令行工具，专门用于帮助开发者将他们的应用程序从.NET Framework 迁移到.NET。

- 安装 Upgrade Assistant。

你可以通过 NuGet 或 Visual Studio Marketplace 安装此工具。

```
dotnet tool install -g upgrade-assistant
```

- 使用 Upgrade Assistant。

打开命令提示符窗口或终端，并导航至你的项目目录，然后运行以下命令来启动迁移过程：

```
upgrade-assistant upgrade <YourProjectFile.csproj>
```

该工具会逐步指导你完成整个迁移过程，包括但不限于以下几点。

- 更新项目文件格式。
- 替换不兼容的 NuGet 包。
- 提供手动调整建议。

3．手动调整

根据 Upgrade Assistant 提供的报告，你可能需要手动修改一些代码以适应新的.NET 环

境。常见的任务如下。

- API 更改：检查并替换已废弃的 API 调用。
- 依赖项更新：确认所有第三方库都支持目标.NET 版本；如果不支持，则寻找替代方案。
- 配置文件：如果使用了 web.config 或 app.config，则需转换为新格式，如 appsettings.json。

4．测试

- 单元测试：确保所有的单元测试都能成功执行，必要时添加新的测试案例覆盖新增或修改的功能。
- 集成测试：验证不同组件间的交互是否符合预期。
- 性能测试：评估应用性能是否有变化，优化可能出现的性能瓶颈。

5．部署

- 确认部署流程适用于新的.NET 环境。
- 根据需要调整 Dockerfile 或其他自动化构建脚本。

注意事项

- 迁移过程中可能会遇到某些特定于.NET Framework 的功能无法直接移植的情况，这时需要考虑重写这部分逻辑。
- 考虑分阶段迁移大型项目，先迁移一部分功能，逐步过渡到完全基于.NET 的新架构。

通过上述步骤，可以有效地将基于.NET Framework 的进销存管理系统迁移到现代的.NET 平台上，从而利用最新的技术特性以及获得更好的跨平台支持。

12.8 小结

本章使用面向对象编程技术开发了一个腾龙进销存管理系统。面向对象编程技术是现在主要的项目开发技术，希望读者通过对本章内容的学习，能够掌握面向对象编程技术开发模式。

第 **13** 章 课程设计——桌面提醒工具

本章要点

- 桌面提醒工具的设计目的
- 桌面提醒工具的开发环境要求
- 主要功能模块的界面设计
- 主要功能模块的关键代码

桌面提醒工具
使用说明

无论是在生活中，还是在工作中，小到个人、大到国家都会制订计划，并且有些计划是十分重要的。繁忙的工作和较快的生活节奏也许会让你偶尔"健忘"。如果你打开计算机开始一天的工作，一款桌面提醒工具软件按照事先的设置，给你一个温馨的提示，这会对你的工作有所帮助。本章将介绍如何开发一个功能齐全并有着良好交互性的桌面提醒工具。

13.1 课程设计目的

"桌面提醒工具"课程设计旨在提高学生的动手能力，加强学生对专业理论知识的理解和应用。具体目标如下。

- 加深对面向对象程序设计思想的理解，并能对软件功能进行分析，设计合理的类结构。
- 掌握 Windows 窗体应用程序的开发过程。
- 掌握使用多线程技术执行任务的方法。
- 掌握 ADO.NET 数据库开发技术的使用方法。
- 提高开发软件的能力，能够运用合理的控制流程编写高效的代码。
- 培养分析问题、解决问题的能力。

13.2 功能描述

通过深入广泛的实际调研，为桌面提醒工具设计出以下功能。

- 手动进行计划的录入，并对计划进行查询、统计。
- 手动进行提醒设置。
- 根据用户事先的设置，提供自动服务的功能。

□ 定期弹出"提示气泡"，实时提醒用户。

□ 能够方便地设置系统，定时关机、重启等。

13.3 总体设计

13.3.1 构建开发环境

桌面提醒工具的开发环境具体要求如下。

□ 系统开发平台：Microsoft Visual Studio 2022。

□ 系统开发语言：C#。

□ 运行平台：Windows 10/Windows 11。

□ 运行环境：Microsoft .NET Framework SDK v4.8。

13.3.2 程序预览

桌面提醒工具主要由 10 部分组成，包括提示气泡界面、托盘菜单、计划录入界面、计划查询界面、定时关机界面、启动提示界面、提醒设置界面、处理计划界面、计划统计界面、历史查询界面。下面将介绍其中的 5 个部分。

如图 13-1 所示，提示气泡界面会定时弹出包含将要执行的计划信息的界面，以提醒用户。

如图 13-2 所示，本软件为了使用户操作方便，在桌面的右下角添加了一个托盘菜单，该菜单包括"打开窗口""系统设置""退出程序"等菜单项。

图 13-1　提示气泡界面

图 13-2　托盘菜单

如图 13-3 所示，计划录入界面主要用于添加、修改和删除计划信息，计划录入是整个系统的主要数据来源。

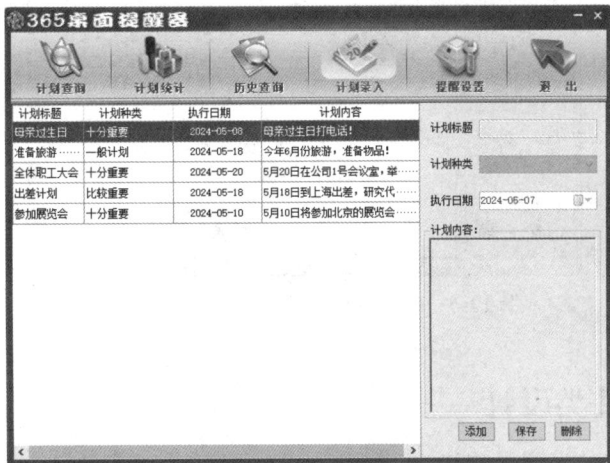

图 13-3　计划录入界面

如图 13-4 所示，计划查询界面用于查询近期要执行的计划任务，可以选择"按照提前天数查询"复选框，也可以选择"按照计划内容查询"复选框。并且双击某一条计划信息，还可以打开处理计划界面，在该界面中对计划做简单的说明。

如图 13-5 所示，定时关机界面用于设置计算机系统定时关机的各种参数，包括关机时间、关机类型、执行周期和启用按预设时间关机功能等。

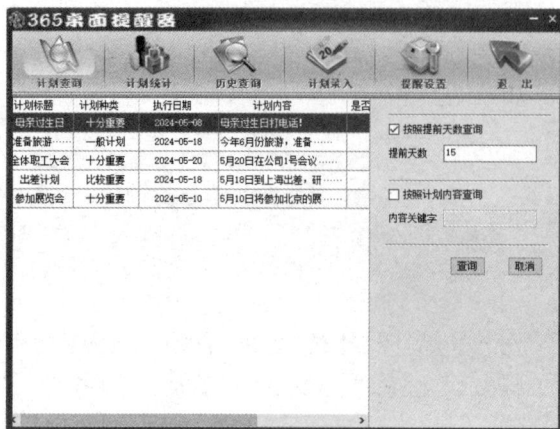

图 13-4　计划查询界面

图 13-5　定时关机界面

13.4　数据库设计

桌面提醒工具应用 Access 数据库，数据库名称为 PlanRemind（对应的物理文件名称为 PlanRemind.mdb），其中包含 3 个数据表，分别用来存储定时关机参数信息、提醒参数设置信息和计划任务信息，如图 13-6 所示。

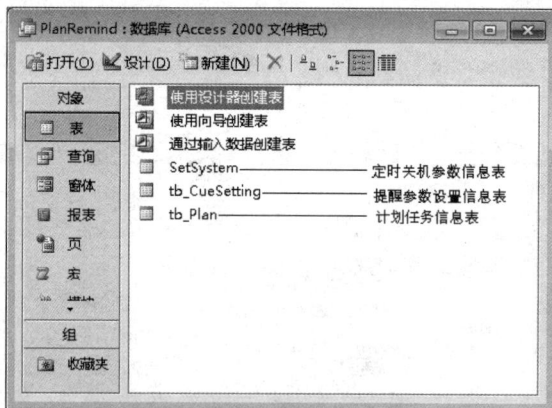

图 13-6　PlanRemind 数据库的结构及说明

13.5　公共类设计

为了提高代码的重用率和加强代码的集中化管理，本软件将数据绑定功能和一些特殊属性封装在自定义类中，下面对这些自定义类进行详细介绍。

13.5.1 封装数据值和显示值的类

为了将 DataGridView 控件的 DataGridViewComboBoxColumn 列的数据值转换为显示值，需要定义两个属性分别来存储该列的 ValueMember 和 DisplayMember 属性值，这两个自定义属性被封装在 CalFlag 类中，代码如下：

```
class CalFlag                                  //该类封装了两个特殊属性
{
    public string DisplayText                  //存储 DisplayMember 属性值
    {
        get;                                   //获取数据
        set;                                   //设置数据
    }
    public string DataValue                    //存储 ValueMember 属性值
    {
        get;                                   //获取数据
        set;                                   //设置数据
    }
}
```

13.5.2 绑定和显示数据的类

为了在 DataGridView 控件的 DataGridViewComboBoxColumn 列中显示数据，本软件实现了将 List<CalFlag>实例绑定到 DataGridViewComboBoxColumn 列；另外，为了更加清晰地查看 DataGridView 控件中的数据记录，本软件实现了在 DataGridView 控件中隔行换色显示数据记录的功能。这两个功能被封装在 ExtendDataGridView 自定义类中，该类封装了两个扩展方法，代码如下：

```
static class ExtendDataGridView
{
    ///转换 DataGridViewComboBoxColumn 列的数据值为显示值
    ///<param name="dgvcbxColumn">DataGridViewComboBoxColumn 列</param>
    ///<param name="strValueMemberName">数据值</param>
    ///<param name="strDisplayMemberName">显示值</param>
    ///<param name="items">集合</param>
    public static void ConvertValueToText(this DataGridViewComboBoxColumn dgvcbxColumn,
string strValueMemberName, string strDisplayMemberName, ICollection items)
    {
        dgvcbxColumn.DataSource = items;                    //设置数据源
        dgvcbxColumn.ValueMember = strValueMemberName;      //设置数据值
        dgvcbxColumn.DisplayMember = strDisplayMemberName;  //设置显示值
    }
    ///在 DataGridView 控件中隔行换色显示数据记录
    ///<param name="dgv">DataGridView 控件</param>
    ///<param name="color">偶数行的颜色</param>
    public static void AlternateColor(this DataGridView dgv, Color color)
    {
        dgv.SelectionMode=DataGridViewSelectionMode.FullRowSelect; //设置选择模式为整行
        foreach (DataGridViewRow dgvr in dgv.Rows)                 //遍历所有的数据行
        {
            if (dgvr.Index % 2 == 0)                               //若是偶数行
            {
                dgvr.DefaultCellStyle.BackColor = color;           //设置偶数行背景颜色
            }
        }
    }
}
```

13.6 实现过程

13.6.1 提醒设置

提醒设置提供了两个重要的自动服务功能。一个是软件启动后，自动检索指定天数内要执行的计划任务；另外一个是软件按照指定的时间间隔弹出提示气泡。这两种功能都是在提醒设置界面中启用的，提醒设置界面如图 13-7 所示。

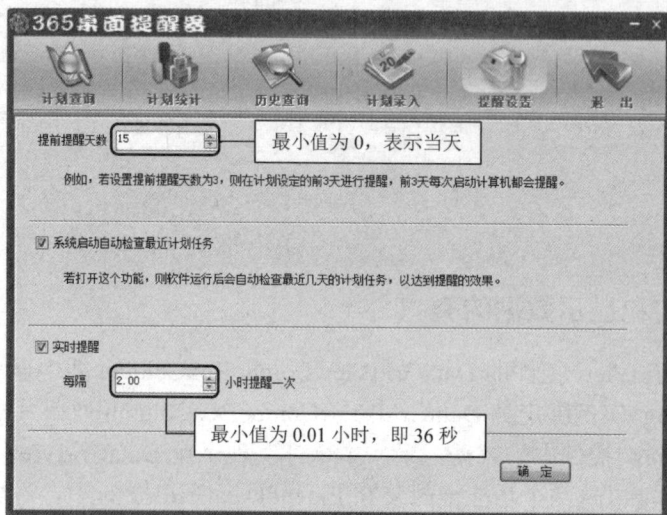

图 13-7　提醒设置界面

1. 提醒设置界面设计

把应用程序默认的 Form1 窗体重命名为 Frm_Main。在该窗体上方的工具栏位置添加一个 PictureBox 控件，命名为 pic_CueSetting，用来作为"提醒设置"按钮；在该窗体的下方添加一个 Panel 控件，命名为 panel_CueSetting，在该 Panel 控件中添加若干控件，用来设置和显示提示信息。该 Panel 控件中添加的主要控件及其设置和用途如表 13-1 所示。

表 13-1　Panel 控件中添加主要的控件及其设置和用途

控件类型	控件 ID	主要属性设置	用途
A Label	lab_Days	默认设置	该控件的文本用于对"提前提醒天数"这个概念进行解释
	lab_AutoRetrieve	默认设置	该控件的文本用于对"系统启动自动检查最近计划任务"这个概念进行解释
NumericUpDown	nud_Days	Value 属性设置为 3	设置"提前提醒天数"
	nud_TimeInterval	Minimum 属性设置为 0.01；Value 属性设置为 4	设置提醒间隔
☑ CheckBox	chb_IsAutoCheck	Checked 属性设置为 True	设置系统启动自动检查最近计划任务
	chb_IsTimeCue	Checked 属性设置为 True	设置系统是否具有实时提醒的功能
ab Button	button1	默认设置	实现保存数据的操作

2. 打开提醒设置界面

在窗体的工具栏中单击"提醒设置"按钮，程序将设置 panel_CueSetting 控件为可见状态，而设置其他界面的 Panel 控件为不可见状态，"提醒设置"按钮的 Click 事件代码如下：

```
private void pic_CueSetting_Click(object sender, EventArgs e)
{
    panel_PlanRegister.Visible = false;          // "计划录入" 面板不可见
    panel_PlanSearch.Visible = false;            // "计划查询" 面板不可见
    panel_PlanStat.Visible = false;              // "计划统计" 面板不可见
    panel_HisSearch.Visible = false;             // "历史查询" 面板不可见
    panel_CueSetting.Visible = true;             // "提醒设置" 面板可见
    //检索提醒设置数据表
    OleDbDataAdapter oleDa = new OleDbDataAdapter("Select top 1 * from tb_CueSetting",
oleConn);
    DataTable dt = new DataTable();              //创建 DataTable 实例
    oleDa.Fill(dt);                             //把数据填充到 DataTable 实例中
    if (dt.Rows.Count > 0)                       //若存在数据
    {
        DataRow dr = dt.Rows[0];                 //获取第一条数据
        nud_Days.Value=Convert.ToDecimal(dr["Days"]);    //获取提前提醒天数
        chb_IsAutoCheck.Checked = Convert.ToBoolean(dr["IsAutoCheck"]);    //设置是否自动检查
        chb_IsTimeCue.Checked = Convert.ToBoolean(dr["IsTimeCue"]);       //设置是否实时提醒
        nud_TimeInterval.Value = Convert.ToDecimal(dr["TimeInterval"]);   //读取时间间隔
    }
}
```

3. 保存提示设置

首先设置"提前提醒天数"，因为软件的"系统启动自动检查最近计划任务"功能和"实时提醒"功能都要读取"提前提醒天数"这个数据；然后设置自动检查、实时提醒和时间间隔；最后单击"确定"按钮保存提示设置。实现代码如下：

```
private void button1_Click(object sender, EventArgs e)
{
    //创建命令对象
    OleDbCommand oleCmd = new OleDbCommand("SELECT top 1 * FROM tb_CueSetting", oleConn);
    if (oleConn.State != ConnectionState.Open)   //若数据连接未打开
    {
        oleConn.Open();                          //打开数据连接
    }
    OleDbDataReader oleDr = oleCmd.ExecuteReader();    //创建只读数据流
    //定义插入 SQL 语句
    string strInsertSql = "INSERT INTO tb_CueSetting VALUES(" + Convert.ToInt32
(nud_Days.Value) + "," + chb_IsAutoCheck.Checked + "," + chb_IsTimeCue.Checked + "," +
Convert.ToDouble(nud_TimeInterval.Value)+")";
    //定义更新 SQL 语句
    string strUpdateSql = "UPDATE tb_CueSetting SET Days = " + Convert.ToInt32
(nud_Days.Value) + ",IsAutoCheck = " + chb_IsAutoCheck.Checked + ",IsTimeCue = " +
chb_IsTimeCue.Checked + ",TimeInterval = " + Convert.ToDouble(nud_TimeInterval.Value);
    //获取本次要执行的 SQL 语句
    string strSql = oleDr.HasRows ? strUpdateSql : strInsertSql;
    oleDr.Close();                               //关闭只读数据流
    oleCmd.CommandType = CommandType.Text;       //设置命令类型
    oleCmd.CommandText = strSql;                 //设置 SQL 语句
    if (oleCmd.ExecuteNonQuery() > 0)            //若执行 SQL 语句成功
    {
        MessageBox.Show("设置成功! ");           //弹出成功提示框
        if (chb_IsTimeCue.Checked)
```

```
                            {
                                //设置 Timer 控件的触发频率
                                timer1.Interval = Convert.ToInt32(nud_TimeInterval.Value * 3600 * 1000);
                                timer1.Enabled = true;                          //启动计时器
                            }
                            else
                            {
                                timer1.Enabled = false;                          //禁用计时器
                            }

                        }
                        else                                                     //若执行失败
                        {
                            MessageBox.Show("设置失败! ");                        //弹出失败提示框
                        }
                        oleConn.Close();                                         //关闭连接
                    }
```

13.6.2   计划录入

计划录入是桌面提醒工具的核心数据
来源，系统所有的业务都围绕计划展开。
计划录入界面包括计划标题（标题必须填
写）、计划种类、执行日期和计划内容。计
划录入界面如图 13-8 所示。

1. 设计计划录入界面

在 Frm_Main 窗体上方的工具栏位置添
加一个 PictureBox 控件，命名为 pic_Plan
Register，用来作为"计划录入"按钮；在该
窗体的下方添加一个 Panel 控件，命名为
panel_PlanRegister；在该 Panel 控件中添加若

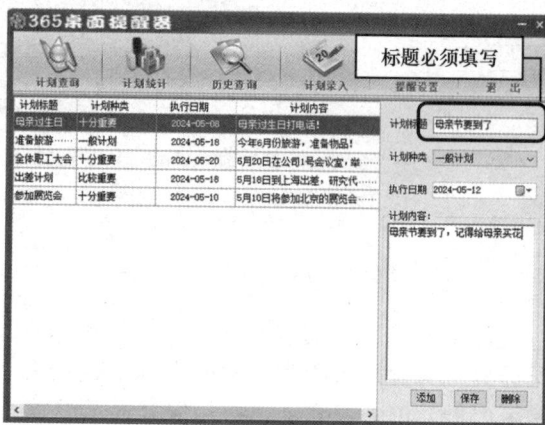

图 13-8   计划录入界面

干控件，用来输入计划信息。该 Panel 控件中添加的主要控件及其设置和用途如表 13-2 所示。

表 13-2   Panel 控件中添加的主要控件及其设置和用途

控件类型	控件 ID	主要属性设置	用途
〔abl〕 TextBox	txt_PlanTitle	Enabled 属性设置为 false	输入计划标题
〔▦〕 DateTimePicker	dtp_ExecuteTime	Enabled 属性设置为 false	选择计划执行日期
〔▤〕 ComboBox	cbox_PlanKind	Enabled 属性设置为 false，DropDownStyle 属性设置 DropDownList	选择计划种类
〔▤〕 RichTextBox	rtb_PlanContent	Enabled 属性设置为 false	输入计划内容
〔▦〕 DataGridView	dgv_PlanRegister	在Columns属性中添加若干项(详见源程序)，SelectionMode 属性设置为 FullRowSelect	显示计划信息
〔ab〕 Button	button2	Text 属性设置为"添加"	激活并清空各种控件
	button3	Text 属性设置为"保存"	保存修改或添加的数据
	button4	Text 属性设置为"删除"	删除计划信息

2. 打开计划录入界面

在窗体的工具栏中单击"计划录入"按钮，程序将设置 panel_PlanRegister 控件为可见状

态，而设置其他界面的 Panel 控件为不可见状态，"计划录入"按钮的 Click 事件代码如下：

```
OleDbDataAdapter oleDa = null;                                    //声明 OleDbDataAdapter 类型的引用
private void pic_BriRegister_Click(object sender, EventArgs e)
{
    // "计划录入"面板可见，其他面板不可见
    panel_CueSetting.Visible = false;
    panel_PlanStat.Visible = false;
    panel_PlanSearch.Visible = false;
    panel_HisSearch.Visible = false;
    panel_PlanRegister.Visible = true;
    //创建 OleDbDataAdapter 的实例
    oleDa = new OleDbDataAdapter("Select * from tb_Plan", oleConn);
    DataTable dt = new DataTable();                                //创建数据表对象
    oleDa.Fill(dt);                                               //把数据填充到数据表对象
    dgv_PlanRegister.DataSource = dt;                             //DataGridView 控件绑定数据源
    dgv_PlanRegister.AlternateColor(Color.LightYellow);          //隔行换色显示数据
}
```

3．添加计划任务

若要添加一个新的计划任务，必须单击计划录入界面上的"添加"按钮，这时程序将激活和清空界面上的控件，并将程序当前的操作设置为添加状态。"添加"按钮的 Click 事件代码如下：

```
private void button2_Click(object sender, EventArgs e)
{
    blIsEdit = false;                    //表示当前操作为添加状态
    ActivationControl(true);            //激活当前界面上用于输入计划信息的控件

    ResetUI();                          //重置界面上用于输入计划信息的控件
}
```

ActivationControl 方法用于设置当前界面上某些控件的状态。它有一个 bool 类型的参数，当该参数值为 false 时，当前界面上用于输入计划信息的控件处于禁用状态；当该参数值为 true 时，当前界面上用于输入计划信息的控件处于激活状态，代码如下：

```
private void ActivationControl(bool blValue)
{
    txt_PlanTitle.Enabled = blValue;        //设置计划标题控件的状态
    cbox_PlanKind.Enabled = blValue;        //设置计划种类控件的状态
    dtp_ExecuteTime.Enabled = blValue;      //设置执行日期控件的状态
    rtb_PlanContent.Enabled = blValue;      //设置计划内容控件的状态
}
```

ResetUI 方法重新初始化用于输入计划信息的控件，其代码如下：

```
private void ResetUI()
{
    txt_PlanTitle.Text = "";                    //清空计划标题
    cbox_PlanKind.Text = "一般计划";             //初始化计划种类
    dtp_ExecuteTime.Value = DateTime.Today;     //初始化执行日期
    rtb_PlanContent.Text = "";                  //清空计划内容
}
```

4．保存计划任务

单击"添加"按钮，程序将设置当前的操作为添加状态，然后在当前界面的相关控件中输入计划信息，最后单击"保存"按钮即可添加计划任务。若要对已有的计划信息进行修改，先要在当前界面左侧的 DataGridView 控件中选择要修改的记录，该记录的信息会显示在当前界面右侧的相关控件中，在这些控件中修改信息完毕之后，单击"保存"按钮实现保存数据。"保存"按钮的 Click 事件代码如下：

```
private void button3_Click(object sender, EventArgs e)
{
```

```
        string strSql = String.Empty;                          //定义存储 SQL 语句的字符串
        DataRow dr = null;                                      //定义数据行对象
        DataTable dt = dgv_PlanRegister.DataSource as DataTable; //获取数据源
        oleDa.FillSchema(dt, SchemaType.Mapped);                //配置指定的数据架构
        string strCue = string.Empty;                           //定义提示字符串
        if (txt_PlanTitle.Text.Trim() == string.Empty)
        {
            MessageBox.Show("标题不许为空！");                   //提示标题不许为空
            txt_PlanTitle.Focus();
            return;
        }
        if (blIsEdit)                                           //若是修改操作状态
        {
            //查找要修改的行
            dr = dt.Rows.Find(dgv_PlanRegister.CurrentRow.Cells["IndivNum"].Value);
            strCue = "修改";                                    //描述修改操作
        }
        else                                                   //若是添加操作状态
        {
            dr = dt.NewRow();                                  //创建新行
            dt.Rows.Add(dr);                                   //在数据源中添加新创建的行
            strCue = "添加";                                    //描述添加操作
            dr["DoFlag"] = "0";                                //表示新记录，未做执行处理
        }
        //给数据源的各个字段赋值
        dr["PlanTitle"] = txt_PlanTitle.Text.Trim();
        dr["PlanKind"] = cbox_PlanKind.Text;
        dr["ExecuteTime"] = dtp_ExecuteTime.Value;
        dr["PlanContent"] = rtb_PlanContent.Text;
        OleDbCommandBuilder scb = new OleDbCommandBuilder(oleDa); //关联数据库表单命令
        if (oleDa.Update(dt) > 0)                              //若提交数据成功
        {
            MessageBox.Show(strCue + "成功！");                 //弹出提交成功的提示窗口
        }
        else                                                   //若提交数据失败
        {
            MessageBox.Show(strCue + "失败！");                 //弹出提交失败的提示窗口
        }
        ResetUI();                                             //重置界面上用于输入计划信息的控件
        ActivationControl(false);                              //禁用输入信息的控件
        dt.Clear();                                            //清空数据表
        oleDa.Fill(dt);                                        //重新填充数据表，更新 IndivNum 列
}
```

5．删除计划任务

在当前界面左侧的 DataGridView 控件中选择要删除的记录，然后单击"删除"按钮，这时程序将弹出"确定要删除吗？"提示框，单击"是"按钮，程序将删除当前选择的记录。"删除"按钮的 Click 事件代码如下：

```
private void button4_Click(object sender, EventArgs e)
{
    if (dgv_PlanRegister.CurrentRow != null)                  //若当前行不为空
    {
        if (MessageBox.Show("确定要删除吗？","软件提示",MessageBoxButtons.YesNo, MessageBoxIcon.
Exclamation) == DialogResult.Yes)                             //若确定要删除
        {
            DataTable dt = dgv_PlanRegister.DataSource as DataTable;//获取数据源
            oleDa.FillSchema(dt, SchemaType.Mapped);          //配置指定的数据架构
            //获取计划的唯一编号
            int intIndivNum =Convert.ToInt32(dgv_PlanRegister.CurrentRow.Cells["IndivNum"].Value);
            DataRow dr = dt.Rows.Find(intIndivNum);           //查找指定数据行
            dr.Delete();                                      //删除数据行
            //关联数据库表单命令
            OleDbCommandBuilder scb = new OleDbCommandBuilder(oleDa);
            try
            {
                if (oleDa.Update(dt) > 0)                     //若提交删除命令成功
```

```
        {
            if (oleConn.State != ConnectionState.Open)     //若数据连接未打开
            {
                oleConn.Open();                            //打开连接
            }
            MessageBox.Show("删除成功! ");
        }
        else                                               //若提交删除命令失败
        {
            MessageBox.Show("删除失败! ");
        }
    }
    catch (Exception ex)                                   //处理异常
    {
        MessageBox.Show(ex.Message, "软件提示");           //弹出异常信息提示框
    }
    finally                                                //finally 语句
    {
        if (oleConn.State == ConnectionState.Open)         //若连接打开
        {
            oleConn.Close();                               //关闭连接
        }
    }
    }
}
```

13.6.3 计划查询

计划查询有两种操作方式，既可以按照提前天数查询将要执行的计划任务，也可以按照计划内容（输入"计划内容"中的若干关键字）查询相关的计划任务，这两种查询方式只能选择其一。选择其中一种查询方式，然后单击"查询"按钮，查询出的结果将显示在当前界面左侧的 DataGridView 控件中。计划查询界面如图 13-9 所示。

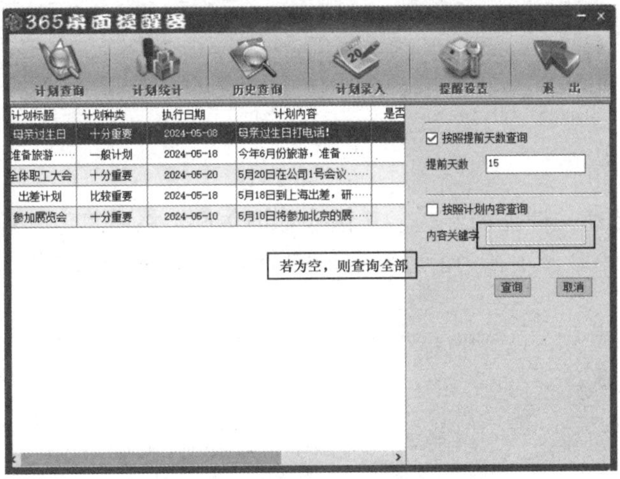

图 13-9 计划查询界面

1．设计计划查询界面

在 Frm_Main 窗体上方的工具栏位置添加一个 PictureBox 控件，命名为 pic_PlanSearch，用来作为"计划查询"按钮；在该窗体的下方添加一个 Panel 控件，命名为 panel_PlanSearch；在该 Panel 控件中添加若干控件，用来选择查询方式和输入查询关键字。该 Panel 控件中添加的主要控件及其设置和用途如表 13-3 所示。

表 13-3　Panel 控件中添加的主要控件及其设置和用途

控件类型	控件 ID	主要属性设置	用途
abl TextBox	txt_QueryDays	系统默认	输入提前天数
	txt_PlanContent	系统默认	输入计划内容的关键字
☑ CheckBox	chb_Days	Checked 属性设置为 True，Text 属性设置为"按照提前天数查询"	按照提前天数进行查询
	chb_PlanContent	Text 属性设置为"按照计划内容查询"	按照计划内容进行查询
DataGridView	dgv_PlanSearch	在 Columns 属性集合中添加若干项（详细情况请参见源码），Modifiers 属性设置为 public	显示计划信息
ab Button	button6	Text 属性设置为"查询"	实现查询数据的操作
	button7	Text 属性设置为"取消"	清空界面上的文本框

2．打开计划查询界面

在窗体的工具栏中单击"计划查询"按钮，程序将设置 panel_PlanSearch 控件为可见状态，而设置其他界面的 Panel 控件为不可见状态。"计划查询"按钮的 Click 事件代码如下：

```
private void pic_BirSearch_Click(object sender, EventArgs e)
{
    // "计划查询"面板可见，其他面板不可见
    panel_PlanRegister.Visible = false;
    panel_PlanStat.Visible = false;
    panel_CueSetting.Visible = false;
    panel_HisSearch.Visible = false;
    panel_PlanSearch.Visible = true;
    //DataGridView 控件中的"是否按期执行"列绑定 listSource 数据源
    DoFlag1.ConvertValueToText("DataValue", "DisplayText", listSource);
    chb_Days.Checked = true;                        //默认选择"按照提前天数查询"
    txt_PlanContent.Text = string.Empty;            //清空"内容关键字"文本框
    //创建 OleDbDataAdapter 实例，用于查询提醒设置信息
    OleDbDataAdapter oleDa = new OleDbDataAdapter("Select Days from tb_CueSetting", oleConn);
    DataTable dt = new DataTable();                 //创建 DataTable 实例，用于存储数据
    oleDa.Fill(dt);                                 //把数据填充到 DataTable 实例中
    txt_QueryDays.Text = Convert.ToString(dt.Rows[0][0]);//显示系统设置的提前天数
    button6_Click(sender, e);                       //执行"查询"按钮的 Click 事件代码
}
```

3．查询计划信息

在当前界面上选择一种查询方式，并输入查询条件，然后单击"查询"按钮实现查询计划功能，查询的结果会显示在当前界面左侧的 DataGridView 控件中。"查询"按钮的 Click 事件代码如下：

```
private void button6_Click(object sender, EventArgs e)
{
    //加载 SQL 语句创建 StringBuilder 实例
    StringBuilder sb = new StringBuilder(" Select * from tb_Plan Where ");
    if (chb_Days.Checked)                                    //若选择"按照提前天数查询"
    {
        if (String.IsNullOrEmpty(txt_QueryDays.Text.Trim()))    //若天数为空
        {
            MessageBox.Show("天数不许为空! ","软件提示");        //提示天数不许为空
            return;
        }
        //过滤提前天数符合查询条件的数据
        string strSql = "(format(ExecuteTime,'yyyy-mm-dd') >= '" + DateTime.Today.
ToString("yyyy-MM-dd") + "'and format(ExecuteTime,'yyyy-mm-dd') <= '" + DateTime.Today.AddDays
(Convert.ToInt32(txt_QueryDays.Text)).ToString("yyyy-MM-dd") + "')";
        sb.Append(strSql);                                  //连接查询字符串
    }
    else                                                    //若选择"按照计划内容查询"
    {
```

```
                //过滤符合查询条件的计划任务
                string strContentSql = "PlanContent like '%" + txt_PlanContent.Text.Trim()+ "%'";
                sb.Append(strContentSql);                           //连接查询字符串
    }
    oleDa = new OleDbDataAdapter(sb.ToString(), oleConn);   //创建 OleDbDataAdapter 实例
    DataTable dt = new DataTable();                         //创建 DataTable 实例
    oleDa.Fill(dt);                                     //把数据填充到 DataTable 实例中
    dgv_PlanSearch.DataSource = dt;                     //在 DataGridView 控件中显示数据
    dgv_PlanSearch.AlternateColor(Color.LightYellow);//隔行换色显示数据记录
}
```

4．处理计划

在当前界面左侧的 DataGridView 控件中双击某条记录，可以打开图 13-10 所示的处理计划界面，在该界面上可以添加或修改处理信息。若该计划已经按期完成，则需要打上处理标记，并对计划的执行做简单的说明。

如图 13-10 所示，若按期完成当前计划，则选择"该计划按期执行完毕"复选框，并输入简短的执行说明；若未按期完成当前计划或因其他原因取消了计划，则无须选择"该计划按期执行完毕"复选框，并可做简短的说明。单击"保存"按钮，即可保存处理信息。"保存"按钮的 Click 事件代码如下：

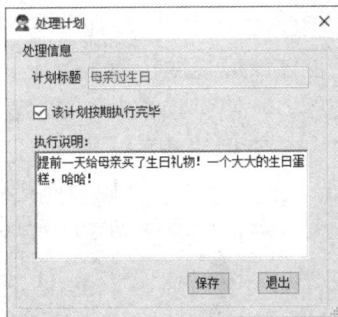

图 13-10　处理计划界面

```
private void button1_Click(object sender, EventArgs e)
{
    string strDoFlag = String.Empty;                   //定义描述计划是否执行的标记
    if (chb_DoFlag.CheckState == CheckState.Checked)    //若标记该计划已经按期执行
    {
        strDoFlag = "1";                               //设置计划执行标记为1
    }
    else                                               //若标记该计划未按期执行或取消
    {
        strDoFlag = "0";                               //设置计划执行标记为0
    }
    string strSql = "Update tb_Plan set DoFlag = '" + strDoFlag + "',Explain='" +
rtb_Explain.Text + "' where IndivNum = " + intIndivNum;  //修改处理信息
    OleDbCommand oleCmd = new OleDbCommand(strSql,oleConn);//创建命令对象
    if (oleConn.State != ConnectionState.Open)          //若连接未打开
    {
        oleConn.Open();                                //打开连接
    }
    if (oleCmd.ExecuteNonQuery() > 0)                  //执行 SQL 语句
    {
        MessageBox.Show("完成! ","软件提示");          //提示完成
    }
    else
    {
        MessageBox.Show("失败! ","软件提示");          //提示失败
    }
    oleConn.Close();                                   //关闭数据库连接
    this.Close();                                      //关闭当前窗体
}
```

13.7　课程设计总结

课程设计是一件很累人、很伤脑筋的事情，在设计周期中，几乎每天都要面对计算机屏幕数小时。虽然课程设计很苦很累，有时候还很令人抓狂，不过它带给我们的并不只是痛苦的回忆，它对大家学习计算机语言是非常有意义的。

在进行课程设计实训之前，大家对 C#的知识掌握是很浅显的，可能只知道一些语句和语法，对它们没有整体概念，所以在学习时经常会感觉很茫然，甚至不知道自己学这些东西是为了什么。但是通过课程设计实训，大家不仅能对 C#有更深入的了解，还可以学到很多课本上学不到的知识。最重要的是，课程设计能让我们知道学习 C#的最终目的和将来发展的方向。关于桌面提醒工具这个软件，下面就从技术和经验两个方面做出总结。

13.7.1　技术总结

（1）适当地使用线程增加应用程序友好度。

窗体应用程序在做大量复杂的运算或比较耗时的 I/O 操作时，可能会出现窗体间歇性无响应的情况。问题在于主窗体线程将 CPU 资源过多地分配给运算或 I/O 操作，所以导致了窗体反应速度慢或无响应。解决此问题的最好方法就是适当地使用线程来缓解窗体线程的压力，使窗体的操作更加轻松、流畅。

在使用线程时，如果线程执行方法的代码比较少，可以在线程中使用匿名方法或 Lambda 表达式，这样会使代码更简洁明了。在线程中使用匿名方法的代码如下：

```
System.Threading.Thread th = new System.Threading.Thread(    //创建线程
    delegate()                                               //在线程中使用匿名方法
    {
        System.Console.WriteLine("线程中执行的代码");
    });
th.Start();                                                  //开始执行线程
```

另外，也可以在线程中使用 Lambda 表达式，代码如下：

```
System.Threading.Thread th = new System.Threading.Thread(    //创建线程
    () =>                                                    //使用 Lambda 表达式
    {
        System.Console.WriteLine("线程中执行的代码");
    });
th.Start();                                                  //开始执行线程
```

（2）有效使用集合存储数据。

本软件使用集合初始化器创建了一个 List<CalFlag>类型的集合对象，然后将该集合对象绑定到 DataGridView 控件的"是否按期执行"列。

集合初始化器允许在创建集合对象时使用同一语句为集合对象添加若干个元素，这样就可以以声明的方式向集合对象中添加元素，并初始化元素。使用集合初始化器会使 C#程序变得更加优雅和简洁，其语法格式如下：

【集合数据类型或 var】集合对象名称 = new【集合数据类型】{【元素 1】,【元素 2】,【元素 3】,…}

例如，本项目中创建的 List<CalFlag>类型的集合对象如下：

```
List<CalFlag> listSource = new List<CalFlag>//listSource 作为"是否按期执行"列的数据源
{
    new CalFlag{ DataValue ="1", DisplayText = "是"},       //表示"是"的元素
    new CalFlag{ DataValue ="0", DisplayText = "否"}        //表示"否"的元素
};
```

13.7.2　经验总结

在开发一个项目之前，首先应当详细了解项目需要实现的功能，然后制作业务流程图。根据业务流程图开发系统的各功能模块，这样可以提高系统的开发效率。在开发过程中，可以使用面向对象的封装、继承和多态等特性，也可以使用面向对象的一些原则，如单一职责原则、接口隔离原则、开放关闭原则等。这样不但可以提高代码的重用性，而且还可以使代码易于管理，方便后期维护。